Tools for Successful Injection Molding

사출성형공정과 금형

황 한 섭 저

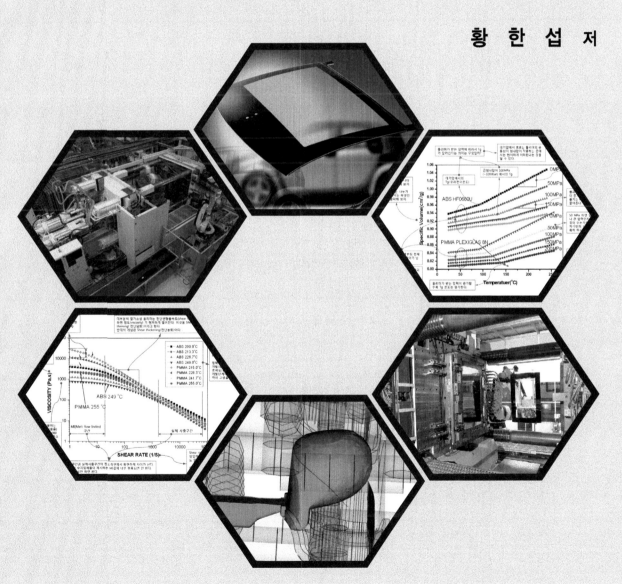

기전연구사

머리말

사출분야의 책들이 세상에 많이 존재합니다. 그럼에도 불구하고 본 저서를 집필하게 된 것은 이론과 경험 사이에 존재하는 단단한 유리벽을 허물기 위함입니다. 금형 및 관련분야에 종사한 지가 30년이나 지났습니다. 그러면서 이론지식이 현장 문제해결에서 소외되고 있는 숱한 경우를 접합니다. 현장에는 너무나도 많은 변수들이 있어 단편적인 이론으로 해결하는 데는 한계가 있다고들 합니다. 이러한 한계를 극복하려는 고뇌의 결과물은 바로 '기본으로의 회귀'라는 단순명료한 깨달음입니다. 고뇌에 휩싸인 채 출장차 들린 오스트리아 국경지역의 호수를 바라보며 처절하게 얻은 결과물입니다. 기본지식이라는 작은 알갱이가 서로 잘못 연결되면 큰 덩어리의 문제요소가 됩니다. 즉, 큰 덩어리의 문제를 해결하기 위해서는 기본지식으로의 분해과정을 거친 정상적인 연결작업이 필요합니다.

본 저서는 주로 기본과 기준의 관점으로 이루어져 있습니다. 많은 현장문제를 다룰 때 어떻게 기본이론들이 접목되는지, 현장문제를 접할 때 자기만의 공학적 기준이 얼마나 중요한지에 대해서 다루었습니다. 이와 관련하여 강연을 많이 했습니다. 말로 전달할 때와 지면으로 전달할 때의 느낌이 사뭇 다릅니다. 지면으로 저의 생각을 일목요연하게 전달하기에는 공학도의 필력이 한탄스러울 따름입니다. 거친 언어로나마 최대한 표현하려고 노력하였습니다.

본 저서가 산업과 교육현장에서 불철주야 고군분투하시는 금형인들에게 조금이나마 위로가 되었으면 하는 간절한 바람입니다.

감사드려야 할 분들이 너무나도 많습니다. 저에게 이런 지적능력의 발판을 제공해 준 은사님, 제가 종사했던 기업, 생각을 공유하고 계신 분들, 그리고 많은 자료들을 제공해 주신 분들께 깊이 감사드립니다.

연구실에서나 집에서나 항상 책상의 불빛을 밝히면서도 가장 가까이 있는 가족에게 소홀했습니다. 죄송하고 감사합니다.

저자 올림

차 례

CHAPTER

01

사출성형 개론

사출성형 개론

제조(manufacturing)의 정의는 주어진 목적의 제품 혹은 부품을 제작하기 위해서 원재료의 형상(geometry), 물성(property) 및 외관(appearance)을 변경하는 행위이다. 변경하는 공정은 물리적(physical) 방법과 화학적(chemical) 방법으로 크게 나눌 수 있다.

[그림 1-1]
제조의 정의

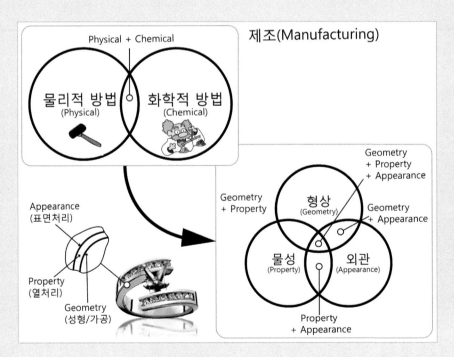

[그림 1-2]
제조공정 개략도

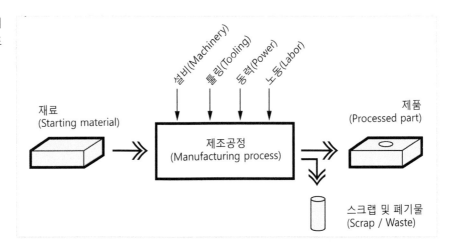

[그림 1-3]
주로 공업용으로
사용되는 고체재료의
분류

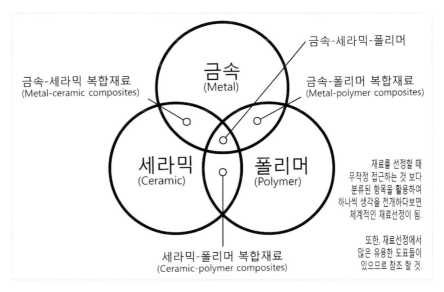

1.1 사출성형

수지(resin)를 가열해서 유동상태로 된 재료를 닫혀진 금형의 공동부(cavity)에
가압 주입하여 금형 내에서 고화(solidification)시켜 금형 공동부에 상당하는 성
형품(molded part)을 만드는 방법이다.

[그림 1-1-1]
사출성형 현장
(제공 : Krauss Maffei)

참고

"플라스틱은 성형미인"

플라스틱은 '성형하다.'라는 뜻을 가진 물질이다. 원래 그리스 어에서 유래되었는데 '마음대로 형태를 만들 수 있다.'라는 의미이다.

플라스틱은 가소성을 갖는 물질로, 가소성이란 외부에서 힘을 받아 형태가 바뀐 뒤에 그 힘이 없어져도 본래 모양으로 되돌아가지 않는 성질을 말한다.

이처럼 플라스틱은 다양한 형태로 변형시킬 수 있기 때문에 많은 분야에서 사용되고 있다. 플라스틱은 가볍고 튼튼하며 여러 가지 색을 쉽게 입힐 수도 있다. 세기의 발명품이라고 할 수 있다.

플라스틱은 천연수지와 다른 합성수지이다. 천연수지는 동식물에서 만들어지는 끈적이는 액체를 말한다. 나뭇진(송진)이나 고무 등이 있다. 반대로 합성수지는 인공적으로 만들어낸 화합물을 말하며, 폴리염화비닐(PVC), 페놀(phenol) 등이 있다.

합성수지는 열을 가했을 때 나타나는 성질에 따라 열가소성 수지와 열경화성 수지가 있다. 열가소성 수지는 열을 가했을 때 모양을 변형시킬 수 있다. 따라서 열가소성 수지로 만든 제품은 녹인 다음 새로운 모양으로 만들 수 있다. 반면 열경화성 수지는 열을 가해도 모양이 변하지 않는다. 오히려 온도가 높아지면 타 버리기 때문에 재활용하기 힘들다.

1.2 사출성형의 5단계 기본동작

1) 제1단계[가소화(可塑化) 단계]

잘 건조된 수지를 성형기(injection molding machine)의 호퍼(hopper)에 넣어 가열 실린더 안으로 일정량만큼 보내 용융시킨다.

2) 제2단계[유동(流動) 단계]

용융된 수지는 플런저(plunger) 혹은 스크류(screw)에 의해서 노즐을 거쳐 스프루(sprue) 안으로 사출하여 금형 안의 캐비티 속을 채우게 된다. 용융수지가 응고(고화)되면서 발생하는 수축을 보상하는 보압(packing & holding pressure)도 여기에 포함된다.

3) 제3단계[냉각(冷却) 단계]

용융된 재료는 상대적으로 차가운 금형(cavity) 안에서 냉각되어 고체상태(고화)로 굳어진다.

4) 제4단계[취출(ejecting) 단계]

냉각단계가 끝나면 플런저 혹은 스크류가 후퇴하고, 금형이 파팅라인(parting line)을 기준으로 열리고, 취출 핀(ejecting pin)은 금형으로부터 성형품을 밀어 취출한다.

5) 제5단계(성형재료 공급 단계)

금형이 열려 있는 동안 재료(수지)는 호퍼(hopper) 및 실린더(cylinder)에 공급되고, 금형이 닫힌다(형폐). 실질적으로 가소화단계와 재료공급단계는 일반적으로 사이클타임(cycle time)에 영향을 미치지 않는다. 왜냐하면, 이 단계는 냉각시간 안에 대부분 완료가 되기 때문이다.

1.3 사출 사이클 구성

사출에서의 사이클을 [그림 1-3-1]에 개략적으로 나타내었다. 사출의 시작을 형폐(금형닫기)로 설정하였다. 시작의 시점은 어느 단계이든 상관없다. 한번의 과정을 종료하고 다시 그 시작시점으로 되돌아오면 1 사이클(one cycle)이 완료된다. 형폐를 시작으로 각 단계를 살펴보도록 하자. 간단하게 형폐, 사출장치 전진, 충전, 보압, 사출장치 후퇴, 냉각, 형개 및 취출로 사이클이 구성된다. 각 단계별로 중요한 구간에 대해서 설명을 추가하면 다음과 같다.

① '형폐(型閉, mold closing)'는 금형을 닫는 것을 말한다. 금형을 닫을 때, 처음에는 속도를 높여서 닫고 완전히 닫히기 전에 금형안전(mold safety) 구간을 설정하여 금형이 천천히 닫히도록 해서 금형을 보호한다.

② '노즐(사출장치) 전진'은 형폐가 완료된 후에 사출장치의 노즐(nozzle) 선단이 금형의 스프루부시(sprue bush) 입구와 강한 압력으로 접촉하게끔 한다. 이것은 보통 콜드런너(cold runner)의 경우에 많이 사용하고, 핫런너(hot runner)금형에서는 사용하지 않는다. 최근에는 대부분의 금형들이 핫런너를 채택하고 있다.

③ '사출(충전, filling)'은 사출장치로부터 용융된 수지를 금형(cavity) 내로 사출(주입)하는 과정이다. 실제로 충전시간은 보압이나 냉각보다 훨씬 짧은 시간에 이루어진다.

④ '보압(packing & holding pressure)'은 캐비티(cavity) 내로 충전된 용융수지가 응고(solidification)되면서 발생하는 수축량을 보상하기 위함이다. 실제로 충전시간보다 보압시간이 훨씬 길기 때문에 보압시간 관리가 중요하다. 생산성 측면에서 최적보압시간을 찾아내는 것도 사출엔지니어가 해야 할 중요한 업무이다.

⑤ '노즐(사출장치) 후퇴'는 보압이 완료되고 난 후 형개(금형열기)하기 전에 사출장치를 뒤로 후퇴하는 것이다. 이것도 콜드런너(runner)일 경우에 흔히 사용하며, 핫런너(hot runner)일 경우에는 잘 사용하지 않는다.

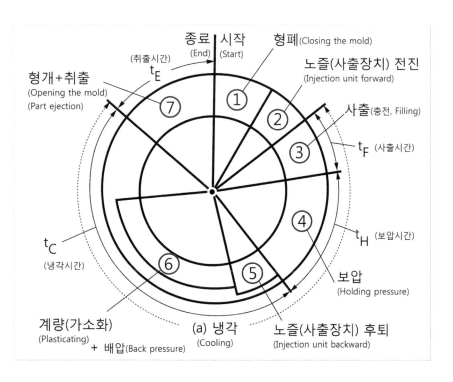

[그림 1-3-1]
사출공정에서의
사이클 구성 개략도

종료 | 시작
(취출시간) (End) (Start) 형폐(Closing the mold)
t_E

형개+취출 노즐(사출장치) 전진
(Opening the mold) (Injection unit forward)
(Part ejection)

① 사출(충전, Filling)
②
③ t_F (사출시간)

t_C
(냉각시간) ④ t_H (보압시간)

⑦

⑥ 보압
(Holding pressure)

⑤

계량(가소화) (a) 냉각 노즐(사출장치) 후퇴
(Plasticating) (Cooling) (Injection unit backward)
+ 배압(Back pressure)

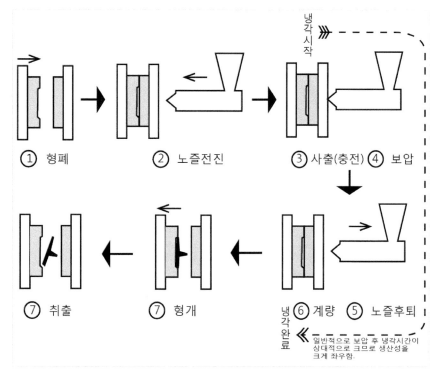

[그림 1-3-2]
사출성형기의
동작구분 표준사이클

냉각시작

① 형폐 ② 노즐전진 ③ 사출(충전) ④ 보압

⑦ 취출 ⑦ 형개 냉각완료 ⑥ 계량 ⑤ 노즐후퇴

일반적으로 보압 후 냉각시간이
상대적으로 크므로 생산성을
크게 좌우함.

⑥ '계량/가소화(metering/plasticating) + 배압(back pressure)'는 사출장치가 후퇴한 후에 호퍼(hopper)를 통해서 수지(resin)가 스크류(screw)로 공급된다. 공급된 수지는 스크류의 회전과 사출장치 실린더 외곽에 부착된 히터(band heater)에 의해서 용융상태의 수지가 된다. 흔히들 대부분의 고체의 수지가 히터에 의해서 용융이 된다고 생각하는 엔지니어들이 많은데 그렇지 않다. 대부분의 수지는 스크류가 회전하면서 스크류와 수지의 마찰에 의한 전단열(shear heating)로 인하여 70%정도가 가열된다. 히터의 역할은 나머지 미용융수지를 용융시키며 또한 용융된 수지를 일정온도로 유지하는 것이다.

배압(back pressure)은 계량/가소화할 때 스크류 앞으로 이동하는 용융수지에 의해 스크류가 뒤로 밀리는 것을 방지하기 위해 사출방향으로 압력을 걸어주는 것이다. 배압의 목적은 수지의 밀도를 균일하게 하고 전단마찰열을 높이고 또한 용융시 발생할 수 있는 가스의 배출 등이다. 즉, 배압은 가소화할 때 마찰에 의한 전단열을 증가시켜 가소화 시간을 단축할 수 있다. 또한, 가소화단계에서 발생되는 가스가 수지 내에 포함되는 것을 방지한다.

(a) '냉각(cooling)'은 뜨거운 용융수지가 상대적으로 차가운 금형으로 유입되면서부터 시작된다. [그림 1-3-1]에서와 같이 냉각은 충전되는 순간부터 형개(금형열림)가 될 때까지 이루어진다. 현장에서의 냉각시간은 보통 [그림 1-3-1]의 t_c 구간을 말한다. 냉각은 사출공정에서 가장 많은 시간이 소요된다. 그러므로 최적냉각조건을 도출하여 생산성을 극대화하는 노력이 반드시 수반되어야 한다.

⑦ '형개(型開, mold open)'와 '취출(ejecting)'은 금형 캐비티 내의 용융수지가 응고한 후 사출품을 금형에서 분리하기 위해서 우선 형개(금형열림)가 이루어진다. 취출은 작업자가 손으로 캐비티로부터 분리할 수도 있지만 보통은 자동취출로봇을 사용한다. 사출공정을 구성할 때 로봇의 성능과 금형과의 인터페이스(interface) 능력도 잘 따져볼 필요가 있다.

"금형기본구조 및 용어"

내용의 이해를 돕기 위해 금형기본구조 및 용어를 기술하였다.

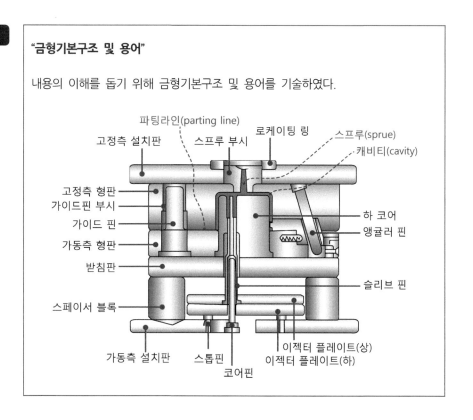

1.4 사출금형의 특징

1) 사출성형의 특징

사출금형에서는 플라스틱의 특성인 가소성을 그대로 이용하게 되므로 자유로운 성형이 가능하다. 그 특성을 보면 다음과 같다.

① 3차원 형상이 많으므로 가공(제작)이 다소 난이하다.

② 전사성이 우수하여 금형표면의 다듬질 정도가 그대로 전사되어 제품의 외 관면이 된다.

③ 일용잡화뿐만 아니라 대부분의 성형품이 그대로 제품이 된다.

④ 형체력, 사출압력이 크게 걸리므로 금형재료의 강도가 중요하다.

⑤ 용융수지는 고화할 때 수축을 하며, 재료마다 다른 수축률을 고려하여 금 형치수를 결정해야 한다.

2) 사출금형의 필요조건

사출금형은 원하는 성형품(제품)을 얻기 위한 도구이며, 금형에 필요한 조건은
다음과 같다.

① 성형품에 알맞은 형상과 치수정밀도를 유지할 수 있는 금형구조이어야 한다.
② 성형능률, 생산성이 높은 구조이어야 한다. 성형이 쉽고 능률이 좋은 금형
  은 성형사이클의 단축과 성형단가의 절감으로 연결된다. 성형사이클을 단
  축시키기 위하여 고속사출, 보압/냉각시간 단축, 정확한 취출 등이 선행되
  어야 한다.
③ 성형품의 다듬질 혹은 2차 가공(후가공)이 적어야 한다. 플래시(flash)가 발
  생하지 않고 런너(runner), 게이트(gate)의 제거가 간단하며 구멍뚫기 등의
  2차 가공이 필요 없는 성형이 이상적이다.
④ 고장이 적고 수명이 긴 금형 구조이어야 한다.
⑤ 금형제작 기간이 짧고, 제작비가 저렴한 구조이어야 한다.

3) 사출금형의 기술흐름

플라스틱 금형 중에서도 사출금형은 가장 순조로운 성장을 했다고 볼 수 있다.
기술흐름은 다음과 같이 요약할 수 있다.

① 소형 금형(예 : 가전제품)에서 대형 금형(예 : 자동차 및 디스플레이 제품)화
  로 진행되고 있다.
② 보통 금형에서 (초)정밀 금형으로 되고 있다.
③ 자동화가 일반화되고 있다.
   ㉮ 사출기의 자동화 : 유공압, 자동화 → (full 혹은 하이브리드) 전동식
   ㉯ 금형의 자동화 : 콜드런너(cold runner)금형 → 핫런너(hot runner)금형
④ 금형재료의 개선으로 금형수명이 향상되고 있다.
⑤ 금형설계와 제작에서 CAD/CAM/CAE가 일반화되고 있다.

사출성형을 통해서 구현된 제품에 대해서 살펴보자. 우리가 실생활에서 흔히 볼
수 있는 플라스틱 제품들의 대부분이 사출성형공정을 통해서 구현되었다. 사출성형
은 뿌리산업으로서 산업의 쌀과 같은 중요한 역할을 하고 있다.
[그림 1-4-1]과 같이 모든 전자제품의 디자인을 구성하는 역할을 하고 있다. 판
매와 직접적으로 연결되는 디자인을 사출금형과 성형공정을 통해서 구현한다.
국내외 유수의 대형 전자업체에서 디자인과 금형의 중요성을 인식하고, 많은 금

형관련 인력들이 관련기술을 견인하고 있다. 그러므로 사출성형기술을 배우려는 많은 후학들의 미래는 매우 밝다고 볼 수 있다.

[그림 1-4-1]
전자제품에서
사출성형의
적용사례(Computer,
Network, Mobile
Handset, Visual
Display, Home
appliance, Printing,
Digital imaging)

[그림 1-4-2]와 같이 자동차 분야에도 사출성형품 및 다양한 고분자 수지가 활용되고 있다. 특히, 자동차 내부의 디자인을 구현하는데 큰 역할을 하고 있다.
[그림 1-4-3]에는 주변에서 흔히 보는 생필품에도 사출성형이 활용된 사례를 보여주고 있다. 생활하면서 접할 수 있는 거의 대부분의 플라스틱 제품은 사출성형과정을 거쳐서 생산된다.
그 외에도 다양한 산업과 주변에서 플라스틱이 사용되며, 대부분이 사출성형을 통해서 생산되고 있다.

[그림 1-4-2]
자동차에서
사출성형의
적용사례(사출공정뿐
만 아니라
고분자재료가 많이
적용됨.)

[그림 1-4-3]
생필품에서
사출성형의
적용사례(가정에
사용되는 플라스틱의
대부분이
사출공정으로 제작됨.)

1.5 사출금형의 개요

플라스틱(plastics)은 우리의 일상생활과 많은 관련을 가지고 있으며, 범용 잡화에서부터 정밀 기계부품에 이르기까지 매우 광범위하게 사용되고 있다. 플라스틱 재료가 성형품이 될 때까지의 과정을 보면, 플라스틱 재료 → 사출성형기 → 사출금형 → 성형품 → 후가공과 같다.

플라스틱 금형은 구조와 사용 목적에 따라 여러 가지 분류방법이 있으나 일반적으로 다음과 같다.

① 압축금형(compression mold)

    ㉮ 평압형 금형(flash mold)

    ㉯ 압입형 금형(positive mold)

    ㉰ 반압입형 금형(semi-positive mold)

② 트랜스퍼(이송)금형(transfer mold)

    ㉮ 포트 트랜스퍼(이송) 금형(pot transfer mold)

    ㉯ 플런저 트랜스퍼(이송) 금형(plunger transfer mold)

③ 압출금형(extruding mold)

④ 취입성형금형(blow mold)

⑤ 진공성형금형(vacuum mold)

⑥ 사출성형금형(injection mold)

㉮ 보통금형 : 2매 구성 금형(two-plate mold), 3매 구성 금형(three-plate mold)

㉯ 특수금형 : 분할금형, 나사금형

1.6 플라스틱 금형의 분류

1) 압축금형(compression mold)

압축성형에는 열경화성 수지가 주로 사용되며 분말이나 예비 성형된 형태로 가열된 금형의 캐비티 속에 넣어 두 쪽의 금형이 압력에 의해 밀착됨에 따라 열과 압력에 의해 재료는 화학적 반응을 일으키며 바라는 제품 모양으로 경화된다.

(1) 평압형 금형(flash mold)

전면압형이라고도 하며, 압축성형용 금형 중 가장 간단한 구조의 것이다. 금형의 상하 맞춤면(파팅면 : 0.05~0.2 mm 틈새)에서 여분의 재료가 넘쳐 밀려나게 된다. 이 금형은 접시나 받침대와 같은 얇은 깊이의 제품 제작에 적합하다.

(2) 압입형 금형(positive mold)

압입형 금형이라고도 하며, 실린더와 플런저와 같은 구조로 되어 있다. 캐비티와 플런저 사이에 틈이 전혀 없어 상형에 가해지는 가압력의 전부가 성형압력으로서 재료에 유효하게 가해지므로 밀도가 높은 제품을 얻을 수 있다. 또한 깊이가 깊은 제품의 성형, 흐름이 나쁜 재료의 성형에 적합하다. 그러나 성형 재료의 계량이 정확하지 않으면 정밀도가 나오지 않는 단점이 있다.

(3) 반압입형 금형(semi-positive mold)

금형이 닫히기 시작함에 따라 여분의 재료가 빠져나가다가 플런저가 캐비티 안에 들어가게 되면 재료에 충분히 압력이 가해져서 제품이 성형된다. 이 금형은 평압형 금형과 압입형 금형의 장점을 살린 것이다.

2) 트랜스퍼(이송)금형(transfer mold)

열경화성 수지의 성형 능률과 품질의 향상을 목적으로 고안된 성형법이다. 성형 재료를 금형 위에 설치된 가소화실에 넣고 연화온도까지 가열해서 가소화한다.

가소화된 것을 플런저로 금형의 캐비티 속에 압입하여 경화한다. 이 방법에 의하면 살이 두꺼운 성형품의 경우에도 중심부까지 잘 경화된 것을 얻을 수 있다. 이송 금형은 그 성형 방식에 따라서 포트식, 플런저식이 있다.

(1) 포트 트랜스퍼 금형(pot transfer mold)

포트식은 단독형으로 재료가 고온의 금형에 의해 가열되며 포트 플런저의 압력을 받아 유동상태로 된다. 유동 재료는 스프루, 런너, 게이트를 통하여 캐비티에 유입되어 제품의 형상이 된다. 이 금형은 간단하고 값이 싸며, 소형품, 소량생산에 적합하다.

(2) 플런저 트랜스퍼 금형(plunger transfer mold)

타깃(target)에 예비 성형품이 들어 있고 금형의 열과 플런저의 압력에 의해 재료는 액체 상태로 되어 런너와 게이트를 통하여 캐비티로 유입, 성형된다. 재료 손실이 적고 소형품의 대량생산용이다.

3) 압출금형(extruding mold)

압출금형은 열가소성 수지를 가열 실린더 속에서 가열과 혼련을 통하여 가소화시켜 스크류에 의해서 원하는 형상을 한 금형(die)으로 압출하면서 냉각고화시켜 성형품을 얻는다. 막대모양, 파이프모양 등 단면이 일정한 성형품밖에 얻을 수 없기 때문에 응용범위는 좁지만 성형을 연속적이고 능률적으로 할 수 있다.

4) 취입금형(blow mold)

취입성형은 압출성형을 응용한 것으로서, 파이프 모양으로 압출되어 나오는 성형품(parison)의 일부분을 양 끝에 밀폐된 금형 사이에 넣고, 내부에 압축공기를 불어넣어 재료를 팽창시켜 금형 내면에 고착시켜서 성형한다. 이 방법은 PE, PP, PET 등을 상용해서 병, 용기류 등을 만드는데 널리 사용된다.

5) 진공금형(vacuum mold)

열가소성 플라스틱의 시트(sheet)를 기밀(氣密)이 된 상자에 고정하고, 이 시트를 가열해서 가소화시켜 상자의 하부에 흡입 구멍으로부터 공기를 흡입시키면 재료는 금형 형상으로 흡입과 밀착되어 성형된다.

6) 사출금형(injection mold)

(1) 2매 구성 금형(two-plate mold)

파팅라인(parting line)에 의하여 고정측과 가동측으로 나누어지는 금형으로 표준적인 구조를 가지는 표준형과 사이드 게이트 방식에 스트리퍼 플레이트를 사용한 사이드 게이트용, 스트리퍼 플레이트형이 있다.

2매 구성 금형의 특징은 다음과 같다.

① 구조가 간단하고 조작이 쉽다.

② 금형 값이 비교적 싸다.

③ 고장이 적고 내구성이 우수하며 성형사이클을 빨리 할 수 있다.

④ 게이트의 형상과 위치를 비교적 쉽게 변경할 수 있다.

⑤ 성형품과 게이트는 성형 후 절단가공을 해야 한다.

(2) 3매 구성 금형(three-plate mold)

고정측 설치판과 고정측 형판 사이에 런너 스트리퍼 플레이트(runner stripper plate)가 있고, 이 플레이트와 고정측 형판의 사이에 런너가 있으며, 고정측 형판과 가동측 형판 사이에 캐비티가 있도록 구성되어 있다.

3매 구성 금형의 특징은 다음과 같다.

① 게이트의 위치를 임의로 선정할 수 있다.

② 게이트의 후가공을 없앨 수 있다.

③ 핀 포인트 게이트 사용이 가능하다.

④ 성형품과 스프루, 런너, 게이트를 각각 빼야 하는 단점이 있다.

⑤ 금형 값이 비교적 비싸다

⑥ 금형을 열기 위해 스트로크(stroke)가 큰 성형기가 필요하다.

⑦ 구조가 복잡하여 고장 요인이 많으므로 내구성이 떨어진다.

⑧ 성형사이클이 길어진다.

7) 특수금형

특수금형은 분할금형, 슬라이더 코어 금형, 나사금형 등이 있다.

특수금형의 특징은 다음과 같다.

① 성형사이클이 길어진다.

② 금형 값이 비싸다.

③ 고장 또는 파손되기 쉽다.

④ 보수에 시간과 비용이 많이 든다.

⑤ 부속 장치가 필요하다.

[표 1-6-1]
플라스틱 성형가공법
요약

플라스틱(수지) 종류	성형법
열가소성	- 사출성형(injection molding) - 압출성형(extrusion molding) - 취입성형(blow molding) - 진공성형(vacuum forming) - 발포성형(foam-molding) - GMT(glass mat thermoplastic)
열경화성	- 압축성형(compression molding) - SMC(sheet molding compound) - 이송성형(resin transfer molding) - RIM(reaction injection molding) - FRP(fiber reinforced plastic)

열가소성(thermoplastic) : 열을 가하면 변형이 가능하도록 변하는 성질

열경화성(thermoset) : 열을 가하면 딱딱하게 굳어지는 성질

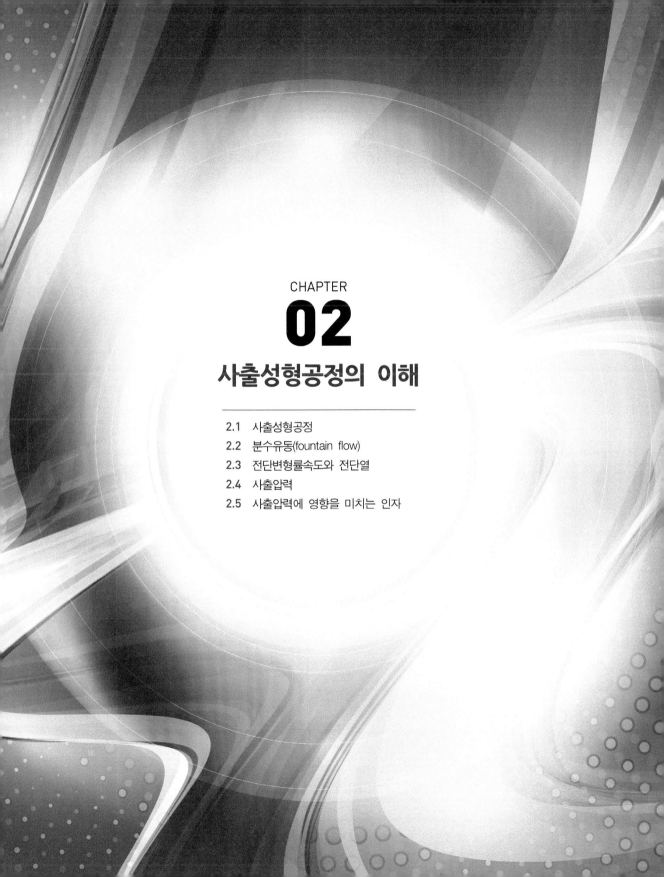

CHAPTER

02

사출성형공정의 이해

사출성형공정의 이해

2.1 사출성형공정

본 장에서는 사출성형공정의 전반적인 이해를 다루고자 한다. 이를 통해서 사출 현장에 들어갔을 때 "아는 만큼 보이고, 보이는 만큼 애착과 관심이 간다"는 문구가 자연스럽게 느껴질 정도의 희열을 만끽해 보자.

[그림 2-1-1]
(이중)사출 현장
(제공 : Krauss Maffei)

[그림 2-1-1]은 이중사출을 이용하여 다리미제품을 생산하고 있는 사출현장을 보여주고 있다. 유럽의 경우는 사출이 첨단기술로 여겨지고 있으며, 다양한 기술개발노력이 이뤄지고 있다. 유럽의 기술개발 특징은 여러 분야 전문업체들이 컨소시엄을 구성해서 공동으로 신기술 혹은 융합기술을 개발하는 것이다. 한국의 경우는 그러한 기술문화가 아직 정착되어 있지 않다. 그러다보니 국내는 사출업종이 3D업종으로 간주되고 있는 현실이 안타깝다. 이러한 인식을 불식시키기 위해서는 많은 사출엔지니어들이 사출과 관련되는 주변기술들에 대해 애착을 가지고, 기술공동개발을 위해서 서로 협업하고, 또한 관련 지식을 공유하는 문화가 필요하다.

우리 속담에 "알아야 면장을 하지!"하는 말이 있다. 어떤 일을 하려면 관련된 지식이나 실력을 갖추고 있어야 한다는 뜻이다.

참고

"알아야 면장을 하지!"

"알아야 면장을 하지!"에서 면장은 이장, 읍장, 군수 같은 행정구역의 기관장으로 면장(面長)으로 착각하는 사람들이 많다. 즉, 아는 것이 많아야 적어도 면사무소 하나쯤은 책임질 수 있다는 식으로 이해하고 있는 것이다. 그러나 이 속담은 면장하고는 아무런 관계가 없고 일찍이 공자의 말씀에서 유래된 것이다. 이 말은 일찍이 공자가 말씀하신 면면장(免面墻)에서 유래되었다. 면면장이란 '담벼락에서 벗어난다.'는 뜻이다. 공자가 아들에게 좋은 책을 권하면서 "사람이 이 책을 읽지 않으면 마치 담장을 마주 대하고 서 있는 것과 같아 더 나아가지 못하느니라." 말한 대목에서 나온다. 눈앞에 담장을 대하고 있으면 얼마나 답답하겠는가? 이 답답함을 면하는 방법이 바로 책을 열심히 읽고 공부하여 세상살이에 눈을 뜨는 것이다. 부지런히 공부해야 답답함을 면할 수 있다는 공자의 말에서 유래한 속담이 바로 "알아야 면장을 하지!"인 것이다.

[출처 : 한산이씨 목은 이색의 후손들]

[그림 2-1-2]와 같이 사출의 기본구성요소는 재료(수지), 사출기, 금형 등으로 간단하게 구분할 수 있다. 사출기는 처음에 사람이 수동으로 금형을 열고 닫는데 편리한 기구를 조잡하게 만들어서 시작하였다. 금형은 주변에서 쉽게 볼 수 있는 붕어빵을 굽는 도구도 금속으로 만들어진 틀이므로 금형에 속한다. 금형틀 속(cavity)으로 유동체(용융수지)를 주입하고 응고(고화)시킨 물체를 밖으로 꺼낼

수 있는 방법이 아직 개발되지 않았기 때문에 반쪽씩 만들어서 열고 닫고 하는 것이다.

플라스틱 재료(수지)는 사출기에서 작업하기 쉽게 주로 쌀이나 분말의 형태로 만들어서 사용한다. 사출품을 양산하기 위해서는 수지, 사출기, 금형 외에도 많은 주변설비들이 뒷받침되어야 한다.

[그림 2-1-2]
일반적인
사출구성요소

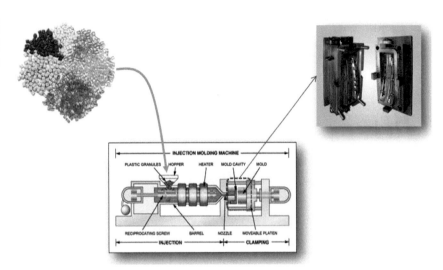

유럽업체를 방문하다보면 회사역사관에 그 회사에서 최초로 개발한 조잡한 사출기를 전시하고 있는 경우를 보곤 한다. 사출기라고 하기에도 그저 그런 기구의 단순한 조합정도이다. 하지만 이러한 단순한 조합의 전시물 앞에서 아이러니하게도 우리는 오히려 그 업체가 발전시켜온 숭고한 철학과 역사의 무게 앞에 숙연함을 먼저 느끼게 된다. 그리고 되새긴다.

모든 위대한 첫걸음이 이렇게 시작되어 온 것이라고….

사출품을 구성하는데 흔히들 따라다니는 요소들이 있다. [그림 2-1-3]은 콜드런너 방식에서 금형의 캐비티와 더불어 사출물을 구성하는 게이트, 런너, 스프루를 보여준다. 사출은 주로 런너의 방식에 따라서 크게 콜드런너(cold runner) 방식과 핫런너(hot runner) 방식이 존재한다.

[그림 2-1-3]
사출품을 구성하는
요소(콜드런너 기준)
(출처 : Wikipedia)

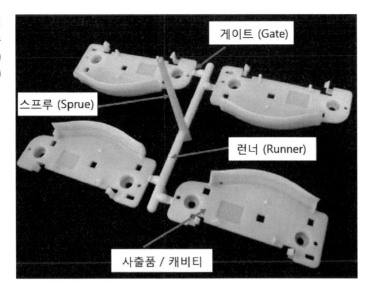

2.2 분수유동(fountain flow)

일반적으로 사출 성형된 플라스틱 제품은 두께가 평판 제품이다. 평판 제품의
정의는 두께 3~4mm 이하의 두께에 비하여 폭이 5배 이상 큰 제품을 말한다.
이러한 캐비티 내로 수지가 흐를 때는 금형 벽면(mold wall)에 고화층(frozen
layer)을 형성하면서 유동선단이 분수(fountain)와 같은 모양으로 전진한다[그림
2-2-1].

[그림 2-2-1]
분수유동
(fountain flow)

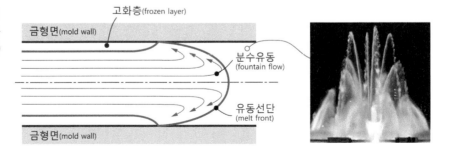

이런 원리에 의하여 배럴 앞부분에 계량된 수지는 제품 표면층을 형성하는데 사용되고, 뒷부분에 계량된 수지는 제품 중앙부위를 채운다[그림 2-2-2]. 또한 전단 변형률(shear strain)이 가장 큰 부분은 고화층과 유동층 경계면이 되고, 표면층은 빠르게 고화되며, 중앙(core polymer)부위는 마지막으로 고화된다. 따라서 표면층은 배향성이 크고 중앙부위는 배향성이 작다.

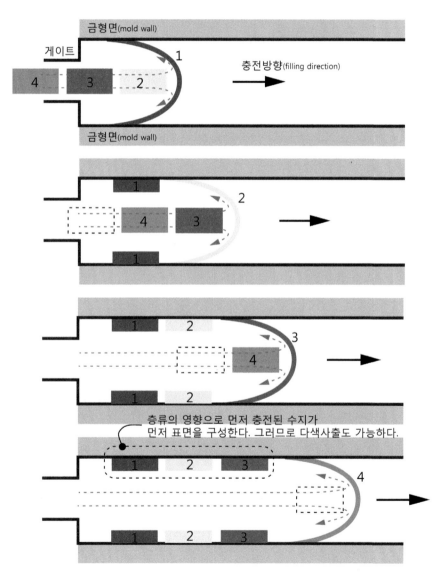

[그림 2-2-2]
컬러수지의
충전과정

참고

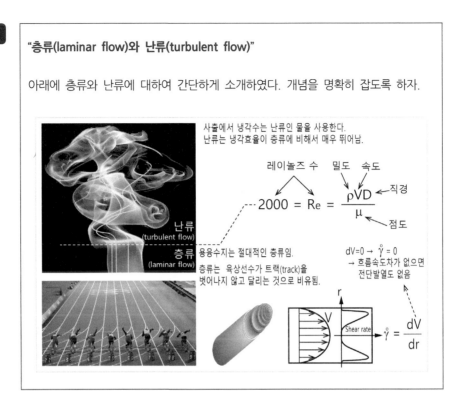

"층류(laminar flow)와 난류(turbulent flow)"

아래에 층류와 난류에 대하여 간단하게 소개하였다. 개념을 명확히 잡도록 하자.

2.3 전단변형률속도와 전단열(shear heating)

전단변형률속도(shear strain rate)는 제품두께와 사출속도에 의존한다. 즉 층류의 유동층간 사출속도차가 클수록, 두께가 얇을수록 전단변형률속도가 크며 일반적으로 배향성이 커진다. 또한 고화층과 유동층 그 경계면에서 전단변형률속도가 가장 크다. 그리고 전단변형률속도가 크면 경계면에서 마찰열이 발생한다. 일반적으로 금형으로 유입된 수지는 차가운 금형에 의하여 온도가 떨어지는 경향을 보이지만 사출속도가 특정속도 이상이 되면 금형과의 접촉시간이 감소하여 손실열이 적고 전단변형률속도의 증가에 따라 마찰열 발생이 증가하여 수지의 유동선단 온도가 보존되거나 오히려 상승한다. 또한 고화층의 두께는 사출속도가 느릴수록 금형으로의 손실열이 증가하여 고화층의 두께는 증가한다.

[그림 2-3-1]
속도분포와
전단변형률 속도분포
(a) 속도분포
(b) 전단변형률
속도분포

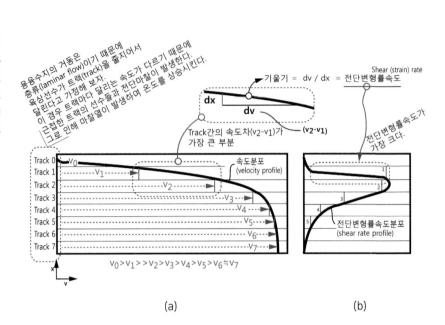

(a)

(b)

[그림 2-3-2]
속도(A),
전단변형률속도(B),
용융온도(C),
점도(D)와의 관계

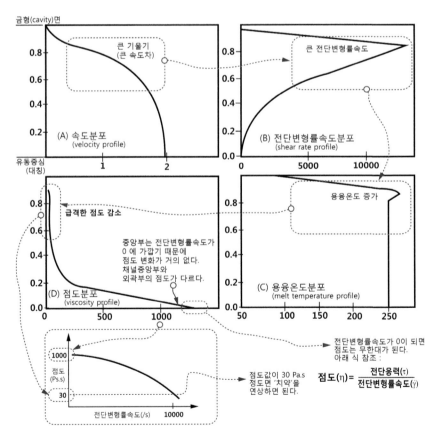

[그림 2-3-3]
금형 내의
용융수지유동

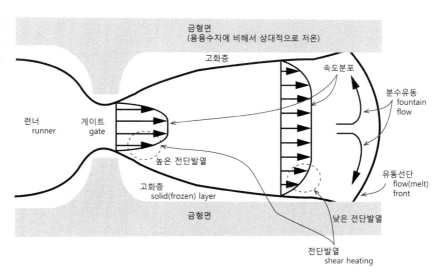

참고

"전단변형률속도", "점도"

1) 전단변형률속도(shear strain rate), 점도(viscosity)

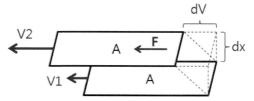

$$전단변형률속도(shear\ strain\ rate) = \frac{(V2-V1)}{dx} = \frac{dV}{dx}$$

간단하게 설명하면, 얼마나 빠른 속도로 전단변형이 되는지를 식으로 정의한 것이다.
각 층류 유동층의 속도차를 유동의 두께로 나눈 값(속도기울기)이다.
위의 그림에서 점도(viscosity)를 식으로 나타내면 다음과 같다.

$$점도(viscosity) = \frac{(force/area)}{(velocity/height)} = \frac{F/A}{(dV/dx)}$$
$$= \frac{전단응력(shear\ stress)}{전단변형률속도(shear\ strain\ rate)} = \frac{\tau}{\dot{\gamma}}$$

"전단열(shear heat)"

뒷장에서 상세히 다루겠지만, 여기서 전단변형률속도의 증가로 전단열이 증가한다. 그러므로 전단변형률속도가 높은 구간(유동속도가 기울기가 큰 구간)에서 용융수지 온도가 증가한다. 아래 식에서 전단열을 구성하는 변수에 대해서 심도있게 생각해보자. 전단변형률속도가 변수들 중에서도 영향이 크다.

$$\text{전단열(shear heat, }^{\circ}\text{C/s)} = \frac{\tau \, \dot{\gamma}}{\rho C_p} = \frac{\eta \, \dot{\gamma}^2}{\rho C_p}$$

전단응력 (shear stress, Pa)
점도 (viscosity, Pa.s)
전단변형률속도 (shear strain rate, 1/s)
밀도 (density, kg/m³)
비열 (specific heat, J/kg.°C)

"전단열 불균형으로 인한 충전불균일"

주로 원형의 스프루, 런너로 연결되는 구간에서 외곽의 높은 전달열로 인하여 충전 불균일이 발생한다.

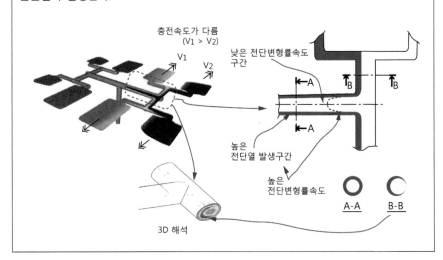

충전속도가 다름 (V₁ > V₂)
V1
V2
낮은 전단변형률속도 구간
A
B
B
높은 전단열 발생구간
높은 전단변형률속도
A-A
B-B
3D 해석

2.4 사출압력

압력은 용융수지의 유동저항을 극복하게 하는 구동력이다. 스크류가 보압절환 (switch-over)점에 도달하였을 때 스크류 앞단의 압력을 사출압력이라고 한다. 이때 유동선단 끝단의 압력은 대기압 상태와 유사하다. 사출 성형기의 최대사출 압력보다 작은 압력으로 수지를 캐비티 끝부분까지 충전이 가능하여야 한다. 그 렇지 않다면 미성형의 가능성이 크다. 따라서 이때는 사출압력을 줄일 수 있는 방법을 찾아야 한다. 일반적으로 안전율을 고려하여, 사출압력이 사출 성형기의 최대 사출압력의 75%~80% 이하가 되도록 금형설계 및 사출성형 조건이 설정 되어야 한다. [그림 2-4-1]은 일반적인 사출압분포를 보여주고 있다. 스프루, 런 너, 게이트와 캐비티를 통과하면서 사출압이 점점 감소함을 알 수 있다. 캐비티 에 충전 및 보압을 정상적으로 인가하여 제품결함을 최소화하려면 사출장치 노 즐선단의 압력이 캐비티 내의 충전압력보다 훨씬 높아야 함을 알 수 있다.

[그림 2-4-1]
사출압 분포도

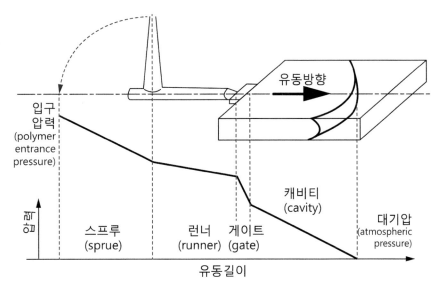

[그림 2-4-2]

일반사출과
가스사출의 형내압
분포(Ⅰ)

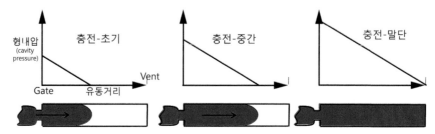

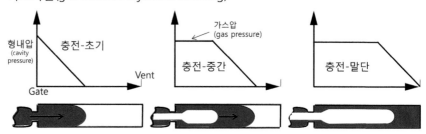

[그림 2-4-2]는 일반사출과 가스사출(gas−assist injection molding)의 형내압 분포를 비교한 것이다. 가스사출의 장점은 일반사출에 비하여 저압충전이 가능하다는 것이다. 저압충전으로 인한 다양한 기술적 혜택을 볼 수 있다.

[그림 2-4-3]

일반사출과
가스사출의 형내압
분포(Ⅱ)
(a) 일반사출 형내압
분포
(b) 가스사출 형내압
분포

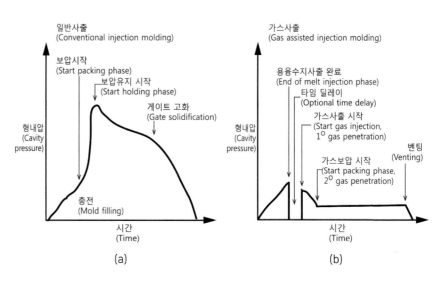

[그림 2-4-4]
보압절환 순간의
스프루, 런너,
캐비티의 압력분포
해석

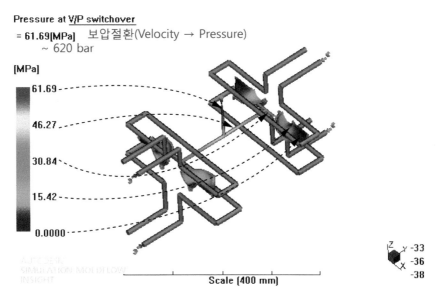

Pressure at V/P switchover
= 61.69[MPa]　보압절환(Velocity → Pressure)
　　~ 620 bar

[MPa]

61.69
46.27
30.84
15.42
0.0000

AUTODESK
SIMULATION MOLDFLOW
INSIGHT

Scale [400 mm]

Z Y -33
  X -36
    -38

2.5 사출압력에 영향을 미치는 인자

1) 제품설계(part design)

(1) 제품두께

제품두께가 얇을수록 유동저항이 증가하여 사출압력은 증가한다. 동일한 제품에서도 두꺼운 부분과 얇은 부분의 유동속도는 달라진다. 이러한 원인으로 의하여 정체현상(hesitation)과 에어트랩(air trap) 등의 현상이 발생한다. 유동저항식을 보더라도 두께(H)의 영향이 변수들 중에서 가장 크다.

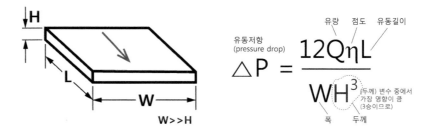

유량　점도　유동길이

유동저항
(pressure drop)

$$\triangle P = \frac{12Q\eta L}{WH^3}$$

(두께) 변수 중에서
가장 영향이 큼
(3승이므로)

폭　두께

W>>H

[그림 2-5-1]은 제품의 기하학적 거리에 따른 설계방법을 나타낸 것이다. 기본적으로 사출은 게이트로부터 모든 방향의 유동거리와 두께가 동일한 것이 가장 이상적이다. 하지만 그러한 이상적인 제품을 접하기란 쉽지 않다.

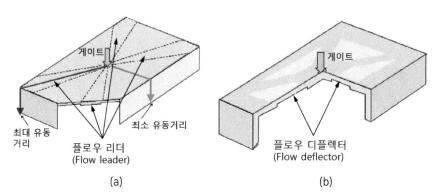

[그림 2-5-1]
균일한 유동을 위한
플로우 리더 및
디플렉터
(a) 플로우 리더
(flow leader)
(b) 플로우 디플렉터
(flow deflector)

(a)와 같이 유동거리가 길어서 제품 말단(끝부분)까지의 성형이 전체적으로 동시에 충전이 안 될 경우에 플로우 리더(flow leader)를 설치한다. 현장에서 '물줄기'라고도 한다. 이것은 사출품의 두께를 키워서 유동이 잘 되게끔 하는 것이 목적이다. 반면 (b)의 플로우 디플렉터(flow deflector)는 유동거리가 다른 부분보다 짧은 경우에 흐름을 방해하기 위해서 두께를 줄인 것이다. 현장에서 '물막음'이라고도 한다.

게이트를 설치할 때도 되도록 두께가 두꺼운 쪽에 설치하는 것이 유리하다.

[그림 2-5-2]는 게이트 위치를 (a)두께가 얇은 측과 (b)두꺼운 측에 설치한 경우에 냉각시간의 변화를 비교한 것이다.

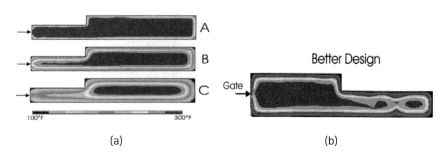

[그림 2-5-2]
두께에 따른 게이트
위치 설정방법
(a) 두께가 얇은 쪽에
게이트 설치(나쁨)
(b) 두꺼운 쪽에
게이트 설치(좋음)

(a)는 두께가 얇은 쪽에 게이트를 위치한 것이다. 두께가 얇은 쪽이 두께가 두꺼운 오른쪽보다 고화가 먼저 일어난다. 그러면 보압(packing & holding pressure)이 두꺼운 쪽으로 더 이상 전달되지 못하기 때문에 두꺼운 부분에서 수축이 발생한다. 그러므로 (b)와 같이 두꺼운 쪽에 게이트를 설치하면 보압 부족으로 인한 수축불량이 발생하지 않게 된다. 제품을 설계하다보면 게이트 위치는 제품의 특성 및 기능에 따라서 제약을 많이 받는다.

(2) 제품 표면적

제품 면적이 증가할수록 동일한 조건에서 금형으로의 열손실이 증가하여, 수지의 유동선단 온도강하와 고화층의 두께증가로 인한 실제 유동단면 감소로 유동저항이 증가하여 사출압력이 증가한다. 일반적으로 다수의 미세한 홀이 존재하는 제품은 그렇지 않은 제품에 비하여 사출압력이 상승한다.

[그림 2-5-3]
제품 표면적에 따른
사출압력변화
(a) 높은 사출압
(b) 낮은 사출압

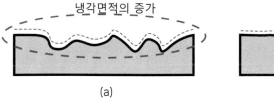

2) 금형설계(mold design)

(1) 게이트(gate)와 런너(runner)

사출에서 게이트와 런너는 설계에서 매우 중요한 사항 중의 하나이다.

게이트에서 고려할 것은 게이트 수, 크기, 위치 등이 있다. 제품의 크기와 형상에 따라서 적절하게 선정되어야 한다.

게이트 수가 적으면 부분적으로 미성형이 발생하거나 충전압력이 증가할 수 있고, 수가 많으면 충전은 용이하나 웰드라인(weldline)이나 캐비티 내에 에어트랩(air trap) 등의 사출불량이 발생한다.

게이트 크기가 작으면 게이트 고화는 빨리되어 보압이 제대로 전달 안 될 수도 있고, 사출압력이 증가할 수 있고, 온도에 민감한 수지일 경우에는 전단변형률속도의 증가로 인하여 열화(분해)에 의한 변색이 발생할 수도 있다. 또한, 크기가 증가하면 사출압이 낮아서 충전은 쉽게 되나 게이트 고화 시간이 길어져서 냉각

시간의 증가로 전체적인 사이클타임(cycle time)에 영향을 줄 수 있다. 게이트 위치가 적절하지 못하면 미성형, 에어트랩(air trap) 등의 불량이 발생된다.

전체 사출압은 런너시스템의 압력강하와 캐비티 내에서의 압력강하의 합이므로 런너시스템을 너무 얇게 설계를 하면 사출압력이 증가하여 미성형이 발생할 수 있다. 또한 런너시스템을 너무 두껍게 설계하면 사출압력은 낮아지지만 런너의 고화시간이 증가하여 전체 사출성형사이클이 증가한다.

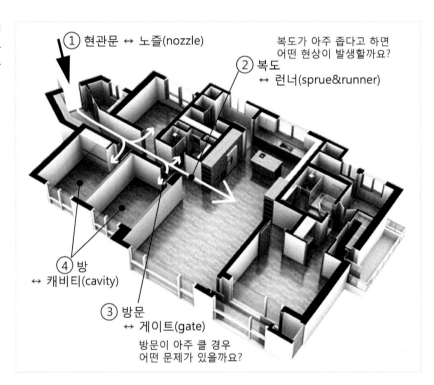

[그림 2-5-4]
건물의 복도와
출입문을 통한 런너와
게이트 설명

좋은 게이트 조건은 다음과 같이 요약할 수 있다.

① 런너로부터 제품의 분리가 용이하고 깨끗할 것.

② 균형 있게 설계된 런너에서 압력 분배가 균등할 것.

③ 캐비티 내 수지유입시 유동 및 압력 분배가 원활할 것.

④ 캐비티 내 압력보존 및 수축조절을 위해 런너와 제품사이의 차단역할을 할 것.

⑤ 제품의 질과 이윤의 중요한 요소인 적정성형시간을 제공할 것.

⑥ 성형수지의 특성을 고려할 것.

[그림 2-5-5]
일반적인 (사각)
게이트 형상

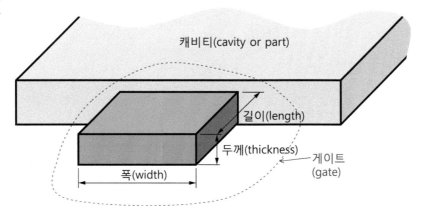

반면에 부적절한 게이트 위치를 살펴보면 다음과 같다.

제품에 따라 최적의 게이트 위치가 없는 경우나 어느 부위나 설치 가능한 경우가 있다. 아래와 같은 부위는 게이트가 위치하기에는 부적절한 곳이므로 피하는 것이 좋다.

① 사용상 또는 조립시 떨어뜨리거나 사용 중 충격이 가해지는 부위.

② 고정부위 또는 항상 굽힘응력하에 있는 부위.

③ 선명한 웰드라인이 예상되는 부위 및 내충격성, 내강도가 요구되는 부위.

④ 유동형상이 에어트랩(air trap)을 유발시키는 부위.

⑤ 플로우 마크(flow mark)가 예상되는 부위.

⑥ 수지의 유동압이 코어핀을 변형시키는 부위.

⑦ 얇은 부위와 두꺼운 부분이 만나는 부위.

⑧ 끝손질이 어려운 부위.

⑨ 게이트 흔적이 제품의 기능 또는 외관을 해치는 부위.

⑩ 게이트 제거시 발생되는 성형응력 또는 절단응력이 제품의 강도와 내충격성을 저하시키는 부위.

(2) 유동길이

사출압력의 정의에서 알 수 있듯이 유동거리가 증가하면 사출압력은 증가한다. 따라서 유동길이를 줄이면 사출압력은 낮아진다.

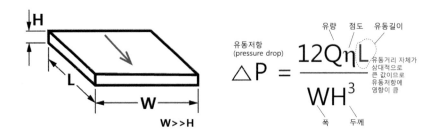

$$\triangle P = \frac{12Q\eta L}{WH^3}$$

유동길이를 줄이는 방법은 게이트의 수를 늘리는 것이다. 하지만 게이트 수를 늘리면 이에 수반되는 문제점(금형제작 가격상승, 웰드라인 등)이 수반된다. 게이트 수는 일반적으로 금형설계에서 결정하여야 할 가장 중요한 항목이다. 또한 게이트는 유동 밸런스(flow balance)를 고려하여 설계하여야 한다. 한쪽이 아무리 빨리 충전되어도 다른 한쪽이 충전되지 않았다면 이 부분을 채우기 위하여 사출압력이 지속적으로 증가한다. [그림 2-5-6]은 게이트 위치에 따른 유동거리의 변화를 도식적으로 나타낸 것이다.

[그림 2-5-6]
충전시 유동거리비교
($L_1 > L_2$)
(a) 긴 유동거리
(b) 짧은 유동거리

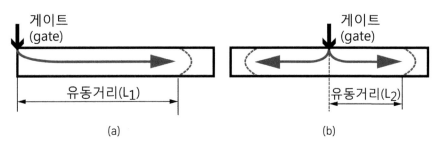

[그림 2-5-7]은 케이블타이(cable tie)를 사출할 때 제품의 두께, 유동거리(flow length), 웰드(weld) 혹은 멜드(meld)라인을 고려하여 3개의 위치별로 적합성을 검토한 것이다.

①의 경우는 3가지 경우 중 최악의 설계사례다. 두께 측면에서 살펴보면, 두께(단면적)가 얇은 쪽에서 두꺼운 쪽으로 유동이 되는 구조다. 이 때 얇은 쪽이 두꺼운 쪽보다 먼저 고화가 이루어져 사출압력이 증가하고 또한 이에 따른 보압전달이 케이블타이 고정홀(lock)부까지 제대로 전달되지 않아 치수변화 및 수축이 발생한다. 이러한 불량을 방지하기 위해서 게이트 위치는 두꺼운 부분에 설치하는 것이 정석이다. 유동거리는 케이블타이 극단에 있기 때문에 유동거리가 매우 길다. 그러다보면 충전 중에 과다한 사출압력이 걸리고 또한 보압전달이 말단

(끝부분)까지 잘 되지 않는다. 웰드라인 측면에서 보면, 충전이 진행되어 말단 (끝부분, lock부)까지 유동하여 말단에서 홀부위를 양방향으로 휘돌아 들어가면서 케이블타이 가장 끝부분에 웰드라인이 발생한다. 웰드라인이 발생한 부위에는 기계적 물성이 많이 저하된다. 특히 하중이 집중되는 부위는 웰드라인 생성을 억제하는 구조로 반드시 설계해야 한다. 게이트 위치를 바꿔서 웰드라인 위치조정에 많이 사용한다.

③의 위치에 게이트를 설치하는 것이 3가지 조건을 검토했을 때 가장 유리하다. 대부분의 설계검토에서 완벽하게 조건을 충족하는 경우는 거의 없다. 그래서 설계자의 능력이 많이 요구되는 것이다.

금형설계자의 충분한 검토만이 후공정에서 발생하는 막대한 시간적, 비용적 손실을 방지할 수 있다. 설계에서 실수 혹은 기술적으로 충분히 검토되지 않으면 후공정으로 넘어가면서 문제가 급격히 증가한다.

[그림 2-5-7]
유동거리, 두께,
웰드(멜드)라인을
고려한 게이트 위치
선정 사례

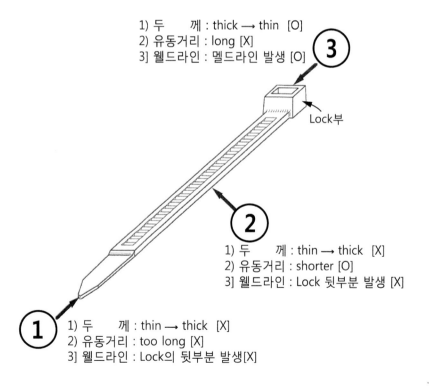

1) 두   께 : thick → thin [O]
2) 유동거리 : long [X]
3] 웰드라인 : 멜드라인 발생 [O]

③

Lock부

②

1) 두   께 : thin → thick [X]
2) 유동거리 : shorter [O]
3] 웰드라인 : Lock 뒷부분 발생 [X]

①

1) 두   께 : thin → thick [X]
2) 유동거리 : too long [X]
3] 웰드라인 : Lock의 뒷부분 발생[X]

3) 공정조건(processing condition)

(1) 사출속도(injection molding velocity)

사출속도에 대한 사출압력은 U커브를 보인다. 사출속도가 느리면 열 발생보다 열 손실이 더 커서 유동선단 온도가 강하하여 점도가 증가하고, 고화층의 두께가 증가하여 유동저항이 증가하며, 사출압력이 상승한다. 반대로 사출속도가 빠르면 유동선단 온도는 상승하여 점도는 낮아지고 고화층의 두께는 줄어들지만, 고화층과 유동층 사이의 마찰저항이 크게 증가하여 오히려 사출압력이 증가한다. 따라서 캐비티 내에서 유동선단이 적절한 일정속도로 흐를 때 사출압력은 가장 낮아진다.

[그림 2-5-8]
사출속도에 따른
압력분포

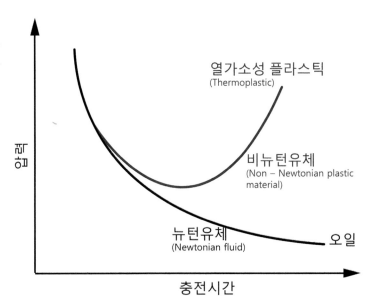

(2) 수지온도

수지온도란 가소화에 의하여 배럴(barrel)에 계량되는 수지의 온도를 말한다. 수지온도를 높이면 점도는 낮아지고 고화층의 두께는 얇아진다. 따라서 사출압력은 낮아진다.

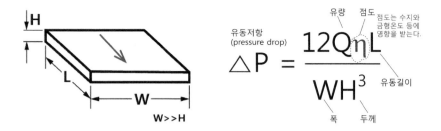

$$\triangle P = \frac{12Q\eta L}{WH^3}$$

유동저항 (pressure drop)

유량 점도 점도는 수지와 금형온도 등에 영향을 받는다.

유동길이

폭 두께

그러나 수지 온도가 높으면 냉각시간이 길어져 사이클 시간이 길어진다.

[그림 2-5-9]
수지온도에 따른
사출압력 변화
(a) 수지온도 정의
(측정위치)
(b) 저온 → 고압사출
(c) 고온 → 저압사출

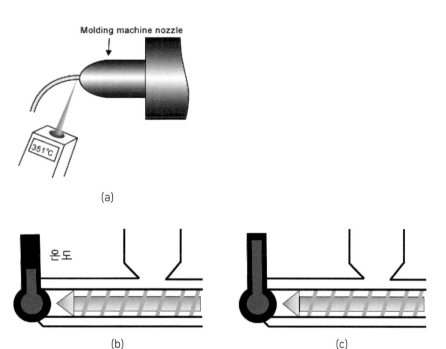

핫런너 방식에서는 핫런너의 매니폴더와 노즐에 삽입된 열전대(thermocouple)에서의 값으로 수지온도를 측정한다.

(3) 금형온도

금형온도란 캐비티(cavity) 벽면 온도를 말한다. 일반적으로 금형온도는 냉각 시스템과 냉각수의 온도 및 속도에 의하여 결정된다. 금형 온도가 높으면 고화층의 두께가 얇아져서 사출압력이 낮아진다. 그러나 냉각시간이 길어져서 사이클 타임을 증가시킨다.

[그림 2-5-10]은 금형 내에서 냉각수통로(cooling channel)와 금형온도를 측정하기 위하여 캐비티와 성형코어 면 근처에 온도센서를 설치한 것이다.

[그림 2-5-10]
금형 내에서 냉각수
채널(cooling
channel)과 온도측정

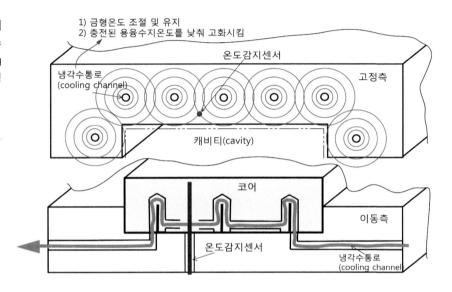

1) 금형온도 조절 및 유지
2) 충전된 용융수지온도를 낮춰 고화시킴

온도감지센서
냉각수통로 (cooling channel)
고정측
캐비티(cavity)
코어
이동측
온도감지센서
냉각수통로 (cooling channel)

참고

"냉각회로와 입구/출구의 온도변화"

냉각수는 빠른 유속으로 냉각회로를 지나간다. 냉각수는 용융수지의 온도로 인하여 입구측 온도보다 출구측 온도가 높게 나온다. 순간적으로 냉각수가 지나가므로 온도 상승폭은 그다지 높지 않다.

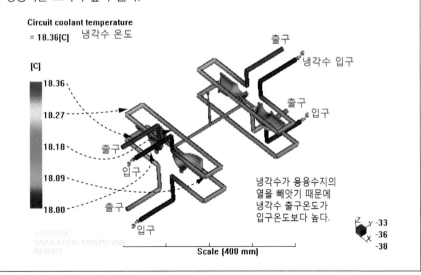

Circuit coolant temperature
= 18.36[C]   냉각수 온도

[C]
18.36
18.27
18.18
18.09
18.00

출구   냉각수 입구
출구   입구
출구   입구
출구   입구

냉각수가 용융수지의
열을 빼앗기 때문에
냉각수 출구온도가
입구온도보다 높다.

Scale [400 mm]

Z -33
Y -36
X -38

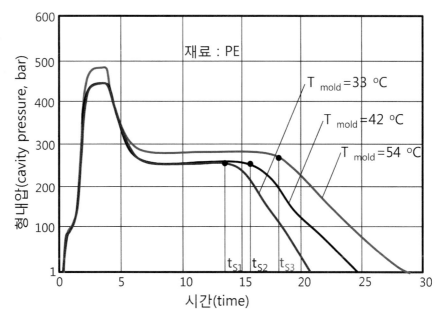

[그림 2-5-11]
금형온도에 따른
금형내압의 변화 곡선

[그림 2-5-11]은 금형온도에 따른 형내압의 변화를 압력측정 장치를 활용하여 측정한 것이다. 사용한 수지는 PE이고, 금형온도를 33℃, 42℃, 54℃로 변화시키면서 형내압을 측정하였다. 금형온도가 낮을수록 압력이 오른쪽부분 그래프가 떨어지기 시작하는 시점이 빨라진다는 것을 알 수 있다. 이것은 게이트 고화가 빨라져서 더 이상 보압이 전달되지 않을 경우와 용융수지가 빠르게 열을 금형표면으로 방출하여 고화시기를 앞당기는 경우로 볼 수 있다. 금형온도는 낮으면 미성형 및 수축을 유도하고, 높으면 성형측면에서는 유리하나 사이클 타임이 길어진다.

참고

"냉각이 힘든 깊은 코어에 사용되는 냉각방식"

냉각이 힘든 깊은 코어 등은 라인(줄) 냉각으로 냉각효율을 높이기가 힘들다. 여기서는 대표적인 방법 3가지를 소개한다. 이 방법 외에도 3차원 냉각 등도 많이 사용한다.

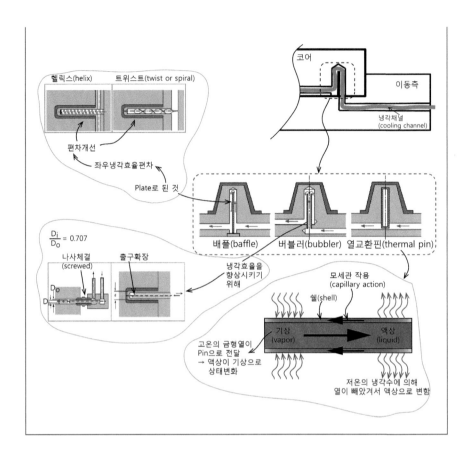

(4) 재료선택(materials)

사출압력에 가장 큰 영향을 미치는 요소라고 판단된다. 제품설계자는 수지를 선정하는데 있어서 수지의 유동성을 반드시 고려하여야 한다. 동일한 조건이라면 수지의 유동성이 좋은 것이 사출압력을 줄인다. 재료(수지)의 유동성이 개선되면 게이트의 수를 줄여서 웰드라인을 감소시킬 수 있다.

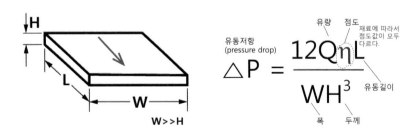

유동저항
(pressure drop)

$$\triangle P = \frac{12Q\eta L}{WH^3}$$

일반적으로 수지의 유동성을 측정하는 방법으로 MI(melt flow index) 방법을 사용하여 평가하지만 이는 측정방법상 저속구간(전단변형률속도가 아주 낮은 곳)의 값이다. 그러나 실제 사출에서의 전단변형률속도 범위는 약 1,000~10,000(/s)이다. 따라서 이 구간에서의 유동성은 재료의 선정에 따라 큰 차이가 있다.

[그림 2-5-12]
점도-전단변형률속도
그래프에서 MI구간과
실제 사출구간 표시

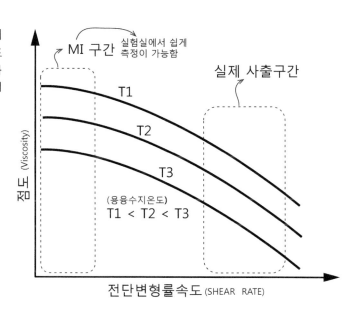

참고

"게이트 주변의 전단변형률속도 분포"

게이트 주변의 전단변형률속도 분포를 유동해석을 통해서 살펴보았다.

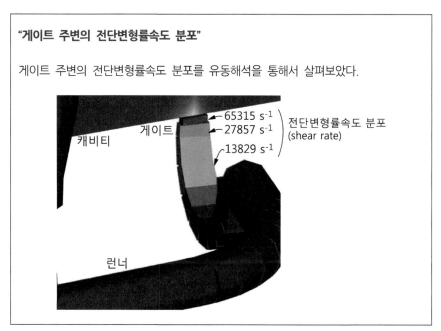

"MI(용융지수, melt flow index)"

MI(melt flow index)는 열가소성 수지의 유동특성을 측정한 값이다. 특정시간(예 : 10분)동안 모세관(capillary, d_1)을 통과하는 용융수지의 질량을 측정한 값이다. 측정 방법은 ASTM D1238과 ISO 1133에 명기되어 있다.

[그림 2-5-13]
MI(melt flow index)
측정장치

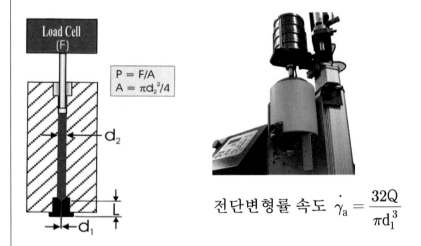

$$P = F/A$$
$$A = \pi d_2^2/4$$

전단변형률 속도 $\dot{\gamma}_a = \dfrac{32Q}{\pi d_1^3}$

폴리머의 용융특성은 제품의 가공성에 직접 관계될 뿐 아니라 제품물성에 영향을 주기 때문에 중요하다. 용융지수에 큰 영향을 미치는 요소는 분자량과 분자량분포이다. 폴리올레핀의 평균 분자량은 10,000(왁스 상태)~4,000,000(딱딱한 상태)로 광범위하게 분포되며, 일반적으로 50,000~500,000의 범위를 갖는다. 일반적으로 분자량과 용융지수는 반비례한다. 높은 분자량의 PE는 저용융지수를 나타내고, 반대로 낮은 분자량의 것은 고용융지수 값을 갖는다. 용융지수가 물성에 미치는 영향을 고려해 보자. 고분자량(저용융수지)의 PE의 경우 강성, 내응력균일성, 내약품성 및 신율 등의 물성은 개선되지만 점도가 저하되므로 가공성이 나빠지게 된다. 저분자량(고용융수지)의 경우 반대의 영향이 나타난다.

시험방법 : ASTM D1238, 단위 g/10min.
 - 시편 : 실린더에 넣을 수 있는 형태(분말, 그래뉼, 필름, 펠릿(pellet))
 - 시험 : PE는 190℃, PP는 230℃로 각각 가열한 다음 실린더에 2,160g의 부하를 가할 피스톤을 정위치에 놓고 오리피스(내경 : 2.09mm, 길이 : 8mm)를 일정시간(분단위)동안 통과하여 나온 수지의 중량을 측정하여 10분 동안의 통과량으로 환산한다.

(5) 사출압력의 허용 범위

제품의 성형을 위하여 사용한 사출성형기의 최대사출압력의 75%~80% 이하에서 성형이 가능하도록 제품설계, 금형설계 그리고 공정조건 등이 조정되어야 한다.

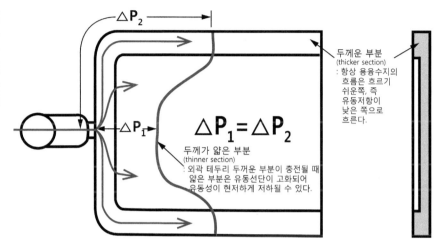

[그림 2-5-14]
후육(thicker frame)과
박육(thinner
section)에서의
압력변화로 인한
유동거리

게이트를 통과한 용융수지는 압력이 낮은 구간으로 먼저 흐르게 된다. [그림 2-5-14]는 후육부(두께가 두꺼운 부분)와 박육부(두께가 얇은 부분)의 차이로 인하여 유동선단의 모양이 다르게 나타난다. 즉, 두께가 두꺼운 쪽으로의 유동거리가 상대적으로 길다. 후육부의 유동은 박육부의 압력과 일치할 때까지 계속 흐르게 된다. 박육부의 흐름은 후육부에 비해서 상대적인 유동선단속도가 느리게 된다. 유동선단속도가 느리게 되면 플로우 마크(flow mark) 등의 문제가 발생할 수 있다.

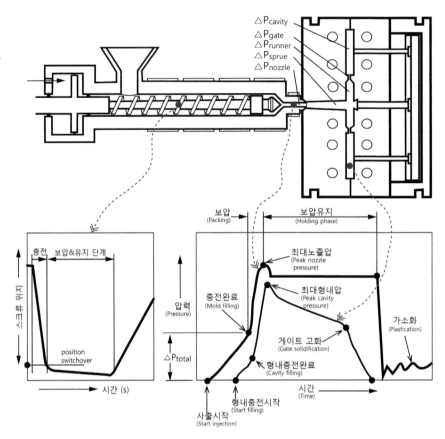

[그림 2-5-15]
각 사출구간에서의
압력변화

$\triangle P_{cavity}$
$\triangle P_{gate}$
$\triangle P_{runner}$
$\triangle P_{sprue}$
$\triangle P_{nozzle}$

보압
(Packing)

보압유지
(Holding phase)

최대노즐압
(Peak nozzle pressure)

충전완료
(Mold filling)

최대형내압
(Peak cavity pressure)

게이트 고화
(Gate solidification)

가소화
(Plastication)

형내충전완료
(Cavity filling)

형내충전시작
(Start filling)

사출시작
(Start injection)

시간
(Time)

압력
(Pressure)

$\triangle P_{total}$

충전 보압&유지 단계

position switchover

스크류 위치

시간 (s)

전체충전압력(total filling pressure), $\triangle P_{total}$:

$$\Delta P_{total} = \Delta P_{nozzle} + \Delta P_{sprue} + \Delta P_{runner} + \Delta P_{gate} + \Delta P_{cavity}$$

[그림 2-5-16]
원형 및 사각채널의
전단변형률속도와
압력변화 관계식

사각평판 유동
(rectangular flow channel)

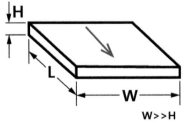

전단변형률속도
(apparent wall shear rate)

$$\dot{\gamma}_a = \frac{6Q}{WH^2}$$

유동저항(pressure drop)

$$\Delta P = \frac{12Q\eta L}{WH^3}$$

$Q = $ 유량
$\eta = $ 점도

실린더 유동
(cylinder flow channel)

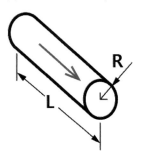

전단변형률속도
(apparent wall shear rate)

$$\dot{\gamma}_a = \frac{4Q}{\pi R^3}$$

유동저항(pressure drop)

$$\Delta P = \frac{8Q\eta L}{\pi R^4}$$

$Q = $ 유량
$\eta = $ 점도

참고

"위의 수식을 문제해결에 적용한 사례(변수최소화 및 상수극대화)"

사출현장에 있다 보면 다음과 같은 질문을 받을 때가 있다. 제품두께는 몇 mm까지 사출이 가능한가에 대한 질문이다. 이런 경우, 위에서 기술한 수식을 활용하면 좀 더 체계적으로 문제에 답변할 수 있다. 아래 유동저항식에서 변수가 5개이다. 그 중, 3개는 금형설계와 관련이 있고, 그 외에 점도와 유량으로 구성되어 있다. 아래 식으로 해석하자면 성형 가능한 두께의 제한은 없다.

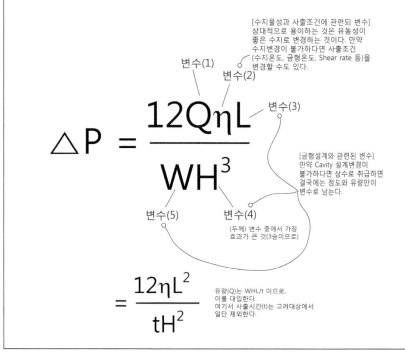

참고

"게이트 주변 리브(rib)와 말단의 리브충전과정"

게이트 주변의 폭이 상대적으로 좁은 리브의 경우 충전하기 쉽다고 착각하기 쉽다. 게이트 주변의 리브는 가장 늦게 충전된다.

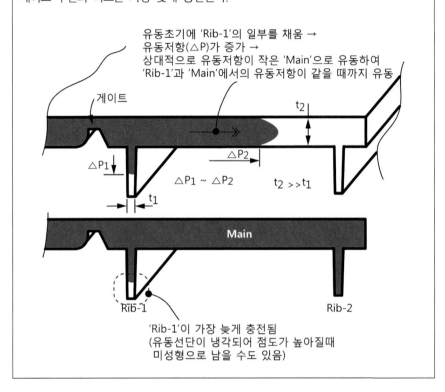

참고

"충전밸런스(filling balance)"

기하학적으로 런너밸런스(runner balance)를 충족하더라도 충전밸런스는 충족하지 못하는 경우가 있다. 다(多)캐비티의 경우, 런너 크기가 유사하면 게이트 근처부터 충전하게 된다. 충전밸런스를 충족하기 위해서 런너 크기를 다르게 한 경우를 나타내었다.

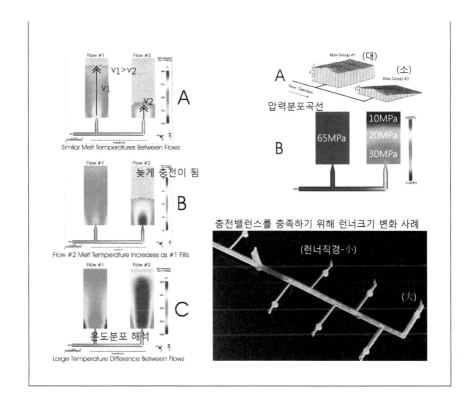

충전밸런스를 충족하기 위해 런너크기 변화 사례

4) 사출속도

(1) 최적 사출속도

최적의 사출속도는 주어진 조건에서 사출압력이 최소가 되게 하는 것이다. 캐비티의 두께에 따라서도 사출속도는 달라져야 한다. 두께가 얇은 경우가 두꺼운 경우보다 금형에 의한 냉각으로 열 손실이 훨씬 크기 때문에 사출속도를 증가하여 전단변형률을 높여 마찰열을 증가시켜야 유동선단의 온도는 일정하게 유지되고 사출압력도 낮아진다. 플라스틱 재료에 따라서 비열, 열전도률, 점도 등이 상당히 다르다. 온도변화에 따라서 점도 변화가 심한 재료(PC, PMMA)는 가파른 U 커브를 가지지만 그렇지 않은 재료(PP, ABS)는 완만한 U 커브를 가진다. 따라서 재료에 따라 사출압력이 사출속도에 민감하게 변하는 것이 있고 그렇지 않은 것이 있다.

[그림 2-5-17]
수지에 따른
사출압력변화

[그림 2-5-18]
최적 사출속도 구간

온도에 따른
점도변화가
민감한 재료
PC

PP

충전압력 (Fill Pressure)

충전시간 (Fill Time)

[그림 2-5-17]

충전압력(Fill Pressure)

성형가능구간

사출기 최대
사출압력

최적 사출속도
구간

충전시간 (Fill Time)

[그림 2-5-18]

(2) 유동선단 속도

스크류 전진 속도가 일정하여도 캐비티 내에서 유동선단 면적이 캐비티 형상에
따라서 크게 다르기 때문에 유동선단 속도도 크게 달라진다. 가장 최적의 사출
은 수지를 유동선단 온도 변화가 없이 캐비티 끝부분까지 충전하는 것이다. 따
라서 유동선단 온도를 일정하게 유지하려면 유동선단 속도가 일정하여야 한다.

[그림 2-5-19]
유동선단 속도
(다단사출의 필요성)
(a) 4각형 캐비티 사출
(b) 4각형 캐비티
사출속도분포

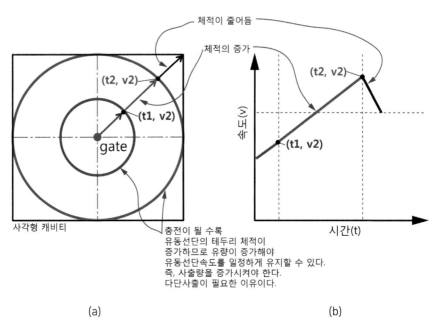

체적이 줄어듦

체적의 증가

(t2, v2)

(t1, v2)

gate

사각형 캐비티

충전이 될 수록
유동선단의 테두리 체적이
증가하므로 유량이 증가해야
유동선단속도를 일정하게 유지할 수 있다.
즉, 사출량을 증가시켜야 한다.
다단사출이 필요한 이유이다.

속도 (v)

(t2, v2)

(t1, v2)

시간(t)

(a)

(b)

즉, 유동선단 면적이 넓은 곳은 사출속도를 증가(유량을 증가)시키고 유동선단 면적이 좁은 곳은 사출속도를 줄인다. 따라서 동일한 속도로 스크류 전진하여 사출한다면 유동선단 온도가 유동선단면적에 따라 상승 또는 하강하게 되어 U 커브를 생각할 때 결국 사출압력을 증가시킨다.

$$유동선단속도(cm/s) = \frac{유량(cm^3)}{유동선단면적(cm^2)}$$

여기서,

$$유동선단면적(cm^2) = 유동선단둘레(cm) \times 캐비티두께(cm)$$

참고

"사출속도분포"

해석결과로 사출속도분포를 살펴보았다. 유동선단속도를 일정하게 하는 것이 중요하다.

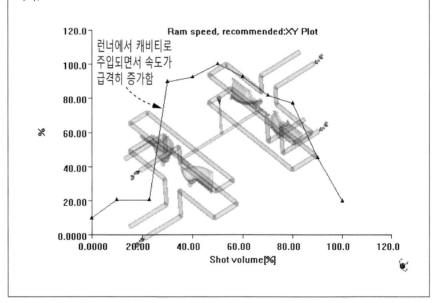

5) 보압 설정

(1) 보압의 의미

보압은 충전 공정 이후에 캐비티 내에서의 수지 냉각에 따른 수축률을 보정해 주기 위하여 적정 압력으로 적정시간 동안 스크류(screw)를 전진(압력제어)시켜 수지를 캐비티 내로 계속 공급하는 공정이다. 따라서 제품의 수축률에 가장 큰 영향을 준다.

[그림 2-5-20]은 1990년대 일본에서 시작되어 서울지하철역에서 볼 수 있었던 푸시맨이다. 이는 보압을 좀 더 쉽게 설명하기 위함이다. 지하철 객차내부는 사람들이 다소 느슨하게 간격을 유지하려고 한다. 그러면 곳곳에 빈공간이 발생한다. 여기서 이용객을 용융수지라고 가정하고, 문에서 밀고 있는 푸시맨은 사출압 이라고 생각하면 다소 이해가 쉬워진다.

[그림 2-5-20]
지하철 푸시(push)맨
(보압 개념의 이해를
돕기 위하여 도입)

(2) 보압 크기와 보압시간의 결정

① 보압 크기

수축률의 크기를 좌우한다. 따라서 보압을 높이면 제품치수는 커지고 싱크마크(sink mark)는 억제된다. 반대의 경우는 제품 치수는 작아지고 싱크가 발생한다. 그러나 너무 높은 보압은 형체력을 증가시키고 잔류응력을 증가시켜 제품 변형의 원인이 된다. 일반적으로 적정보압은 최대사출압력의 70~80%이다.

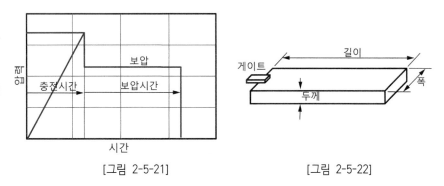

[그림 2-5-21]
보압 크기와 시간

[그림 2-5-22]
게이트 크기

[그림 2-5-21] [그림 2-5-22]

참고

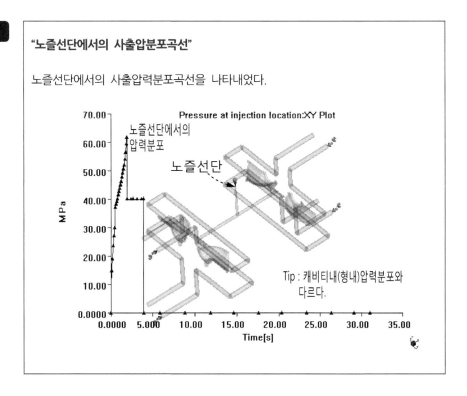

"노즐선단에서의 사출압분포곡선"

노즐선단에서의 사출압력분포곡선을 나타내었다.

② 보압시간

보압시간은 캐비티의 두께와 관련 있다. 제품이 두꺼워서 천천히 냉각되면서 수축이 이루어지면 그 만큼 긴 시간 동안 수지가 계속적으로 공급되어야 한다. 그러나 게이트가 고화된 이후에는 캐비티 내로 수지의 출입이 막히게 되므로 결국 보압시간은 게이트의 고화시간이다. 따라서 제품두께에 따라 적정 크기의 게이트를 설계하여야 한다. 게이트의 고화시간은 게이트의 두께와 길이에 크게 의존한다.

게이트 고화시간을 알기 어려울 때는 보압시간을 지속적으로 증가시키면서 제품의 중량을 측정하고 제품의 무게가 일정해지는 시간을 보압시간으로 정할 수 있다.

[그림 2-5-23]
제품중량 측정을 통한
보압시간의 결정

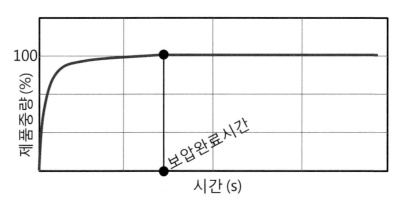

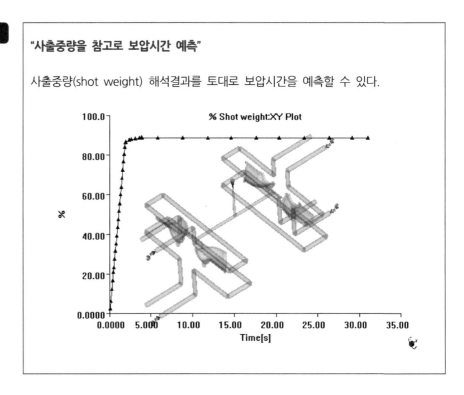

참고

"사출중량을 참고로 보압시간 예측"

사출중량(shot weight) 해석결과를 토대로 보압시간을 예측할 수 있다.

③ 최적 보압(optimal packing pressure) 설정

일반적으로 보압을 일정 압력으로 균일하게 가하면 게이트에 근접한 곳은 보압을 크게 받아 수축률이 적고 충전 마지막 부위는 상대적으로 압력을 충분히 받지 못하여 수축률이 큰 수축 불균형이 발생한다. 이러한 불균형은 잔류응력을 증가시켜 변형을 일으키는 중요한 원인이 된다. 따라서 균일한 압력으로 보압을 설정하는 것이 아니라 보압의 크기를 가변하는 다단 보압 설정을 통하여 캐비티 내압의 위치에 따른 편차를 줄여 줄 수 있다. 또한 게이트는 일반적으로 제품의 두꺼운 곳에 위치한다. 일반적으로 수축률은 압력과 고화속도에 의존한다.

따라서 고화속도가 느려 수축률이 큰 곳에 게이트를 위치하여 충분한 압력을 공급함으로써 수축률 균형을 이룰 수 있다. 그리고 보압시간은 게이트 고화시간 이상으로 설정하여야 한다. 보압을 게이트 고화시간 이하로 설정하면 스크류가 가소화를 위하여 후퇴하므로 게이트 앞 단에 압축되어 있는 수지가 뒤로 흘러나간다. 따라서 비정상적으로 게이트 주위의 수축률이 커진다.

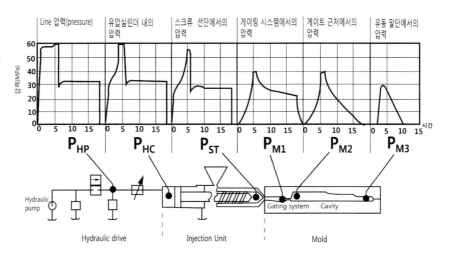

[그림 2-5-24]
사출공정에서
공정위치에 따른
압력의 변화

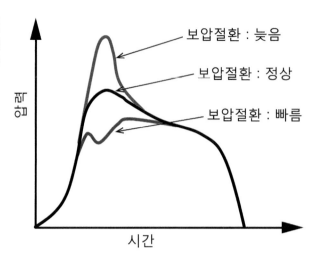

[그림 2-5-25]
보압절환 시점에 따른
금형 내 압력변화

보압절환 : 늦음

보압절환 : 정상

보압절환 : 빠름

금형압

시간

④ **보압의 형태**

같은 크기의 보압을 일정한 시간 동안 작용시키는 것은 효율적이지 못하다. 게이트에서 멀리 떨어진 곳(P2)은 수지의 온도 강하로 점도가 높아져 압력전달이 방해받기 때문이다. 반대로 게이트에서 가까운 부분(P1)은 높은 압력을 비교적 오랫동안 받게 되어 수축률이 감소된다. 이와 같은 지역적인 수축률 편차는 변형을 발생시킨다.

보압은 다단으로 설정하는 것이 좋은데 초기 보압은 높고 후반부는 낮은 형태가 되도록 한다. 비록 게이트 위치에 따라 충전압력은 차이가 크지만 다단 보압 설정의 효과로 보압과정 이후에는 압력의 크기가 거의 일치하여 비교적 균일한 체적수축을 유도할 수 있다.

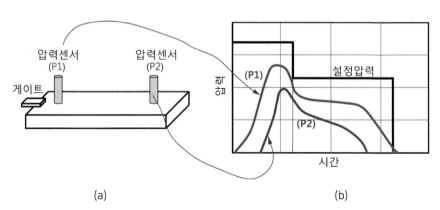

[그림 2-5-26]
금형내압 측정
(a) 금형 내 압력센서
위치
(b) 압력센서 위치에
따른 보압전달 차이

압력센서
(P1)

압력센서
(P2)

게이트

금형압

(P1)

설정압력

(P2)

시간

(a)

(b)

6) 냉각설정

(1) 냉각의 의미

제품을 취출 가능한 온도까지 고화시키는 공정이다. 제품뿐만 아니라 런너시스템도 취출에 문제가 없을 정도로 고화되어야 한다. 여기서 취출온도(ejection temperature)란 취출시스템에 의하여 응력을 받아도 변형되지 않고 충분히 극복할 수 있는 온도를 말한다. 일반적으로 PP와 ABS는 약 80~90℃, PC는 120~130℃ 정도이다.

① 공정상의 냉각

금형면에 접촉한 수지가 고화를 시작하면서 온도가 취출온도까지 도달하는 시간이다. 취출온도는 제품에 영향을 주지 않고 금형 밖으로 안전하게 배출시킬 수 있는 온도이다. 일반적으로 제품의 전 단면이 모두 고화되고 스프루와 런너 및 게이트가 제품 취출에 문제가 되지 않을 때까지를 냉각시간으로 한다. 투명한 재료나 취성이 강한 재료는 밀핀에 의한 크랙(crack) 발생을 막기 위하여 약 80~90% 고화되었을 때를 냉각시간으로 정한다. 두꺼운 제품은 표면이 80% 이상 고화가 이루어지면 취출이 가능하지만 후변형의 우려가 있다.

② 실질적인 냉각

제품이 보편적인 의미의 실온(25℃, 50%RH)에 도달하는 시간이다. 제품의 표면이 충분히 딱딱하여 취출은 문제없이 이루어졌지만 제품 내부의 뜨거운 온도가 지속적으로 냉각되면서 응력이나 배향 또는 결정화의 추가적인 변화가 발생하고, 이러한 변화가 수축과 변형 및 기계적인 물성에 영향을 줄 수 있다. 냉각과는 무관하지만 때로는 대기중의 수분을 흡수하여 물성이 변화되는 경우도 있다.

③ 냉각시간 설정

제품을 취출하기 위해서는 일반적으로 고화 정도가 80% 이상이어야 하고 런너는 약 50% 정도 고화되면 취출 가능하다. 일반적으로 제품은 얇기 때문에 고화가 빠르게 진행되므로 냉각시간을 증가시키는 요인은 아니다. 그러나 콜드런너(runner)의 경우는 런너냉각에 상당한 시간을 요한다. 따라서 런너설계는 가능한 직경을 줄이는 방향으로 하여야 한다. 하지만 런너 직경을 너무 작게 설계하면 사출압력이 크게 상승한다. 물론 수지의 가소화 시간도 고려되어야 한다. 제품 및 런너의 고화 시간은 캐비티 두께 및 금형 온도에 크게 의존한다.

냉각시간을 설정하기 전에 이론적인 식을 이해하는 것이 무엇보다 중요하다. 냉각시간에 활용되는 변수들을 이해하면 좀 더 냉각에 대한 접근이 체계화된다. 공학에서의 식은 단순한 계산식이 아니다. 문제를 풀 때 변수를 줄이고 상수를 늘이는 가장 효과적인 방법인 것이다. 실전에서는 수식을 활용하여 상수를 극대화하는데 주로 사용되어야 한다. 그러므로 자기 분야에 관련된 수식을 이해하고 정리하여 평생의 반려자로 삼아야 한다.

참고

"흡수율"

물체가 물을 흡수하는 성질을 말하는 것으로 물체를 일정 온도에서 일정 시간 증류수에 첨가했을 때의 중량 증가분과 원래 중량과의 비를 백분율로 나타낸 것이다. 플라스틱의 흡수성은 그 종류에 따라 매우 다르게 나타난다. 가령 테프론(polytetrafluoroethylene), 폴리스티렌, 폴리에틸렌 등은 작고, 나일론, 유리아 수지 등은 이 수치가 크다. 동일한 종류의 수지에서도 열경화성 수지의 흡수성은 그 경화도에 따라 크게 좌우된다. 일반적으로 흡수성의 대소는 그 재료의 전기적 성질, 기계적 성질 및 치수 변화 등에 영향을 미친다. 실험조건은 상온(23℃ ± 1℃)에서 24시간 동안 함침 시킨 후의 무게 증가율을 계산하거나, 2시간 동안 실험할 경우도 있다.

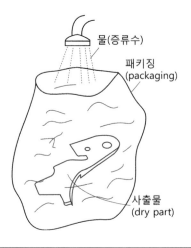

물(증류수)

패키징
(packaging)

사출물
(dry part)

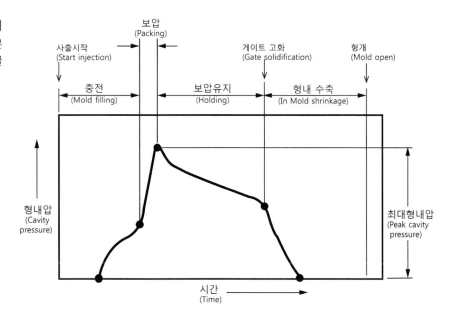

[그림 2-5-27]
형내압으로 살펴본
사출사이클

보압
(Packing)

사출시작
(Start injection)

게이트 고화
(Gate solidification)

형개
(Mold open)

충전
(Mold filling)

보압유지
(Holding)

형내 수축
(In Mold shrinkage)

형내압
(Cavity
pressure)

최대형내압
(Peak cavity
pressure)

시간
(Time)

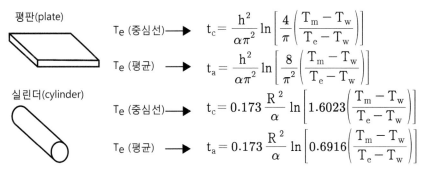

평판(plate)

T_e (중심선) ⟶ $t_c = \dfrac{h^2}{\alpha\pi^2} \ln\left[\dfrac{4}{\pi}\left(\dfrac{T_m - T_w}{T_e - T_w} \right) \right]$

T_e (평균) ⟶ $t_a = \dfrac{h^2}{\alpha\pi^2} \ln\left[\dfrac{8}{\pi^2}\left(\dfrac{T_m - T_w}{T_e - T_w} \right) \right]$

실린더(cylinder)

T_e (중심선) ⟶ $t_c = 0.173\,\dfrac{R^2}{\alpha}\ln\left[1.6023\left(\dfrac{T_m - T_w}{T_e - T_w} \right) \right]$

T_e (평균) ⟶ $t_a = 0.173\,\dfrac{R^2}{\alpha}\ln\left[0.6916\left(\dfrac{T_m - T_w}{T_e - T_w} \right) \right]$

t_c : 제품중심부에서 취출온도까지 도달하는데 걸리는 시간(s)

t_a : 평균취출온도에 도달하는데 걸리는 시간(s)

h : 제품두께(m)

R : 실린더(cylinder) 반경(m)

T_m : 냉각 시작시점에서의 용융수지온조(℃)

T_w : 냉각동안 캐비티/코어 벽면 온도(℃)

T_e : 폴리머의 취출온도(℃)

α : 폴리머의 열확산도 = $k/\rho c (m^2/s)$

k : 폴리머의 열전도도(W/m℃K)

c : 폴리머의 비열(J/kg℃K)

ρ : 폴리머의 밀도(kg/m^3)

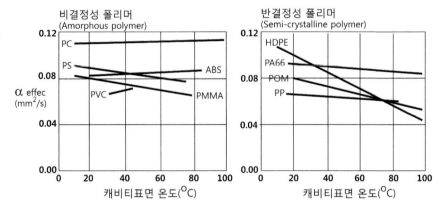

그림 [2-5-28]
폴리머의 열확산도

비결정성 폴리머
(Amorphous polymer)

반결정성 폴리머
(Semi-crystalline polymer)

참고

"위의 수식을 문제해결에 적용한 사례(변수최소화, 상수극대화)"

사출현장에서는 생산성 향상을 위해서 많은 엔지니어들이 노력하고 있다. 이 중에서 생산성 향상을 위해서 가장 주안점을 두는 것이 사이클 타임이다. 사이클 중에서 냉각시간이 상대적으로 크게 영향을 미친다. 문제는 사이클 타임을 개선할 때 기준이 없다는 것이다. 기준을 정할 때 막연히 현재 양품을 생산하고 있는 사이클 타임으로 취한다. 앞으로는 아래 식을 통해서 이론적인 사이클 타임의 기준을 설정하고 개선하도록 하자.

또한, 사이클 타임을 개선하기 위한 변수를 도출할 때 아래 식을 활용할 수 있다. 사실, 식은 복잡하게 보이지만 변수는 4개밖에 없다. 문제를 체계적으로 접근하고 또한 상수를 극대화할 수 있는데 아래 식을 활용할 수 있다.

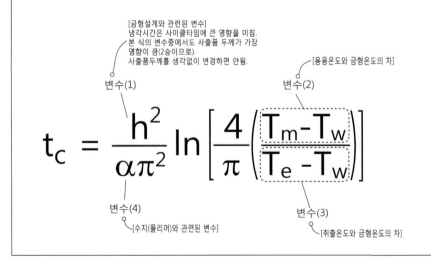

[금형설계와 관련된 변수]
냉각시간은 사이클타임에 큰 영향을 미침.
본 식의 변수중에서도 사출품 두께가 가장
영향이 큼(2승이므로).
사출품두께를 생각없이 변경하면 안됨.

변수(1)

[용융온도와 금형온도의 차]
변수(2)

$$t_c = \frac{h^2}{\alpha \pi^2} \ln \left[\frac{4}{\pi} \left(\frac{T_m - T_w}{T_e - T_w} \right) \right]$$

변수(4)

[수지(폴리머)와 관련된 변수]

변수(3)

[취출온도와 금형온도의 차]

"런너(cold runner)와 사출품(part)의 냉각시간 차이"

일반적으로 런너의 두께가 사출품의 두께보다 두껍기 때문에 냉각시간이 상대적으로 길다. 이 경우 런너 냉각시간을 기초로 취출시간을 결정한다. 런너가 완전히 냉각될 때까지 기다리는 것은 아니고, 취출에 필요한 적절한 강성만 가지면 된다.

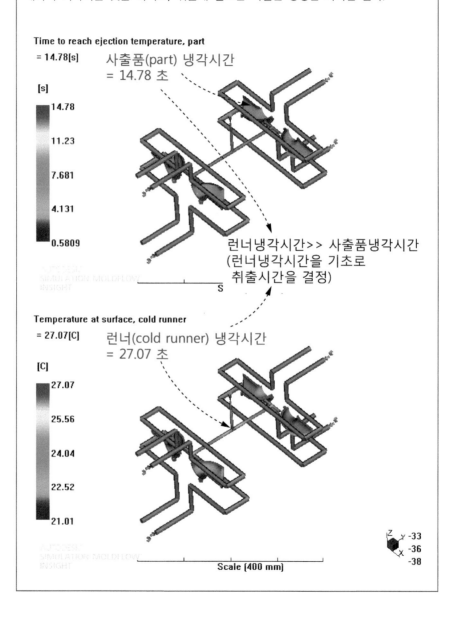

Time to reach ejection temperature, part
= 14.78[s]

사출품(part) 냉각시간
= 14.78 초

[s]

14.78

11.23

7.681

4.131

0.5809

런너냉각시간>> 사출품냉각시간
(런너냉각시간을 기초로
취출시간을 결정)

S

Temperature at surface, cold runner
= 27.07[C]

런너(cold runner) 냉각시간
= 27.07 초

[C]

27.07

25.56

24.04

22.52

21.01

Z
Y -33
X -36
-38

Scale [400 mm]

[그림 2-5-29]는 1장에 기술한 기본적인 사출사이클 개략도를 독자들의 이해를 돕기 위해 반복하여 나타내었다. 본 사이클도를 명확하게 이해할 필요가 있기 때문이다. 이것을 통해서 다양한 개선활동의 실마리를 찾을 수 있고, 또한 사출 공정이 추가되었을 때(예 : 이중사출, 인서트 사출 등등) 여기에 추가하거나 뺄 수 있으므로 반드시 이해하도록 하자.

[그림 2-5-29]
사출사이클(injection cycle) 개략도

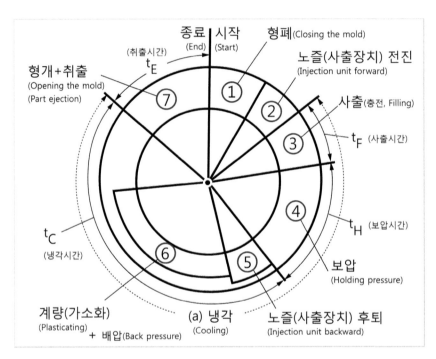

CHAPTER

03

사출엔지니어의
필수기본지식

사출엔지니어의 필수기본지식

3.1 사출공정을 바라보는 관점

서양에서는 사상누각(砂上樓閣)을 'house of cards'라고 한다. [그림 3-1-1]과 같이 카드로 쌓아올린 허약한 구조물은 외부의 작은 외력에도 붕괴되고 만다. 기본공학지식 및 원리의 습득이 충분하지 못한 상태에서 응용기술들을 접하게 되면 사상누각과 같은 불안한 지식의 구조가 된다. 그러므로 탄탄한 기본기의 습득은 지식의 집을 구축하는 견고한 초석이 된다.

[그림 3-1-1]
사상누각(砂上樓閣,
house of cards)

[그림 3-1-1]과 같은 지식구조를 가진 엔지니어는 오랫동안 쌓았던 경험들이 작은 외력으로도 순식간에 무참히 무너져 내리는 아픔을 겪을 수밖에 없다. 외력이 없다면 그런대로 유지할 수도 있다. 하지만 우리는 항상 외력(문제)과 공생한다고 해도 과언이 아니다. 누구나 문제에 접하면 경중의 차이는 있지만 그 압박감으로 고민을 하게 된다. 문제를 해결하기 위해 현장을 들어 설 때도 가슴이 답답하다. 이런 문제해결의 압박감에서 벗어나기 위해서는 탄탄한 기본지식으로 현장의 마음을 읽을 필요가 있다.

"아는 만큼 보이고, 보이는 만큼 관심과 애착이 간다"라는 말이 있다. 절실하게 가슴에 다가오는 말이다. 현장에 대한 관심과 애착을 가지려면 우선 현장 곳곳에 숨어있는 지식들에게 관심을 가져야 한다. 그러면 현장과 마음으로 소통을 할 수 있다. 소통은 사람에게만 있는 것이 아니다. 엔지니어라면 사람과 사람, 사람과 사물(현장)과의 소통을 위해서 끊임없는 관심과 관련지식을 연마해야 한다.

이런 현장 마음읽기 수단의 하나로 기본공학지식을 강조한다. 금형분야에서 수십 년을 동고동락하면서 결국에 느낀 것이 "기본으로 돌아가자"라는 것이었다. 세월이 한참 흐른 후에야 겪은 소중한 교훈을 현장에 접목하여 이제는 현장과 소통할 수 있는 즐거움이 있다.

지금까지 경험에만 익숙한 엔지니어들도 허술한 초석을 보강하고 낡은 지식들을 리모델링할 필요가 있다. 기본지식을 토대로 전체를 볼 수 있는 행운을 가지기를 희망한다. 지금부터 하나씩 시작하도록 하자.

1) 사출공정을 접하는 엔지니어의 자세

문제가 발생했을 경우, 대부분의 엔지니어들이 문제해결에 대한 강박관념으로 기운이 빠진다. 사출과정에서 발생하는 문제를 해결하는 것이 엔지니어들의 업무 중에서 큰 부분을 차지한다. 금형을 제작하고 시험 사출과정에서 밤을 지새우며 새우잠을 잔 경험도 많을 것이다. 문제의 실마리를 찾지 못해서 고생한 적도 많을 것이다. 이러 저러한 생각들로 신세한탄도 부지기수로 했을 것이다. 그러면 어떻게 하면 이런 생활을 즐길 수 있을까!

[그림 3-1-2]
다산 정약용 선생

文心慧竇(문심혜두)

단계와 계통을 갖춰 정보를 집적해 나가면
지식세계를 인지하고 사물을
이해하는 안목이 단계적으로 열림

다산 정약용 선생은 공부의 달인이라고들 한다. 선생께서 하신 말씀 중에 '文心慧竇(문심혜두)'라는 말이 있다. 즉, "단계와 계통을 갖춰 정보를 집적해 나가면 지식세계를 인지하고 사물을 이해하는 안목이 단계적으로 열린다"는 뜻이다. 필자는 문심혜두를 다른 방향으로 생각해 보았다. 특히 '文心'이 마음에 든다.

[그림 3-1-3]
대형다중사출기
(KRAUSS MAFFEI)와
사출장면

우리가 매일 보는 활자체로 구성된 글(文)의 마음(心)을 읽어보자는 것이다. 글의 마음을 헤아리면서 읽어간다면 독특한 재미를 느낄 것이다. 이러한 재미요소를 현장에 접목시켜보도록 하자. 마냥 불안요소만 가득한 공간으로 현장을 바라보면 더 이상 진보가 없고 머리만 아프다. 현장에 있는 기계에 대한 마음을 헤아려보자. 사출현장에는 많은 종류의 장비와 설비들이 존재한다. 그것들의 마음을 역지사지(易地思之)의 마음으로 헤아려 본다면 좀 더 현장이 친밀해지고 항상 심적으로 가까이 하고 싶은 생각이 들 것이다.

현장에 있는 설비들의 마음을 제대로 헤아리기 위해서 다양한 기본지식들이 필요하다. 여기서는 사출과 관련된 설비에 주로 적용되는 기본지식을 다루도록 하겠다.

2) 사출공정 이해를 위해서 습득할 지식들이 많은 이유

주변에서 가끔 듣는 말이 있다. 특히, 그 분야에서 오랫동안 정열을 가지고 종사하신 분들에게서 많이 듣는 말이다. "○○분야는 종합예술이다"라는 말은 듣는다. 아무리 가벼워 보이는 기술이라도 그 실체를 파헤쳐보면 오묘한 지식의 세계를 경험하게 된다. 진정한 핵심인재는 남들이 기피하는 단순반복의 일도 아주 특별하게 만드는 자를 말한다.

필자도 감히 사출을 종합예술에 비유하고 싶다. 사람은 자기가 아는 것에 대한 집착이 강하다. 아는 것만 전부라고 생각하는 엔지니어들이 많다. 기회가 되지 않아서 사출관련 다양한 이론을 배우지 못하고 바로 사출업무를 시작한 엔지니어일수록 이런 성향이 강하다. 아는 지식만 활용하여 문제에 접근한다. 지식의 한계를 가지고 문제를 해결한 경우는 제대로 된 경험의 축적이 되지 않는다. 세월이 지날수록 문제에 대한 변수만 늘어나는 꼴이 된 경우를 많이 보았다. 이와 반대로 처음에 기본이론에 대한 배경을 충분히 혹은 어느 정도 갖춘 상태에서 다양한 문제를 접하다보면 시간이 지날수록 폭넓은 관련지식의 융합을 경험하게 되면서 결국에서는 '종합예술'이라는 말이 나오게 된다.

책을 읽는 것은 간접경험에 해당된다. 사출분야는 오묘한 관련지식을 직접적인 경험만으로 축적하기 힘들다. 이유는 거시적으로 나타나는 현상은 별로 없다. 기본지식이 없으면 그냥 흘러가는 플라스틱 용융물이 된다. 그리고 금형은 그냥 하나의 틀에 불과하다.

기본지식을 안다는 것은 문제를 접근할 때 사용되지만 더욱 더 중요한 것은 문제예방차원에서 활용된다는 것이다. 예를 들어 사출제품을 설계한다고 했을 때 사출지식이 없는 설계자가 제품을 설계한다면 심각한 결과를 초래한다. 제품설계가 잘못되면 단계를 거쳐 갈수록 점점 문제의 심각성은 기하급수적으로 증가한다. 다행히 금형설계자가 제품설계의 잘못을 지적하고 개선하면 된다. 하지만 그것에는 한계가 있다. 디자인적 제한 때문에 하는 수 없이 문제를 감내해야 하는 경우가 있다. 만약 사출지식이 풍부한 제품(기구)설계자가 제품설계를 할 때 사출공정을 고려해서 설계를 했더라면 문제의 심각성은 훨씬 줄어들었을 것이다. 그리고 금형설계자가 충분히 고려되지 못한 설계를 했다면 더욱 더 심각한 문제가 발생한다. 설계하는 시간은 불과 며칠이면 되지만 잘못된 설계를 통해서 가공, 조립, 시험사출을 거치면서 문제는 눈덩이 같이 증폭이 된다. 가끔 현장에서 시험사출할 때 현장에서 오랜 시간동안 사출조건을 건드려도 풀리지 않은 경우가 많다. 어쩌다가 양품이 나온 경우가 있다. 이 경우 양산처로 금형을 송부해서 다시 시험사출을 하면 많은 시간을 투자해야만 하고 또한 불량률도 높아진다. 즉, 프로세싱 윈도우(processing window)가 작다는 것이다.

(1) 프로세싱 윈도우(PROCESSING WINDOW)의 확장

사출에서 프로세싱 윈도우의 의미를 살펴보도록 하자.

[그림 3-1-4]는 사출할 때 용융수지의 온도와 압력과의 상관관계를 나타낸 프로세싱 윈도우를 나타내었다. 성형품의 품질은 고분자 재료가 거치는 공정의 조건이 크게 영향을 받는다. 온도가 너무 낮거나 높으면, 혹은 압력이 너무 낮거나 높으면 또한 사출성형에 문제가 있다는 것을 나타낸다. '프로세싱 윈도우'가 넓을수록 사출조건을 잡기도 용이하고 그에 따른 제품개발기간 단축 및 불량률을 상대적으로 낮출 수 있다. 결과적으로 잘 된 제품설계부터 시작하여 그 후공정이 정상적으로 이뤄졌다면 프로세싱 윈도우는 그 만큼 넓게 나타날 것이다.

[그림 3-1-5]는 용융온도와 실린더 체류시간과의 상관관계를 프로세싱 윈도우로 나타낸 것이다.

[그림 3-1-4]
프로세싱 윈도우
(processing window)
예

Material Limitations
Typically Degradation

최대사출온도경계

최대사출(보압)압력경계

This attribute is usually manifested
through FLASH or EJECTION related
problems

프로세싱
윈도우

온도(Temperature,°C)

최저사출(보압)압력경계

This attribute is usually manifested by
INCOMPLETE ; occasionally EJECTION
PROBLEMS or excessive SINKS may prevail.

최저사출온도경계

Material Limitations
Physical properties

압력(Pressure, bar)

[그림 3-1-5]
열가소성 수지의
프로세싱 윈도우
(processing window)
예

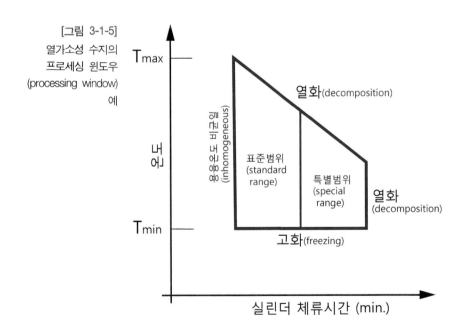

Tmax

열화(decomposition)

온도

용융 비균일
(inhomogeneous)

표준범위
(standard
range)

특별범위
(special
range)

열화
(decomposition)

Tmin

고화(freezing)

실린더 체류시간 (min.)

3.2 필수기본지식

1) 사출에 필요한 단위들

(1) 압력(Pressure)

사출현장에서 사용되는 단위는 몇 개로 함축된다. 우선 압력(pressure)에 대한 이해가 필수적이다.

[그림 3-2-1]
사출엔지니어의
필수단위(압력)

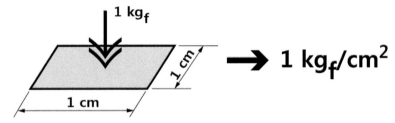

$$1\,atm = 1.0133\,bar \fallingdotseq 1.0\,bar \fallingdotseq 1\,kg/cm^2 \fallingdotseq 0.1\,MPa \fallingdotseq 0.01\,kg/mm^2$$

[그림 3-2-1]에 나타낸 단위들은 사출업무를 하면서 가장 빈번하게 볼 수 있는 압력단위이다. 대부분의 사출관련 엔지니어들이 압력단위에 대해서 자유롭지 못하다. 단위만 잠시 바뀌더라도 머리로 한참을 생각하게 된다. 일단 단위환산에서 막히면 현장에서 즉각적으로 근본문제의 접근이 불가능하다. 단위환산에서 자유로워져야 현장에서 자유롭게 기술을 진단하고 그에 맞는 해결책을 제시할 수 있다.

현장에서 많이 볼 수 있는 압력단위는 'bar'와 'kg/cm²'이다. 사출압, 보압, 플런저압력 등을 나타낼 때 이를 많이 사용한다. 그 중에서도 사출기 외부의 압력표시에서 'bar'와 'kg/cm²'을 흔히 사용한다. 'MPa'의 경우는 금형재료 혹은 수지(resin)의 물성을 나타내는데 주로 사용한다. 거듭 강조하지만 계산해서 나오는 단위환산은 이미 문제해결의 기회를 놓치는 것이다.

(2) 고유 명칭을 가진 SI 조립 단위

양	SI 조립 단위의 명칭	기호	SI 기본 단위
주파수	헤르츠(Hertz)	Hz	$1\,Hz = 1\,s^{-1}$
힘	뉴턴(Newton)	N	$1\,N = 1\,kg \cdot m/s^2$
압력, 응력	파스칼(Pascal)	Pa	$1\,Pa = 1\,N/m^2$
에너지, 일, 열량	주울(Joule)	J	$1\,J = 1\,N \cdot m$
공률	와트(Watt)	W	$1\,W = 1\,J/s$

(3) 주요 물리량의 단위

① **힘(force)** : 질량×가속도

$$F = m \cdot a$$

$$1 kg \times 1 m/s^2 = 1\,kg \cdot m/s^2 = 1\,N$$

$$1 kgf = 1\,kg \times 9.80665\,m/s^2 = 9.8665\,kg \cdot m/s^2 = 9.80665\,N$$

* 무게 또는 중량은 힘의 한 예이고 무게의 단위를 이용한다.

② **압력(pressure) 또는 응력(stress)** : 단위면적당 작용하는 힘

$$p = F/A$$

$$1 N/m^2 = 1\,kg/m \cdot s^2 = 1.0\,Pa$$

$$1 kgf/m^2 = 9.8\,kg/m \cdot s^2 = 9.8\,Pa$$

③ **일(work), 에너지, 열량**

$$W = F \cdot s$$

$$1 N \cdot m = 1\,kg \cdot m^2/s^2 = 1\,J$$

$$1 kgf \cdot m = 9.8\,kg \cdot m^2/s^2 = 9.8\,J$$

④ **일률, 동력(power)**

$$P = W/t = F \cdot u$$

$$1 J/s = 1\,N \cdot m/s = 1\,kg \cdot m^2/s^2 = 1\,W\,(watt)$$

$$1 kgf \cdot m/s = 9.8\,N \cdot m/s = 9.8\,W$$

$$1\,\mathrm{PS} = 75\,\mathrm{kg} \cdot \mathrm{m/s}$$
$$1\,\mathrm{kW} = 102\,\mathrm{kg} \cdot \mathrm{m/s}$$

⑤ 밀도(density) 또는 비질량(specific mass) : ρ

단위체적의 유체가 갖는 질량으로 정의한다.

$$\rho = \mathrm{m/V} \ [\mathrm{kg/m^3},\ \mathrm{kgf} \cdot \mathrm{s^2/m^4},\ \mathrm{N} \cdot \mathrm{s^2/m^4}]$$

여기서, m : 질량, V : 체적

1 atm, 4℃의 순수한 물의 밀도는 다음과 같다.

$$\rho_\mathrm{w} = 1000\,\mathrm{kg/m^3} = 1000\,\mathrm{N} \cdot \mathrm{s^2/m^4} = 102\,\mathrm{kgf} \cdot \mathrm{s^2/m^4}$$

⑥ 비중량(specific weight) : δ

단위체적의 유체가 갖는 중량으로 정의한다.

$$\delta = \mathrm{W/V} \ [\mathrm{N/m^3},\ \mathrm{kgf/m^3}]$$

여기서, W : 중량

1 atm, 4℃의 순수한 물의 비중량은 다음과 같다.

$$\delta_\mathrm{w} = 9800\,\mathrm{N/m^3} = 1000\,\mathrm{kgf/m^3}$$

비중량과 밀도 사이의 관계는 다음과 같다.

$$\mathrm{W} = \mathrm{m} \cdot \mathrm{g}\ (\mathrm{g} : 중력가속도)$$
$$\delta = \mathrm{W/V} = (\mathrm{m} \cdot \mathrm{g})/\mathrm{V} = \rho \cdot \mathrm{g}$$

⑦ 비체적(specific volume) : ν

단위질량의 유체가 갖는 체적(SI 단위계), 또는 단위중량의 유체가 갖는 체적(중력단위계)으로 정의한다.

$$\nu = 1/\rho\ [\mathrm{m^3/kg}],\ 또는\ \nu = 1/\delta\ [\mathrm{m^3/kgf}]$$

⑧ 비중(specific gravity) : S

같은 체적을 갖는 물의 질량 또는 무게에 대한 그 물질의 질량 또는 무게의 비로 정의하며, 단위는 없다.

$$\mathrm{S} = \rho/\rho_\mathrm{w} = \delta/\delta_\mathrm{w}$$

2) 열전도도(Thermal conductivity)

열전도도는 재료의 온도를 1°K 변화시키는데 요구되는 단위길이당 전도에 의한 열전달률로 정의되고, 단위는 W/m·K이다. 재료가 열을 소실시킬 수 있는 열전달 속도를 계산하기 위하여 필수적이며 고분자 수지의 성형구간 내에서 혹은 중간지점에서 측정한다.

성형과정에서 수지는 급격한 열적인 변화를 겪는다. 재료의 가열과 냉각속도를 계산하기 위해서는 유입된 열이 얼마나 실제 온도변화로 전환될 수 있는지에 대한 정량적인 값이 필요하다. 열전도도는 재료의 다른 열적인 특성, 즉 비열이나 용융점도값들과 함께 사용되어 공정 중에 겪는 재료의 열적인 변화를 좌우하여 냉각속도, 냉각시간, 용융온도변화 및 고화층의 발달에 중요하게 영향을 미친다. 열전도 방정식은 성형공정 중 재료의 열적인 변화를 계산하는데 사용된다. 열전도 방정식은 용융밀도 및 비열과 함께 사용되어 재료의 열확산 속도를 결정한다. 열확산 속도는 열이 재료를 통하여 퍼져나가는 비율이다. 열확산이 빠르면 열이 보다 빠른 속도로 재료를 통하여 전달되고 결과적으로 재료의 냉각이 급속하게 이루어진다. 열확산은 다음의 식에 따른다.

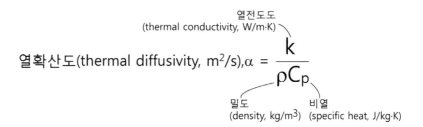

$$\text{열확산도(thermal diffusivity, } m^2/s), \alpha = \frac{k}{\rho C_p}$$

재료의 열확산 속도는 금형내로 유입되는 수지의 흐름에 영향을 준다. 재료의 점도를 변화시켜 결과적으로 충전압력상승(혹은 마찰열 발생에 따른 감소)의 원인이 된다. 또한 열확산 속도는 고화층 형성에 영향을 주고 재료의 냉각속도를 지배한다. 점도의 감소와 고화층 형성에 따른 유로내의 유효두께감소는 사출 압력상승의 주된 요인이 된다.

참고로, 공기의 열전도도는 0.025 W/m·K로 낮으며, 구리의 열전도도는 약 401 W/m·K이다. 자기만의 기준값을 가지고 있는 것도 중요하다. 어떤 물체를 두고 열전도도를 유추하거나 평가를 할 때 기준값은 유용하게 사용된다. 다르게 보면 판단의 기준이라고 볼 수 있다.

(1) 열전도도 측정

열전도도를 측정하는 방법에는 다양한 방법들이 있다. 여기서는 주로 사용하는 한 가지 방법을 제시하도록 하겠다. [그림 3-2-2]와 같은 핫플레이트(hot plate)법을 통해서 열전도 개념에 대해서 설명하도록 하겠다.

핫플레이트법은 두 개의 질량을 알고 있는 구리판 사이에 시편을 밀착시킨 후 한쪽 면을 가열한다. 아래쪽의 구리판은 단열 상태이고 윗면의 구리판은 열원과 닿아 있다. 임의의 온도까지 시편을 가열한 후 히터를 끄고 시편이 냉각되도록 한다. 시편이 구리판과 잘 밀착되도록 하고, 열이 위쪽의 구리판에서 시편을 통하여 아래쪽의 구리판으로 흘러들어갈 때 열전대로 온도를 측정한다. 온도 측정은 실온에 도달할 때까지 계속하며, 시편의 수축에 따른 공극발생을 방지하기 위하여 조절기(driving wheel)의 하중을 지속시켜 밀착상태를 유지하도록 한다. 이 측정방법 외에도 열유속법(heat flowmeter법, guarded heat flowmeter법), 열선법(hot wire법) 등이 있다.

[그림 3-2-2]
열전도도 측정장치
(hot plate법)

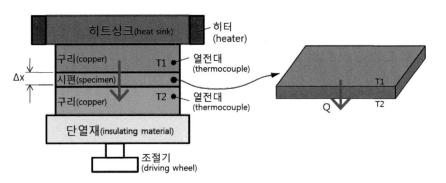

수축에 따른 시편의 두께 Δx의 변화도 실험이 종료될 때까지 기록한다. 열전도도는 온도와 거리(시편의 두께)의 함수로 표현한다.

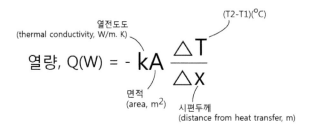

$$\text{열량, } Q(W) = -kA\frac{\Delta T}{\Delta x}$$

열전도도 (thermal conductivity, W/m. K) — k
(T2-T1)($^{\circ}$C) — ΔT
면적 (area, m^2) — A
시편두께 (distance from heat transfer, m) — Δx

시편을 통과한 열량은 아래의 식으로 계산한다.

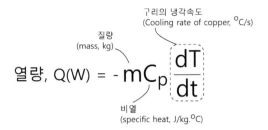

$$\text{열량, } Q(W) = -mC_p \frac{dT}{dt}$$

질량 (mass, kg)
비열 (specific heat, J/kg·°C)
구리의 냉각속도 (Cooling rate of copper, °C/s)

이 방법은 측정결과의 재현성이 우수하고 수지의 열화를 방지할 수 있으며 시편과 구리판과의 밀착상태를 유지할 수 있다. 그러나 다음과 같은 문제를 내포하고 있기 때문에 사용이 제한적이다.

① 액체상태의 열전도를 측정할 수 없다.

② 실험장치의 측면에서 발생하는 열전달 손실을 고려하지 못한다.

③ 측정환경의 영향을 크게 받는다.

재료들의 열전도도(thermal conductivity)를 [표 3-2-1]에 요약하였다. 이것은 사출실무에서 다양하게 활용된다. 금형의 경우에는 다양한 재료들의 조합으로 이루어지는데 이 경우 열전도도를 고려해야 한다. 즉, 금형을 가열 및 냉각 등 열전달이 지속적으로 이루어진다. 또한 개발하는 제품의 설계를 위해서도 용도에 맞는 재료의 선택이 중요하다. 물론, 열전도도뿐만 아니라 열팽창계수 등도 복합적으로 고려되어야 하는 경우가 많다.

[표 3-2-1]
일반재질의 열전도도
(25℃ 기준)

재 료	열전도도[Watts/meter - K(W/m · K)]
Acrylic	0.200
Air	0.024
Aluminum	250.0
Copper	401.0
Carbon Steel	54.0
Concrete	1.05
Glass	1.05

재 료	열전도도[Watts/meter - K(W/m · K)]
Gold	310.0
Nickel	91.0
Paper	0.05
PTFE(Teflon)	0.25
PVC	0.19
Silver	429.0
Steel	46.0
Water	0.58
Wood	0.13

플라스틱 소재에 국한하여 열전도도를 별도로 [표 3-2-2]에 정리하였다.

[표 3-2-2]
플라스틱 소재의
열전도도(Thermal
conductivity)

재 료	열전도도(W/m · K)
Elastomer	
Butadiene-scrylonitrile(nitrile)	0.25
Styrene-butadiene(SBR)	0.25
Silicone	0.23
Epoxy	0.19
Nylon 6,6	0.24
Phenolic	0.15
Polybutylene terephthalate(PBT)	0.18 ~ 0.29
Polycarbonate(PC)	0.20
Polyethylene	
- Low density(LDPE)	0.33
- High density(HDPE)	0.15
- Ultrahigh molecular weight(UHMWPE)	0.33

재 료	열전도도(W/m · K)
Polyethylene terephthalate(PET)	0.15
Polyethylene methacrylate(PMMA)	0.17 ~ 0.25
Polypropylene(PP)	0.12
Polystyrene(PS)	0.13
Polyvinyl chloride(PVC)	0.15 ~ 0.21

3) 비열(Specific heat)

비열은 재료의 단위질량을 온도 1℃ 상승시키는데 필요한 열의 총량이다. 비열은 재료에 유입된 열이 실질적인 온도 상승으로 전환될 수 있는 능력을 판단하는데 사용된다.

재료의 비열은 용융고분자가 금형을 충전할 때 열적인 영향을 준다. 비열은 열전도도 및 용융밀도와 함께 열확산에 기여하므로 수지의 점도를 변화시키고, 고화층 형성에 영향을 주어 유로의 유효두께를 감소시키고 결과적으로 사출압력상승의 원인이 된다.

DSC(Differential Scanning Calorimetry, 시차주사열량법)에서 측정된 비열 곡선은 또 다른 유용한 정보를 제공한다. 결정성 수지의 융점은 DSC에서 측정된 비열 곡선으로부터 명확하게 알아낼 수 있다. 비결정성 수지의 유리전이 온도(glass transition temperature) 역시 비열 곡선으로 측정된다. 재료의 열화온도는 비열 곡선상에서 날카로운 피크를 나타내거나 불규칙한 파동을 관찰하여 알아낼 수 있다.

DSC는 기본적으로 시료의 온도를 일정속도로 상승시킬 때 발생하는 기준시료와 측정시료간의 열흐름(heat flow)의 차이를 측정하여 시료의 흡열, 발열 혹은 열용량(heat capacity)의 변화에 의한 전이점을 측정하는 가장 일반적인 열분석법이다. DSC 실험장치 내의 온도가 올라감에 따라 시료는 흡열을 한다. 그런데 어느 온도에서 그림과 같이 열흐름이 변화하는 부분이 있다. 이때의 온도를 유리전이 온도라고 한다. 이 온도는 열흐름이 변화하기 시작하는 온도와 변화가 끝나는 온도의 중간값으로 결정한다.

[그림 3-2-3]
DSC 그래프에서 Tg
(유리전이온도, glass
transition
temperature)

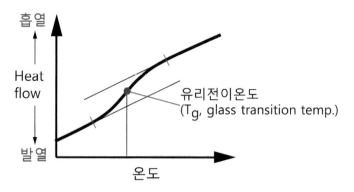

(1) 시차주사열량계(DSC, Differential Scanning Calorimeter)의 원리

상세규격 및 주요사양의 예를 들어 보면 다음과 같다.

모델명 : DSC Q100(TA)

Temperature Range : −90 to 750℃

Scanning Rate : 0.01 to 200℃/min

DSC Autosampler(50 samples)

Cooling Rate : 70℃/min

[그림 3-2-4]
DSC에서 측정되고
있는 샘플의 확대사진

주요활용분야를 아래에 요약하였다.

- Glass Transition Point(유리 전이점)

- Melting Point(녹는 점)

- Crystallization Time & Temperature(결정화 시간 및 온도)

- Percent Crystallinity(결정화도)

- Heat of Fusion and Reaction(응용 및 반응열)

- Specific Heat and Heat Capacity(비열 및 열용량)

- Rate of Cure(경화율)

- Reaction Kinetics(반응역학)

- Purity(순도)

- Thermal Stability(열안정성)

- Boiling Point(끓는점)

Differential Scanning Calorimeter(시차주사열량계)는 기본적으로 시료의 온도를 일정속도로 승온, 냉각, 혹은 등온 유지 시 발생하는 기준시료와 측정 시료간의 열 흐름(Heat Flow)의 차이를 측정함으로써 시료의 흡/발열 혹은 열용량(heat capacity)의 변화에 의한 전이점을 측정하는 장비이다.

[그림 3-2-5]
DSC 장비 개략도

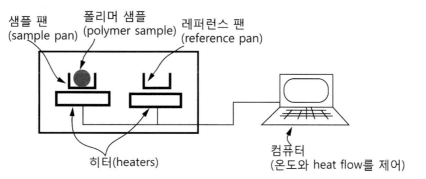

① Differential

샘플(Sample) 단독으로만 존재하는 것이 아니라 Reference가 필요하다. 즉, Reference와 샘플 사이의 열변화의 차이를 측정한다는 뜻이다. Reference라 하여 어떤 특별한 물질을 사용하는 것이 아니라 샘플 쪽과 같은 형태의 빈 샘플팬(sample pan)을 사용한다. 따라서 Reference 쪽은 아무런 변화가 없는 데 샘플 쪽에서 열 변화가 생기게 되고, 이로 인해서 두 쪽 사이에서 온도 차이가 생기게 된다. 바로 이 온도 차이를 일차적으로 측정하게 된다.

참고로 열흐름(heat flow) 자체를 직접 측정하는 DSC는 없다. 왜냐하면 열흐름을 직접 측정하는 센서(sensor)는 아직까지 존재하지 않기 때문이다. 열보상형 DSC라고 해서 열흐름를 직접 측정하는 것은 결코 아니다. 지금까지 존재하는 모든 DSC의 일차적인 열 변화는 온도차이다.

② Scanning

물질의 변화를 검색할 수 있는 방법을 다양하게 제공한다는 뜻이다. 즉, 보고
자 하는 온도 영역에서 가열 속도, 등온 유지 등을 다양하게 프로그래밍할 수
있다는 뜻이다. 여기에서 사용할 수 있는 다양한 방법을 얼마나 많이, 얼마나
다양하게, 얼마나 정확하게 제공, 조절할 수 있는가 하는 것이 기기의 성능과
확장성을 의미한다.

[그림 3-2-6]
DSC 그래프

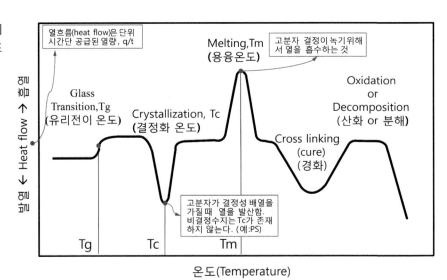

③ Calorimetry

열량을 측정한다는 의미이다. 측정된 초기의 단위는 mW이고, W/g, J/g,
cal/g 등등은 환산된 단위이다. DSC 곡선에서 peak 크기는 Peak area = K *
ΔH로 엔탈피 변화와 직접 비례한다. 이 때 비례상수 K는 시료의 열전도나
열용량 장치 등의 영향을 받지 않으며 DSC 결과를 열량으로 환산할 때 이용
한다. DSC 곡선의 peak 위치, 모양 및 수로부터 시료의 정성적 확인을 할 수
있고, 면적으로부터 시료의 화학반응, 변성, 중합, 용융 등의 열량을 구할 수
있다.

④ Tg(glass transition temperature ; 유리전이온도)

부정형 부분의 분자체인 운동, 즉 회전, 진동 및 병진운동이 일어나 glass-
like 상태에서 rubber-like 상태로 전이하는 현상으로 온도에 따른 비체적의

변화율이 바뀌게 되어 DSC 상에서 열용량의 Baseline의 변화가 생긴다.

⑤ Tm(melting temperature ; 용융온도)

물질이 용융되는 온도, 일반적으로 고분자 결정의 용융은 결정의 크기에 분포가 있을 뿐만 아니라 결정의 결함에도 차이가 있어 일반 유기물과 같이 좁은 범위에서 용융되지 않고 비교적 넓은 범위에서 용융된다.

⑥ Tc(crystallization temperature ; 결정화온도)

용융체가 냉각되며 재결정화 되는 온도, 결정성 고분자에 있어서 용융체가 다시 재결정하는 과정은 고분자의 구조해석에도 중요하지만 고분자의 가공에 있어서도 사출성형의 주기, 성형물의 안정성, 기계적 성질 및 투명도 등에 큰 영향을 미치는 요인이 된다.

⑦ DSC의 장점

- 실험 자료를 얻는 속도가 빠르고 재현성이 있다.
- 시료의 사용량이 미량(mg 단위)이다.
- 한 번의 실험으로 여러 온도에서의 변화정보를 얻을 수 있다.
- 시험결과는 실험적인 값이라기보다는 근본적인 성질을 나타내는 것으로 연구뿐만 아니라 다른 방법으로 얻은 결과에 비교대상이 된다.

측정시 시편의 무게는 폴리머의 경우 10~15mg이고 금속의 경우는 3~5mg 이다.

(2) 융점(용융온도, Tm : melting temperature)

융점은 플라스틱의 재료가 고상에서 액상으로 변하는 온도에 대한 정보를 제공한다. 융점은 그 수지가 가지는 가공 가능온도와 내열성, 상온에서의 물성 등을 예측할 수 있도록 한다. 대부분 플라스틱 가공온도는 융점에서 약 10℃를 더한 온도영역에서 가능하다. 융점이 높은 수지는 강도가 우수하고, 융점이 존재하지 않는 비결정성 플라스틱은 유연성과 투명성이 우수하다.

평가방법은 DSC를 사용하여 주로 측정한다.

DSC는 표준시료와 동일온도를 유지하기 위해 필요한 열량을 연속적으로 기기에서 검출하고 표시하여 융점을 평가하게 되는데, 표준시료의 경우에는 상의 변화가 없이 통상의 구간에서 동일비열을 가지기 때문에 동일한 열이 공급되면 온도가 직선적으로 상승하게 된다. 이에 비해 시험대상 플라스틱 재료는 융점 이하에서는 일정 수준의 열량이 필요하다가 용융이 시작되면서 더 많은 열량이 필요하게 된다. 이 때 차트(chart)상에 피크(peak)가 발생되고 용융현상이 끝나면 액상에서 필요한 열량만 지속적으로 받으면 표준시료와 동일한 온도를 유지할 수 있다. 이 DSC 차트를 분석하여 중간 최고치에서의 온도를 대부분 이 플라스틱의 융점으로 결정한다.

"큰 고기일까요? 작은 고기일까요?"

공학에서 매우 중요한 것이 자기만의 판단기준을 가지고 있는 것이다. 5감각으로 익숙한 소재를 선택하고 이와 관련된 물성값을 기억하고 있으면 문제접근할 때나 기술문헌을 볼 때 무척 도움이 된다.

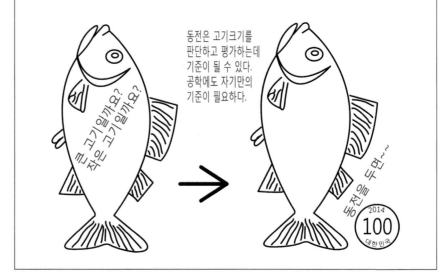

"공학적 판단기준의 중요성"

사출관련 문서뿐만 아니라 다양한 기술문서를 보다보면 재료에 대한 물성값들을 많이 본다. 대부분의 엔지니어들이 물성치에 대한 기준이 없기 때문에 읽는 즉시 물성값의 비교나 평가가 이루어지지 않는다. 그러면 문제에 대한 즉각적인 대응이 안 된다. 자기만의 공학적 기준은 매우 중요하다.

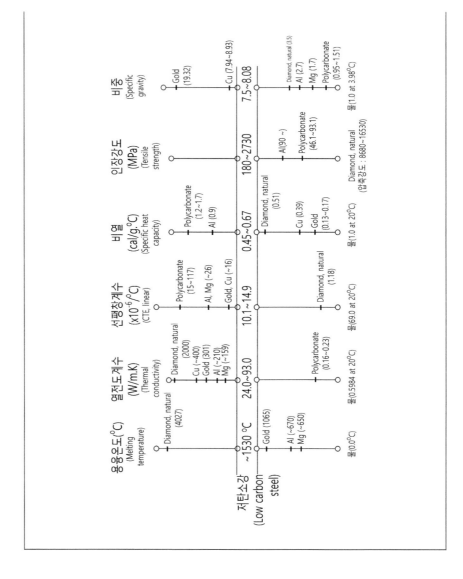

4) 유변학(Rheology)

'유변학(rheology)'이란 용어는 미국 인디애나주 Lafayette 대학의 Bingham 교수가 같은 대학의 고전학과 교수의 조언에 따라 고안한 용어이다. 이것은 물질의 유동과 변형에 대한 학문이다. 이러한 정의는 미국유변학회가 창립되었던 해인 1929년에 정식으로 인정되었다. 처음 열린 학회에서는 아스팔트, 윤활유, 페인트, 플라스틱, 고무 등과 같은 광범위한 분야의 물질의 성질과 거동에 대해 발표가 있었는데, 이러한 활동을 통해 이 학문과 관련하고 있는 많은 분야에 대해 몇 가지 아이디어를 제공받았다.

오늘날에는 그 범위가 더욱 확장되고 있다. 생체유변학, 고분자 유변학, 현탁액 유변학 등의 분야로 많은 진전이 이루어지고 있다. 화학공정과 연계된 산업에서도 유변학의 중요성에 대해 상당한 평가를 내려왔다. 생체기술과 관련된 산업계에서도 유변학을 보다 폭 넓게 응용할 것으로 기대한다. 현재 여러 나라에서 유변학회를 보유하고 있다. 영국 유변학회는 600명 이상의 회원을 확보하고 있으며 회원들은 수학, 물리, 공학, 물리화학 등을 포함하여 다양한 배경을 지닌 과학자로 구성되어 있다.

(1) 역사적 배경

1678년에 Robert Hooke는 '탄성에 대한 실제이론'을 발표했다. 그는 '스프링의 힘은 그 스프링의 장력에 비례한다.'고 제안했다. 즉, 장력을 두 배 늘이면 신장이 두 배로 된다는 것이다. 이것은 고전탄성이론의 배경이 되는 기본 전제를 제시하였다.

Isaac Newton은 액체에 관심을 두었는데, 1687년에 출간한 'Principia'에서 주어진 정상 전단흐름에 관련된 다음과 같은 가설을 세웠다. "국부 액체의 미끄러짐의 부족으로 일어나는 저항은 다른 것이 동일할 경우 서로 떨어져 있는 국부 액체 사이의 상대 속도에 비례한다." 여기서 미끄러짐의 부족이 소위 '점도'이다. 이것은 '내부저항'과 같은 표현으로 '흐름에 대한 저항'의 척도이다. 움직임을 유발시키는 단위 면적당 힘은 F/A이고 τ로 표시하며 속도기울기(혹은 '전단변형률 속도') V/h에 비례한다. 즉, 힘을 두 배로 하면 속도 기울기가 두 배로 된다. 비례 상수, η는 점성계수로 불린다. 즉,

$$\tau = \eta \frac{V}{H} = \eta \dot{\gamma}$$

글리세린과 물은 뉴턴의 가설을 따르는 대표적인 액체이다. 글리세린에 있어서는 SI 단위계의 점도가 1 Pa · s 정도의 차수를 갖는 반면, 물의 경우는 1/1,000 정도 점도가 약한 1 mPa · s이다.

뉴턴은 그의 아이디어를 소개했으나 19세기가 되고서야 비로소 Navier와 Stokes가 독립적으로 뉴턴점성유체로 불리는 3차원 이론을 개발하였다. 이런 유체에 대한 지배 방정식을 Navier-Stokes 방정식이라 부른다.

[그림 3-2-7]은 두 평행한 평단을 보여주는 개략적인 그림으로 평판 사이는 전단이 작용하는 액체로 채워져 있다. 상판은 상대속도 V로 움직이며 두 평판 사이의 화살표의 길이는 액체의 국부 속도 Vx에 비례한다.

단순 전단흐름에 있어서 '전단응력(τ)'을 결국 '흐름'을 유발시킨다. 뉴턴유체의 경우에 있어서 응력이 작용하는 한 흐름은 유지된다.

[그림 3-2-7]
두 개의 평판사이의
유동

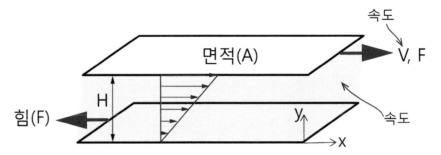

[그림 3-2-8]은 Hooke 고체 블록에 대한 전단응력(τ)을 가했을 때의 결과이며, 전단응력을 가했을 때 재료의 면 ABCD는 변형되어 A′B′C′D′로 된다.

[그림 3-2-8]
전단변형

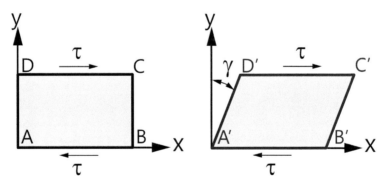

각도(γ)를 '전단변형률'이라 부르고 이것에 연관된 '구성방정식'은 다음과 같다.

$$\tau = G \gamma$$

여기서, G는 종탄성계수이다.

약 3백 년 전에는 모든 물질을 단순히 Hooke와 Newton으로 구분지어 약 2백 년 동안 사람들은 고체에 대한 Hooke의 법칙과 액체에 대한 Newton의 법칙으로 만족했었다. 액체의 경우에 있어서 뉴턴의 법칙은 몇 가지 일상 액체에 잘 적용되는 것으로 알려져서 사람들은 이 법칙은 중력과 운동에 관한 그의 유명한 법칙처럼 어디에나 적용할 수 있는 보편적인 법칙이라고 생각했다.

19세기에 이르러서야 과학자들은 이 법칙에 대해 의구심을 가지기 시작했다. 1835년에 Wilhelm Weber는 견사(silk thread)에 대한 실험을 했는데 견사는 완전히 탄성을 갖지 않는다는 것을 알아냈다. 그는 "길이 방향의 부하는 즉각적인 신장을 유발시킨 후에 시간이 경과함에 따라 더욱 신장이 일어났다. 부하를 제거하면 즉각적인 수축이 일어난 후 원래의 길이에 도달할 때까지 점차적으로 수축이 일어났다."고 기술했다. 이것은 hcp와 같은 물질이지만 단지 Hooke의 법칙만으로는 설명할 수 없는 거동을 보여준 것이다. 여기서, 묘사된 변형 형태에는 분명히 액체와 같은 응답에 더 많이 연계된 흐름의 요소가 있다. 그러한 거동을 묘사하기 위해 '점탄성'이라는 용어를 도입되었다.

유체와 같은 성질을 띤 물질에 관하여 1867년에 'Britannica 백과사전'에 '기체의 동력학적 이론에 관하여'라고 이름 붙여진 논문이 게재되어 상당한 공헌을 하였다. 이 논문의 저자는 James Clerk Maxwell로 약간의 탄성적인 성질을 갖는 유체에 대한 수학적인 모델을 제시했다.

앞에서 언급한 유변학에 대한 정의는 Hookean 고체와 Newtonean 점성유체의 고전적인 두 극단적 부류를 포괄하는 모든 물질의 거동에 대한 학문이라고 해야 할 것 같다. 그러나 이 고전적인 두 극단적 부류는 분명 유변학의 범위를 벗어나는 것으로 보인다. 예를 들어 Navier-Stokes 방정식에 기초하는 뉴턴 유체역학은 유변학의 범주로 여겨지지 않으며, 고전적 탄성론 역시 유변학의 범주로 여겨지지 않는다. 그러므로 Weber의 견사와 Maxwell의 탄성유체와 같은 두 고전적 극단 사이의 물질이 우리의 관심사이다.

다시 역사적 배경으로 돌아와 보자. 20세기 초에는 단지 유변학적 관심사에만 간헐적인 연구가 있었는데 대체로 제2차 세계대전 이후에나 유변학이 그 위력을 발휘할 수 있었다. 화염방사기에 쓰이는 물질이 점탄성 물질임이 밝혀졌고, 이러한 사실이 세계대전 중에 유변학의 고유한 연구 분야로 지위를 공고히 했다. 그 이후로 유변학에 대한 관심은 합성섬유, 플라스틱 가공 산업의 출현뿐만 아니라 액체 세제, 오일(multigrade oils), 흘러내리지 않는 페인트, 밀착 접착제 등의 등

장과 함께 증폭되었다. 의약품과 식품산업에서도 현저한 발전이 있어 왔는데, 현재의 의학 관련 연구에 있어서 생체유변학은 중요한 한 분야이다. 생화학적 기술을 통해 물질을 생산하기 위해서는 관련된 유변학을 잘 이해해야 한다. 이러한 생화학 분야에 대한 기술발전과 물질들은 20세기 후반에 생면에 관련된 분야에 있어서도 유변학이 상당히 중요하다는 것을 잘 설명해 준다.

5) pvT(pressure-specific volume-Temperature)곡선

pvT곡선은 유독 사출분야에서 많이 다룬다. 그럼에도 불구하고 제대로 이해하고 있는 엔지니어들이 많지 않다. 이것을 활용해서 사출에 사용되는 고분자재료의 특성을 간파할 수 있다.

[그림 3-2-9]
간단한 pvT 곡선의
예

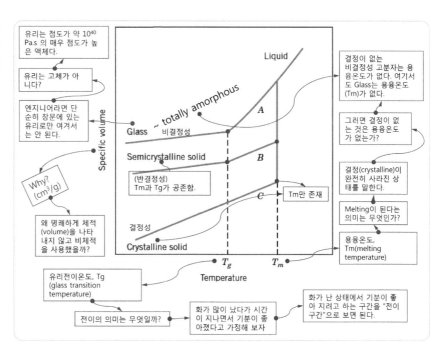

[그림 3-2-9]에 나타낸 곡선들을 볼 때 우선 각 변수들의 정의를 알아야 한다. 압력(pressure), 비체적(specific volume) 그리고 온도(temperature) 개개의 마음을 읽어야 한다. 특히, 비체적(specific volume), T_g(glass transition temperature)의 개념은 생각해 볼 필요가 있다. 비결정(amorphous), 결정(crystalline)에 대한 정의도 알아야 한다.

우선 비체적(specific volume)부터 보도록 하자. 왜 명쾌하게 체적을 잡지 않고 복잡하게 비체적을 내세웠을까? 그것은 공학에서 나누기의 마법에 해당된다. 공학에서 나눈다는 것은 어떤 특정한 것을 대표한다는 의미를 지니고 있다. 단순히 체적(volume)으로만 기록해 두면 설명하기 난감하다. 비체적, 즉 '단위중량으로 나눈 체적(cm^3/g)'을 나타내어 특정 재료 전체를 대표하게 된다.

T_g(glass transition temperature)의 경우는 '유리전이온도'라고 한다. 우선 '유리'라는 단어의 정의를 알아야 한다. 일반인들에게 '유리'가 무엇이냐고 물으면 흔히들 다음과 같이 대답한다. 창문에 많이 있는 것이라고 말한다. 유리가 고체냐고 물으면 주저하지 않고 고체라고 대답한다.

위의 대답은 일반인들에게나 해당되는 것이다. 사출하는 엔지니어는 제대로 알아야 한다. '유리'라는 것은 액체이다. 즉, 점성이 매우 높은 액체 혹은 과냉각된 액체이다. 그러면 거시적으로 딱딱한데 왜 고체가 아니냐고 반론할 것이다. 이 경우 고체의 정의에 대해서 정확히 알 필요가 있다. 고체라는 것은 '결정'으로 이루어진 것이다. 그런데 '유리'는 결정이 없다. 그러므로 고체가 아닌 것이다. 수지(resin)는 비결정성과 결정성 폴리머가 있다. 엄밀히 말하면 비결정성 폴리머는 고체가 아닌 액체라고 해야 타당하다.

녹말, 단백질, 섬유소, 고무 등과 같이 보통 분자량이 1만 개 이상이거나, 100만 개 이상의 원자로 구성되어 있는 물질을 고분자라고 하며, 대체로 고분자 물질은 여러 개의 단량체(monomer)가 결합된 중합체(polymer)이다. 이러한 중합체의 물리적인 특성을 결정하는 중요한 요소로 '유리전이온도'가 있다.

일반적인 액체상 및 기체상으로 되어있는 저분자 물질의 경우 용융(melting)과 비등(boiling)의 두 가지 전이가 존재한다. 예를 들면, 물의 경우 고체 상태인 얼음에서 열을 가하면 액체상태의 물이 되고, 계속 더 열을 가하면 기체상태의 수증기가 된다. 하지만 고분자 물질은 저분자 물질과 달리 높은 분자량으로 인하여 기체 상태로 되지 못한다.

결정성(crystalline) 고분자 물질은 결정이 녹는 용융현상이 나타나나 비결정성(amorphous) 고분자 물질은 낮은 온도에서 비결정성의 유리와 같은 상태로 있으며 온도가 올라가면 점성의 유체로 변한다. 이와 같이 유리 상태에서 점성의 유체로 변하는 전이를 '유리전이'라고 한다. 결정성 고분자의 경우 결정을 이루고 있기 때문에 결정격자가 사라지며 용융이 일어날 뿐 온도가 올라가도 비결정성고분자와 같이 유리전이 현상은 나타나지 않는다. 그런데 보통 고분자에서는 이처럼 결정을 형성하기 어려운 영역인 비결정성과 결정성이 혼재(반결정성)되어 있는 구조를 가지고 있어서, 열을 가하면 우선 비결정성의 무정형 영역에 변화가 일어나 마치 고무처럼 유연한 탄성을 가진 물질로 변하게 된다. 이온도가 반결정성 고분자의 '유리전이온도'가 된다.

'전이'의 뜻에 대해서 생각해 보자. 예를 들어 설명해 보도록 하겠다. 만약, 여러분이 기분이 매우 나빴다가 좋아졌다고 가정해 보자. 이 경우 '전이'는 기분이 나빴다가 좋아지기 시작한 그 순간을 말한다. 폴리머로 보면 전체 변형을 위한 내부의 분자유동이 시작되는 시점으로 볼 수 있다.

비결정성 폴리머에는 용융온도(T_m)가 존재하지 않는다. 이것을 이해하기 위해서는 '용융'에 대한 정의를 알아야 한다. '용융'이라는 것은 내부 결정이 완전히 소멸된 상태를 말한다. 그러므로 비결정성 폴리머는 내부에 결정이 없으므로 용융이라는 말이 적합하지 않다. 그와 반대로 완전결정성 폴리머에는 유리전이온도(T_g)가 존재하지 않고 용융온도(T_m)만 존재한다는 것을 명심해야 한다.

위의 기본을 정확히 이해하고 반결정성(semicrystalline) 폴리머로 넘어가야 한다. 이것은 용융온도(T_m)와 유리전이온도(T_m) 모두를 가지고 있다. 우리가 사용하는 대부분의 폴리머는 반결정성이 대부분이다. 그러므로 두 가지 온도를 혼용해서 사용하더라도 별 무리가 없다.

또한 냉각속도를 변화시키면 비결정성도 결정성의 물성을 띨 수 있다. 즉, 비결정성 폴리머를 아주 천천히 냉각하면 그래프는 점점 결정성 곡선으로 접근한다. 반대로 결정성 폴리머를 아주 빨리 냉각을 시키면 비결정성 곡선 쪽으로 이동하게 된다.

[그림 3-2-10]과 같이 비결정성 폴리머의 냉각속도에 따른 비체적의 변화를 보여주고 있다.

유리전이온도는 사출기술에서 많이 응용된다. 특히 웰드레스(weldless) 사출의 경우에 금형온도 기준을 설정할 때 사용한다. 금형온도를 유리전이온도를 기준으로 약간 높은 온도로 잡는 경우가 많다. 또한, 사출 후에 취출온도 기준을 잡을 때에도 활용된다.

비결정 폴리머는 투명하며 단순히 온도가 높아짐에 따라 바로 용융되어 성형할 수 있으나, 결정성 수지는 우선 결정융점에 도달하여 이 온도에서 결정이 풀려 비결정으로 되고 계속되는 가열에 의해서 용융상태로 된다. 따라서 결정성 수지는 결정을 용해시키기 위한 여분의 열이 필요하며, 성형온도까지 수지의 온도를 높이는데 비결정성 수지보다 다량의 에너지가 필요하므로 가소화 능력이 큰 성형기가 필요하다.

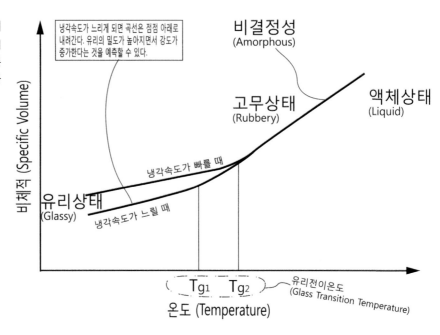

[그림 3-2-10]
비결정성 고분자의
냉각속도에 따른
압력곡선의 변화

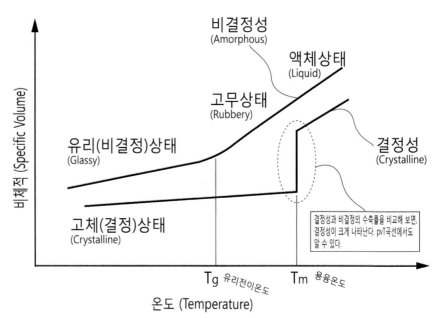

[그림 3-2-11]
비결정성과 결정성
고분자의 pvT곡선
비교

[그림 3-2-11]에서 보는 바와 같이 비결정성과 결정성 폴리머의 수축정도를 비교할 수 있다. 성형 후 고화될 때 비결정성 수지에서는 열팽창에 상응한 성형수축이 되지만, 결정성 폴리머는 결정화에 따른 용적감소로 전체적으로는 큰 성형수축을 나타낸다. 그러므로 결정성 폴리머의 수축률 범위는 비결정성에 비해 상대적으로 크다. 이로 인하여 비결정성 수지는 결정성 수지에 비해서 굽힘, 뒤틀림 등이 심하지 않다.

좀 더 비결정성과 결정성 폴리머의 이해를 돕기 위해서 유리컵 속의 얼음을 예를 들어보자[그림 3-2-12].

[그림 3-2-12]
유리컵 속의 얼음

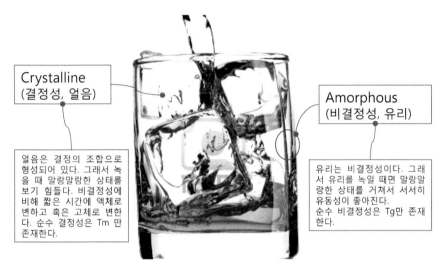

Crystalline
(결정성, 얼음)

얼음은 결정의 조합으로 형성되어 있다. 그래서 녹을 때 말랑말랑한 상태를 보기 힘들다. 비결정성에 비해 짧은 시간에 액체로 변하고 혹은 고체로 변한다. 순수 결정성은 Tm 만 존재한다.

Amorphous
(비결정성, 유리)

유리는 비결정성이다. 그래서 유리를 녹일 때면 말랑말랑한 상태를 거쳐서 서서히 유동성이 좋아진다. 순수 비결정성은 Tg만 존재한다.

[그림 3-2-12]에서 유리컵은 비결정성(amorphous)이고, 얼음은 결정성(crystal-line) 재료이다.

[그림 3-2-13]은 ABS수지와 PMMA수지에 대한 실제 pvT곡선을 나타내었다. 수지(resin)별로 전체적으로 팽창하는 수지의 비체적도 차이가 나고 기울기에 따른 수축률의 차이를 볼 수 있다. 또한 압력에 따른 그래프를 나타내었다. 압력에 따라서 유리전이온도가 달라진다. 즉, 압력이 올라갈수록 유리전이온도가 증가한다. 이것으로 금형 내의 수지의 유동을 살펴보면 형내압이 올라갈수록 수지의 거동도 달라질 것이라는 것을 알 수 있다. 수지를 퍼지(purge)할 때의 거시적인 유동과는 다를 수 있다.

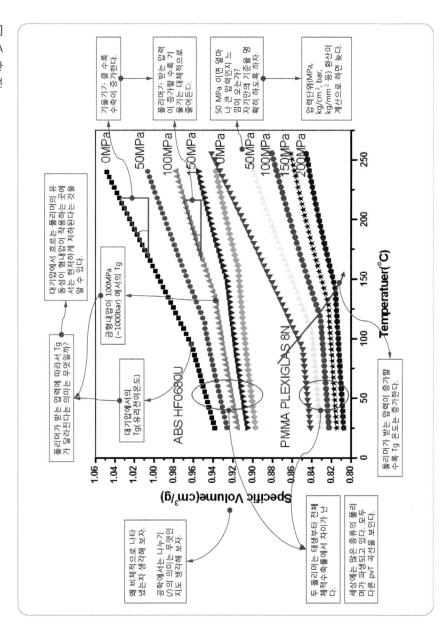

[그림 3-2-13]
ABS와 PMMA
수지를 비교한
pvT곡선

6) 점도(Viscosity), 전단변형률속도(Shear rate) 곡선

pvT곡선과 더불어 수지특성을 나타내는 대표적인 것으로 점도(viscosity), 전단변형률속도(shear strain rate) 곡선이 있다.

[그림 3-2-14]
점도 vs.
전단변형률속도 곡선

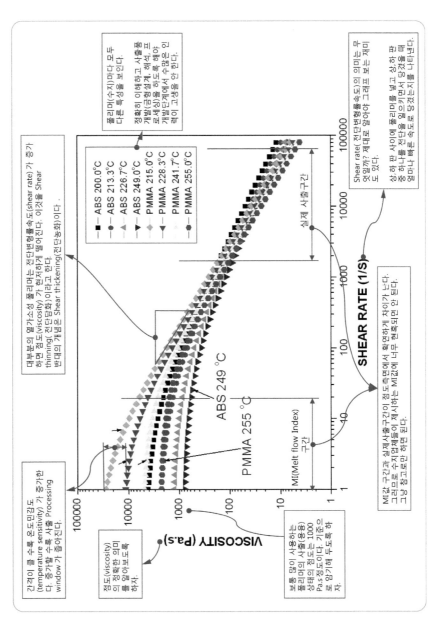

[그림 3-2-14]는 ABS와 PMMA수지에 대한 점도와 전단변형률속도의 관계를 나타낸 것이다. 여기서도 그래프를 이해하려면 점도(viscosity)와 전단변형률속도에 대한 개념부터 이해해야 한다.

우선 전단변형률속도(shear strain rate, 1/s)에 대해서 알아보기로 하자.

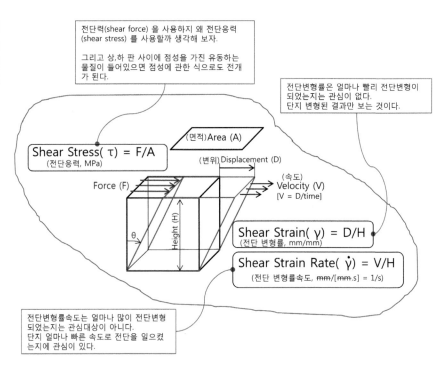

[그림 3-2-15]
전단변형률 속도
(shear strain rate)
도식도

전단력(shear force) 을 사용하지 왜 전단응력(shear stress) 를 사용할까 생각해 보자.
그리고 상,하 판 사이에 점성을 가진 유동하는 물질이 들어있으면 점성에 관한 식으로도 전개가 된다.

전단변형률은 얼마나 빨리 전단변형이 되었는지는 관심이 없다.
단지 변형된 결과만 보는 것이다.

Shear Stress(τ) = F/A
(전단응력, MPa)

(면적)Area (A)

(변위)Displacement (D)

Force (F)

(속도)
Velocity (V)
[V = D/time]

Height (H)

θ

Shear Strain(γ) = D/H
(전단 변형률, mm/mm)

Shear Strain Rate(γ̇) = V/H
(전단 변형률속도, mm/[mm.s] = 1/s)

전단변형률속도는 얼마나 많이 전단변형 되었는지는 관심대상이 아니다.
단지 얼마나 빠른 속도로 전단을 일으켰는지에 관심이 있다.

우선 전단변형률에 대해서 먼저 이해하고 전단변형률에 대해서 논하도록 하자. [그림 3-2-15]와 같이 사각형의 블록을 상하에서 전단을 준다고 가정하자. 아랫면은 고정하고 윗면을 움직여서 전단을 형성한다. 이 경우 사각형 블록은 전단이 작용하는 쪽으로 변형하게 된다. 이 경우 전단변형률(shear strain)은 아래와 같이 나타낼 수 있다.

변위(displacement, mm)

$$전단변형률(shear\ strain,\ mm/mm) = \frac{D}{H}$$

높이(separation height, mm)

그러므로 전단변형률속도(shear strain rate)는 아래와 같다.

$$전단변형률속도(shear\ strain,\ /s) = \frac{1}{H}\frac{D}{s} = \frac{V}{H}$$

속도(velocity, mm/s)

시간(s)

전단변형률속도라는 의미에 대부분의 현장 사출엔지니어들은 난감해 한다. 그다지 어려운 것이 아니다. 이 식의 물리적 의미를 살펴보면 다음과 같다. 위의 그림에서 윗면에 작용하는 힘이 얼마나 빠르게 전단을 가하느냐를 식으로 나타낸 것밖에 없다. 즉, 용융된 수지를 통에 넣고 막대기로 휘젓는다고 했을 때 얼마나 빠른 속도록 젓는지를 나타내는 것이다.

[그림 3-2-14]의 그래프를 보면서 또한 생각해 볼만 한 것이 있다. 작업온도에서의 수지점도(viscosity)는 1000 Pa.s 근처이다. 정확하게 외울 필요는 없다. 근사치로 기준을 잡아두면 향후에는 다른 물질의 점도를 비교평가할 때 유용하게 사용될 수 있다.

점도모델은 해석을 수행할 때 중요한 입력값으로 활용된다.

일반적으로 사용되는 점도 방정식은 멱수법칙모델(power law model), 2차 다항식 모델(2nd order model), 매트릭스 모델(matrix model)과 크로스 모델(Cross model)이다. 이 중에서 가장 널리 사용되는 멱수법칙 모델과 크로스 모델을 소개한다.

(1) 멱수법칙 모델(power law model)

로그(log-log) 스케일 함수에서 점도와 전단변형률속도가 직선적인 관계를 갖는다. m과 n은 측정된 점도값의 회귀분석을 통하여 얻어지는 상수이고, η는 점도, $\dot\gamma$는 전단변형률속도이다. n이 1보다 작으면 전단담화(shear thinning) 혹은 pseudo-plastic의 일반적인 고분자 재료이고, n이 1이면 Newtonian(뉴턴)유체이다. n이 1보다 크면 재료가 전단농화(shear thickening) 혹은 dilatant 효과를 보인다.

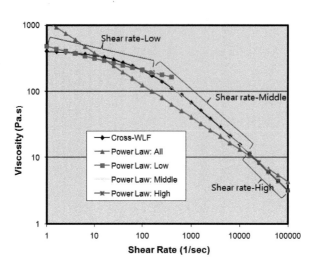

[그림 3-2-16]
멱수법칙 모델
(power law model)

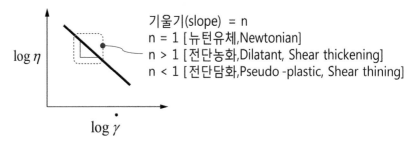

기울기(slope) = n
n = 1 [뉴턴유체,Newtonian]
n > 1 [전단농화,Dilatant, Shear thickening]
n < 1 [전단담화,Pseudo -plastic, Shear thining]

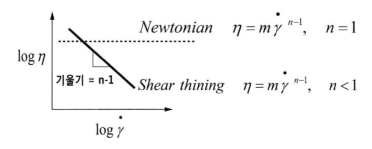

$Newtonian \quad \eta = m\dot{\gamma}^{\,n-1}, \quad n=1$

$Shear\ thining \quad \eta = m\dot{\gamma}^{\,n-1}, \quad n<1$

$$\tau = m(\dot{\gamma})^{n}$$

$$\eta = m\left(\frac{dv_Z}{dr}\right)^{n-1} = m(\dot{\gamma})^{n-1}$$

이 모델은 실험값을 그래프 피팅(fitting)하기 쉽고 상수를 빠르게 결정할 수 있다. 또한 전단 변형률에서도 비교적 정확하게 용융고분자 재료의 유변학적인 성질을 묘사한다.

대표적인 고분자 재료의 멱수법칙 지수를 [표 3-2-3]에 나타내었다.

[표 3-2-3]
고분자 재료의
멱수법칙 지수

수지명	n	온도(℃)	m
PP	0.38	200	7.50×10^3
PA66	0.66	290	6.00×10^3
PC	0.98	300	6.00×10^3
DPE	0.41	180	2.00×10^3

그러나 낮은 전단변형률속도에서는 고분자 유동체가 일반적으로 보여주는 뉴턴 거동(점도 곡선이 평탄한 구간)을 적절하게 표현하지 못한다. 이러한 단점에도 불구하고 일반적인 사출성형은 대부분 높은 전단변형률속도하에서 이루어지므로 이 모델은 아직도 폭넓게 사용되고 있다.

[그림 3-2-17]에서 전단응력과 전단변형률의 관계에서의 뉴턴유체, 전단담화 및 전단농화 곡선을 나타내었다. 뉴턴유체일 때, 점도(η)는 τ(전단응력) / $\dot{\gamma}$(전단변형률속도)의 식으로 성립된다. 공학식에서 뉴턴유체로 가정하여 문제를 단순화 시키는데 많이 활용된다.

[그림 3-2-17]
전단응력과
전단변형률속도
그래프 상에서의
유체분류

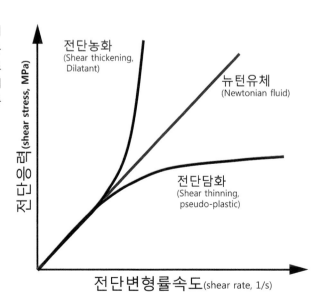

(2) Cross-WLF 모델

이 모델은 가장 보편적인 점도 방정식으로서 고분자 재료의 점성거동을 폭 넓은 전단 변형속도 범위에서 잘 예측할 수 있다.

[그림 3-2-18]
수지의 온도에 따른
점도와
전단변형률속도와의
관계 그래프

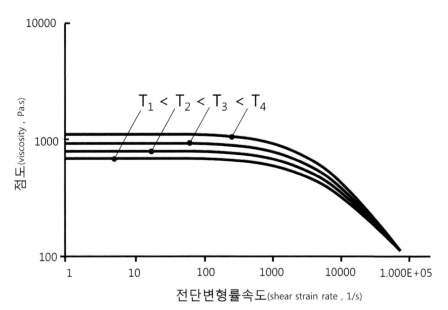

$$\eta(T, \dot{\gamma}, p) = \frac{\eta_0(T, p)}{1 + \left[\dfrac{\eta_0(T)\dot{\gamma}}{\tau^*}\right]^{(1-n)}}$$

$$T \geq T_g, \cdots \quad \eta_0(T, p) = D_1 \times \exp\left\{\frac{-[A_1(T - T_g)]}{[A_2 + (T - T_g)]}\right\}$$

$$T \leq T_g, \cdots \quad \eta_0(T, p) = \infty$$

$$where \quad A_2 = \tilde{A}_2 + D_3 \times p$$

$$where \quad T_g = D_2 + D_3 \times p$$

여기서, T는 온도, n은 흐름거동지수(flow behavior index)이고, τ^*는 재료의 이완시간(relaxation time)과 관계되며, D_1, D_2, D_3, A_1, A_2는 물질상수이다. D_2는 재료의 유리전이온도, T_g와 관계한다. η_0는 유동수지의 전단변형률속도가 0.0일 때 점도(zero-shear-rate viscosity)값이다.

참고

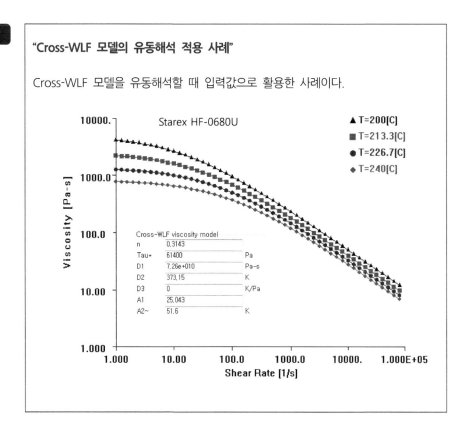

"**Cross-WLF 모델의 유동해석 적용 사례**"

Cross-WLF 모델을 유동해석할 때 입력값으로 활용한 사례이다.

Starex HF-0680U

▲ T=200[C]
■ T=213.3[C]
● T=226.7[C]
◆ T=240[C]

Cross-WLF viscosity model

n	0.3143	
Tau*	61400	Pa
D1	7.26e+010	Pa-s
D2	373.15	K
D3	0	K/Pa
A1	25.043	
A2~	51.6	K

(3) 점도값의 수정

실험 장치에서 측정된 점도값을 특정한 수학적 모델로 변환시킬 때 용융 고분자의 유동은 뉴턴유체라고 가정하였다. 이 가정은 실제 공정조건의 환경과 일치하지 않는다. 점도는 전단 변형률뿐만 아니라 온도 의존성이 크기 때문이다.

[그림 3-2-19]
뉴턴 및 비뉴턴
유체의 속도분포 비교

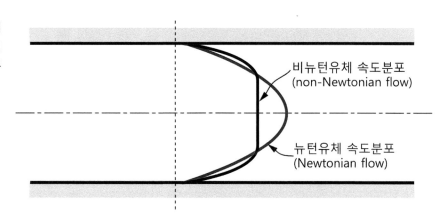

비뉴턴유체 속도분포
(non-Newtonian flow)

뉴턴유체 속도분포
(Newtonian flow)

고분자 재료의 속도분포는 비뉴턴 거동을 나타내기 때문에 [그림 3-2-19]와 같은
형태를 보여준다.

"비뉴턴유체(non-Newtonian fluid)"

고점도 비뉴턴유체는 많은 산업에서 광범위하게 사
용되고 있다. 여기서, 고점도 비뉴턴유체에 속하는
것은 치약(tooth paste), 용융수지(melted plastic),
화학혼합물(chemical blends) 등등이 있다. 가장
흔히 사용되고 있는 점도모델(viscosity model)은
Newtonian, Sutherland, Cross, Herschel-Bulkley,
power law, Carreau 등이 있다. 점도식은 온도와
전단변형률속도(shear rate)의 함수로 구성되어
있다.

이 그래프는 다양한 점도모델을 도식적으로 비교해 본 것이다.

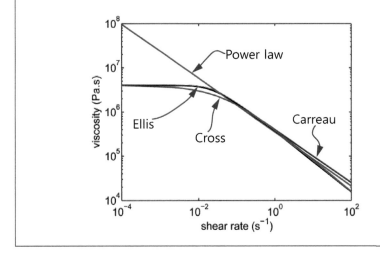

전단변형률속도는 두께방향의 속도구배로부터 계산되므로 금형벽면 근처의 전
단변형률속도는 비뉴턴유체의 경우 매우 크게 증가한다. 그러므로 뉴턴유체로
가정하면 전단 변형률속도가 실제보다 작은 것으로 계산하게 되고 점도가 과도
하게 높은 결과를 얻는다. 이 효과를 고려하여 점도를 수정하는 일반적인 방법
은 라비노비취(Rabinowitsch)수정식을 쓰는 것이다. 이 수정 방법은 속도구배를

실질적인 비뉴턴유체의 속도구배로 교정하면서, 동시에 전단변형률속도 증가와 이에 상응하는 점도의 감소를 순차적으로 수행한다.

아직 전단발열에 의한 재료의 점도소실이 고려되지 않았다. 점성고분자 유체의 전단은 고분자 재료와 금형면의 마찰과 고분자 유체 내의 상대속도편차에 따른 중간 마찰에 의하여 내부온도가 증가한다. 점도 실험시 배럴에서 측정한 용융온도는 재료가 실제로 모세관을 통과할 때의 온도와 다르다는 것을 의미한다. 전단발열이 고분자 용융온도에 크게 영향을 줄 수 있는 높은 전단변형률속도 환경에서는 이러한 영향이 정밀도에 심각한 영향을 준다. 전단발열은 용융체 내부의 전단응력과 전단변형률속도 및 열용량간의 상호관계를 고려한 계산된다.

$$\text{전단열(shear heat, } ^\circ C/s) = \frac{\tau \,\dot{\gamma}}{\rho C_p} = \frac{\eta \,\dot{\gamma}^2}{\rho C_p}$$

전단응력 (shear stress, Pa)
점도 (viscosity, Pa.s)
전단변형률속도 (shear strain rate, 1/s)
밀도 (density, kg/m^3)
비열 (specific heat, J/kg.$^\circ$C)

여기서, $\eta = \tau/\dot{\gamma}$ 이다.

전단발열효과에 의한 온도상승은 전단발열과 용융선단의 시간 증분을 곱하여 결정한다. 점도값의 수정에는 이처럼 두께방향의 유동층에 대한 온도상승뿐 아니라 유동체의 대류와 전도를 포함한 열전달을 모두 고려한다. 모세관 유동에서 유체는 정상상태의 유동으로 발달하기 전까지 속도분포가 계속 변화한다. 이러한 입구 부분에서는 유체의 속도, 유로의 단면비, 재료의 유동 특성에 의존하여 정상상태까지의 도달거리가 결정된다.

결과적으로 입구영역에서는 추가적인 압력강하가 발생하는데 고분자재료의 탄성에 기인하는 것으로 알려져 있다. 전단속도가 동일하다면 압력강하는 모세관의 길이에 비례하여, 압력강하가 0이 되는 지점까지 모세관의 길이를 가상적으로 연장시켜서 입구 압력강하 효과(entrance effect)를 보정할 수 있다.

(4) 점도에 영향을 주는 기타 요인들

재료의 열적인 성질은 고분자의 유변학적 거동에 영향을 준다. 열전도도와 비열, 밀도 및 유동정지 온도는 재료의 점도와 상관관계를 갖는다. 열전도도와 비열 및 밀도는 열확산도(thermal diffusivity, α)와 전단발열을 계산하기 위하여 필요하다. 열확산도는 고분자 유체 내의 열전달 계산에 사용되며, 전단발열효과를 고려한 점도 수정에 특히 중요한 값이다.

$$\text{열확산도(thermal diffusivity, m}^2\text{/s)}, \alpha = \frac{k}{\rho C_p}$$

열전도도 (thermal conductivity, W/m·K) — k
밀도 (density, kg/m³) — ρ
비열 (specific heat, J/kg·K) — C_p

열확산도에 대해서 먼저 알아보도록 하자. 어떤 물질의 열확산도(thermal diffusivity)는 시간에 대해 온도가 변화하는 동안 그 물질의 전도성에 의해 열이 전파되는 속도를 결정하는 열물성이다. 열확산도가 높을수록 열 전파가 빠르다. 위 식에 의하면, 열확산도는 어떤 물질 내부에서의 일시적인 열전도과정에 영향을 미친다는 것을 알 수 있으며, 시간당 길이제곱의 형태이고 표현단위는 m^2/s이다. 유동정지 온도는 고화층의 두께를 결정한다. 고화층이 발달하면 용융 고분자가 움직일 수 있는 유효두께가 감소하며 유동저항의 증가에 따라 압력에 영향을 준다. 용융 고분자의 온도가 감소하여 고화층이 형성되기 시작하면 점도가 따라서 증가하므로 유동정지 온도를 사용하여 고화층 발달과 압력변화를 정확히 계산한 후 점도값을 수정해 주어야 한다.

참고로, 몇 가지 친숙한 물질의 상온에서의 점도를 살펴보면 [표 3-2-4]와 같다.

[표 3-2-4]
물질의 상온에서의 점도

액 체	개략적인 점도(Pa.s)
유리	10^{40}
용융 유리(500℃)	10^{12}
역청(bitumen)	10^8
용융 고분자	10^3
금 시럽	10^2
액체 꿀(100%)	10^1
글리세롤	10^0

액 체	개략적인 점도(Pa.s)
올리브 기름	10^{-1}
자전거 기름	10^{-2}
물	10^{-3}
공기	10^{-5}

점도의 SI 단위는 Pa.s로 간략히 쓰는 Pascal−second이다. 예전에 cgs계에서 널리 쓰였던 점도의 단위는 Poise인데, Pa.s보다 10배 작은 단위이다. 예를 들어 20.2℃에서의 물의 점도는 1 mPa.s(milli−Pascal second)로 1 cP(centipoise)이다. 대표적인 전단변형률속도를 [표 3-2-5]에 나타내었다.

[표 3-2-5]
대표적인
전단변형률속도
(shear strain rate,
1/s)

현 상	전단변형률속도(1/s)	응용 분야
현탁 액체 속에서의 미세분말의 침전	$10^{-6} \sim 10^{-4}$	의약품, 페인트
표면장력에 의한 levelling	$10^{-2} \sim 10^{-1}$	페인트, 인쇄용 잉크
중력에 의한 배수	$10^{-1} \sim 10^{1}$	페이트칠과 코팅, 변기 표백제
압출기	$10^{0} \sim 10^{2}$	고분자
저작 및 삼키기	$10^{1} \sim 10^{2}$	식품
함침 코팅	$10^{1} \sim 10^{2}$	페인트, 제과류
혼합 및 교반	$10^{1} \sim 10^{3}$	액체류 제조
관 흐름	$10^{0} \sim 10^{3}$	펌핑, 혈액 흐름
분무 및 솔질	$10^{3} \sim 10^{4}$	분무 건조, 페인트칠, 연료분무
문지름	$10^{4} \sim 10^{5}$	피부에 크림과 로션의 응용
유체 속에서의 안료의 밀링	$10^{3} \sim 10^{5}$	페인트, 인쇄용 잉크
고속 코팅	$10^{5} \sim 10^{6}$	종이(제지)
윤활	$10^{3} \sim 10^{7}$	가솔린 엔진

"유체의 점성 : 뉴턴의 점성법칙"

유체의 점성(viscosity) : 뉴턴(Newton)의 점성 법칙

이상유체가 아닌 모든 실제유체는 점성(viscosity)이라는 성질을 가지며, 점성은 유체 흐름에 저항하는 값의 크기로 측정된다. 유체가 전단력을 받을 때 전단력에 저항하는 전단응력, 즉 단위면적당의 힘의 크기로서 점성의 정도를 나타낸다. 그런데 기체의 점성은 온도의 증가와 더불어 증가하는 경향이 있고, 액체의 경우는 반대로 온도가 상승하면 점성은 감소한다([그림 3-2-21] 참조). 이러한 현상은 기체의 주된 점성 원인이 분자 상호간의 운동인데 비하여 액체는 분자 간의 응집력이 점성을 크게 좌우하기 때문이다.

뉴턴의 점성법칙에 의하며 "유체의 전단응력은 흐름 방향에 수직인 방향으로 속도변화율에 비례한다." 여기서 속도변화율을 속도구배(velocity gradient)라 하고, [그림 3-2-20]에서 보는 바와 같이 A단면의 경계면으로부터 거리를 h라 하고, 속도벡터의 끝을 연결한 곡선을 속도형상(velocity profile)이라 하며, 임의의 값에 대한 속도구배를 정의하였다.

[그림 3-2-20]
속도형상과 속도구배

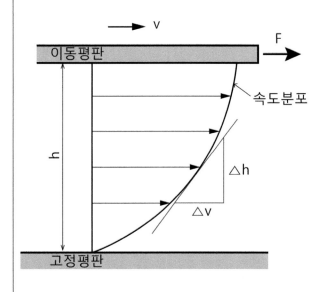

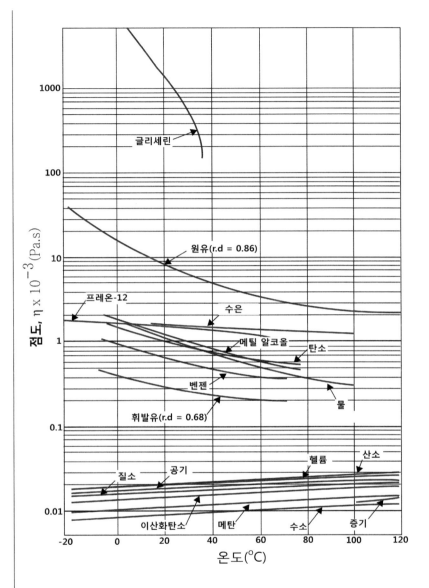

[그림 3-2-21]
일반 유체의 온도에
따른 점성계수(η)

$$\frac{dv}{dh} = \lim_{\Delta h \to 0} \left(\frac{\Delta v}{\Delta h} \right)$$

뉴턴의 점성법칙은

$$\tau \propto \frac{dv}{dh} \text{ 또는 } \tau \propto \eta \frac{dv}{dh}$$

로 표시되며, 비례상수에 해당하는 η를 점성계수, 또는 절대 점성계수(absolute viscosity)라 한다. 또 유체유동의 방정식에서는 점성계수(η)보다는 이것은 밀도(ρ)로 나눈 값, 즉

$$\nu = \frac{\eta}{\rho}$$

를 자주 사용하며 ν를 동점성계수(kinematic viscosity)라 한다.

뉴턴의 점성법칙을 정확하게 만족시키는 유체를 유턴유체(Newtonian fluid)라 하며, 그렇지 않은 유체를 비(非)뉴턴유체(non-Newtonian fluid)라 한다.

그러나 비뉴턴유체에 관한 해석은 뉴턴유체에 비하여 훨씬 까다로우며 물과 공기 같은 실제유체라 할지라도 뉴턴의 점성법칙을 적용하여 문제를 해결하는 경우가 많으며, 실제로 층류(層流, laminar flow) 흐름에 대해서도 믿을 만한 결과를 얻을 수 있다는 것이 입증되었다.

비뉴턴유체의 점성 효과에 대하여 오늘날 많은 경우에 그 해석이 요구되고 있으나, 아직은 완전하지 못하므로 그 방면의 연구가 활발히 진행되고 있다. 전단응력이 속도구배만의 함수이고 시간에는 독립적인 유체일 때 뉴턴유체도 이 경우에 해당된다. [그림 3-2-22]는 전단응력과 전단변형률속도의 그래프를 통해서 유체의 종류를 나열하였다. 실제플라스틱의 유동을 볼 수 있다. 즉, 초기에는 일정전단응력 이상이 되어야 유동이 시작됨을 알 수 있다.

[그림 3-2-22]
전단응력과
속도구배(전단변형률
속도)의 관계

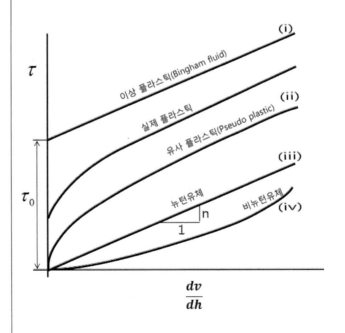

(i) $\tau = \tau_0 + \eta\dfrac{\mathrm{dv}}{\mathrm{dh}}$ 에서 $\tau > \tau_0$인 경우 치약과 같은 이상플라스틱으로 Bingham 유체라 한다.

(ii) $\tau = \eta(\dfrac{\mathrm{dv}}{\mathrm{dh}})^{n}$ 에서 $n < 1$일 때 고분자 및 필러용액과 같은 유사플라스틱으로 Pseudo plastic 유체라 한다.

(iii) $\tau = \eta(\dfrac{\mathrm{dv}}{\mathrm{dh}})^{n}$ 에서 $n = 1$일 때 물, 공기, 저분자 액체 등과 같은 뉴턴유체이다.

(iv) $\tau = \eta(\dfrac{\mathrm{dv}}{\mathrm{dh}})^{n}$ 에서 $n > 1$일 때 아스팔트와 같은 비뉴턴유체로 Dilatant 유체라 한다.

3.3 기본 역학지식

사출 관련된 산업현장에서 들어갈 때 최소한으로 이 정도는 알아야 된다고 생각되는 지식들을 정리하였다. 여기에 정리된 지식들은 우리가 공학을 전공한 사람들이라면 잘 알고 있는 것들이다. 하지만 그것을 현장에 접목할 때 많은 오류를 범하고 있는 것 같다. 대부분의 경우에는 이론과 경험이 접목되지 않은 물과 기름의 기술이 되고 있는 경우가 많다. 여기서는 가장 간단한 기본 이론들을 통해서 어떻게 현장에서 접목할지에 대해서 다루도록 하겠다.

1) 문제를 세분화(segmentation)하여 접근하기

사출 현장에서 발생하는 문제들을 살펴보면 간단하게 해결되는 것도 있지만 대부분이 복합적으로 얽힌 복잡한 것들이다. 이 경우 엔지니어들은 복잡한 변수들을 껴안고 끙끙 앓는 경우를 허다하게 보았다. 그래서 고안한 것이 문제를 세분화시켜서 접근하는 방법이다. 이것은 [그림 3-3-1]의 모래시계문제접근법을 제안한다. 모래시계의 중앙통로는 좁다. 이 경우 흘러내리는 모래가 중앙의 구멍통로보다 크면 더 이상 흘러내리지 못하고 막혀버린다. 덩어리 상태로 통과방법을 생각하면 문제는 풀리지 않고 시간만 갈 뿐이다. 사출업체의 경우 시간이 곧 매출과 연관이 있다. 무엇보다 고객의 요구에 부응하기 위해서는 일정관리가 중요한데, 문제로 인하여 차질이 발생한다면 큰 문제가 아닐 수 없다.

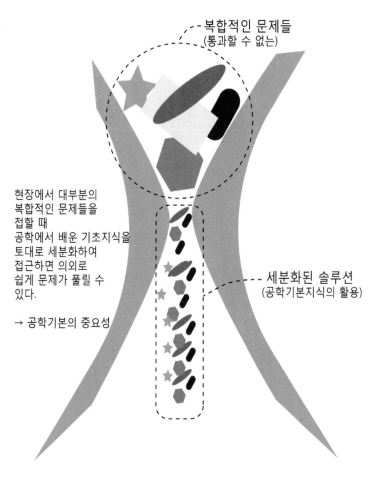

[그림 3-3-1]
모래시계 문제접근

복합적인 문제들
(통과할 수 없는)

현장에서 대부분의
복합적인 문제들을
접할 때
공학에서 배운 기초지식을
토대로 세분화하여
접근하면 의외로
쉽게 문제가 풀릴 수
있다.

→ 공학기본의 중요성

세분화된 솔루션
(공학기본지식의 활용)

이 경우 덩어리를 잘게 만들어서 통과시키듯 문제도 세분화시켜 통과시키면 쉽게 접근할 수 있다. 그러면 우리가 접하고 현장에서 어떻게 문제를 잘게 만들 수 있을까를 생각해 볼 필요가 있다. 그것은 우리가 학교에서 배우는 기본역학을 활용하면 충분히 해결할 수 있다. 지금부터 그 방법들을 제시하도록 하겠다.

2) 변형(deformation)에 관련된 문제를 풀 때
현장에서 일어날 수 있는 문제들 중에 금형 혹은 기구 변형에 의해서 다양한 문제가 발생될 수 있다.

[그림 3-3-2]
대표적인 변형모드
(a) 인장
(Tensile load)
(b) 압축
(Compressive load)
(c) 전단
(Shear strain)
(d) 비틀림
(Torsional
deformation)

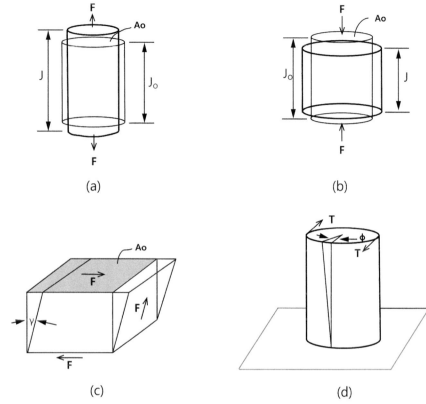

(a)

(b)

(c)

(d)

만약 금형이 외력에 의해서 변형이 발생했다고 가정해 보자. 우선 어떤 하중에 의해서 변형이 발생되었는지를 알아야 한다. 이 경우 [그림 3-3-2]에 나타낸 4가지 모드만 알면 된다. 아무리 복잡한 변형이라도 하나씩 차근차근 각 모드에 대한 힘을 적용하다보면 결과적으로 복잡한 형태의 하중분포를 쉽게 규명할 수 있다.

대부분의 기계공학을 전공한 사람이면 인장시험에 대해서 익숙하게 받아들인다. 인장시험에서 구할 수 있는 것은 힘(force)과 변위(displacement) 곡선을 얻을 수 있다. [그림 3-3-3]과 같이 힘은 로드셀(load cell)에 의해서 구할 수 있으며, 변위는 Extensometer 등을 이용하여 구할 수 있다. 시험으로 구할 수 있는 것은 응력(stress)과 변형률(strain)곡선이 아니다. 이것은 계산에 의해서 나오는 것이다.

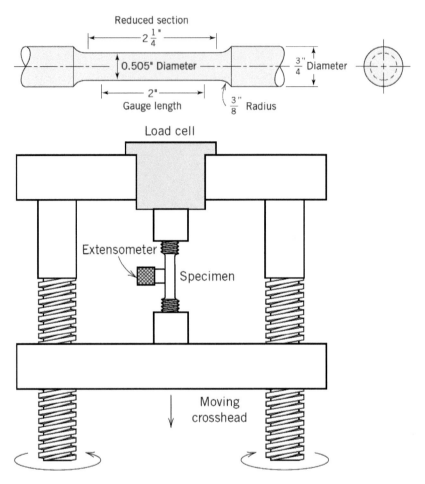

[그림 3-3-3]
인장시험장치 개략도

엔지니어들이 왜 간편한 '힘과 변위' 곡선을 놓아두고 복잡하게 '응력과 변형률' 곡선을 계산하는지에 대해 간과하고 넘어가는 경우가 많다. 그러면 왜 생소한 '응력과 변형률' 곡선을 구할까?

[그림 3-3-4]를 살펴보도록 하자. (a)는 힘(force)과 변위(displacement) 곡선을 나타낸 것이고, (b)는 응력(stress)과 변형률(strain) 곡선을 나타낸 것이다. (a)의 경우는 시험편의 단면적과 길이에 따른 곡선이 모두 다르게 나온다. 하지만 (b)의 경우는 특정 소재에 대해서 하나의 그래프만 나오게 된다. 즉, 그 재료를 대표하는 값을 명쾌하게 나타낼 수 있다는 것이다. 만약 (a)의 그래프를 통해서 재료물성값을 표현하려면 많은 전제조건을 명기해야 하는 번거로움이 있다.

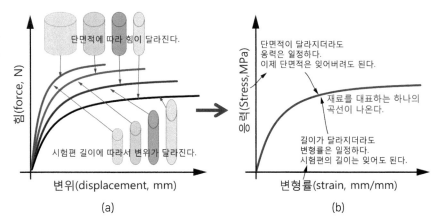

[그림 3-3-4]
응력 vs. 변형률
곡선의 활용

(a)

(b)

공학에 대한 지식을 습득하는 단계에서 현재 대학교육의 문제점도 느낄 수 있다. 공학에는 많은 수식들과 원리들이 나온다. 이런 것들이 지니고 있는 물리적 의미도 이해하지 못한 채 시험을 위한 문제만 풀다가 소중한 학창시절을 소비하게 된다. 학창시절을 통해서 주옥같은 수식들이 지니고 있는 순수한 의미를 파악하는데도 다소의 시간을 할애했으면 한다.

다음으로 엔지니어들이 소재의 물성을 이야기할 때 '인성(toughness)'과 '연성(ductility)'을 많이 혼동한다. 막연히 인성이 좋으면 연성도 좋다고 생각하는 엔지니들의 의외로 많다.

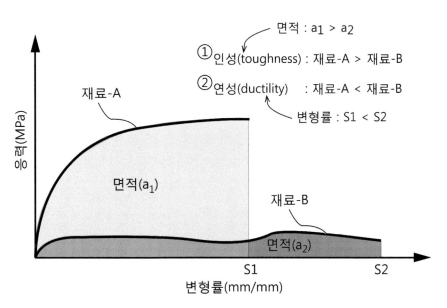

[그림 3-3-5]
인성(toughness)과
연성(ductility)의 비교

[그림 3-3-5]는 '재료-A'와 '재료-B'에 대한 응력과 변형률 선도이다. 인성의 경우 A와 B 중 어느 것이 클 것인지, 그리고 연성은 두 소재 중 어느 것이 클 것인지를 생각해 보도록 하자.

인성(toughness)의 경우는 '재료-A'가 크고, 연성(ductility)은 '재료-B'가 크다. 인성의 경우는 응력과 변형률의 면적을 계산하여 구한다. 즉, 면적을 구해보면 단위 단위체적당 에너지 개념이 도출된다. 면적이 넓다는 것은 흡수한 에너지 양이 많다는 것이다. 인간에 비유하면 잘 인내하는 정도를 나타낸다. 반면, 연성의 경우는 변형률의 값으로 단순 비교한다. 그러므로 '재료-A'의 경우 '재료-B'보다 인성은 크나 연성은 작다. '재료-B'는 '재료-A'보다 연성은 크나 인성은 작다.

인장시험을 하다보면 가끔 인장시험 중에 인장력을 제거(unloading)했다가 다시 인가(loading)하는 경우가 있다. [그림 3-3-6]은 이 경우를 곡선으로 나타냈다. 이 곡선을 통해서 우리가 현장에서 적용해 볼 수 있는 것은 무엇이 있을지 살펴보자. 한번 인장력을 가했다가 제거하고 또 다시 가하면 초기 재료와 비교했을 때 항복강도가 달라지는 것을 알 수 있다.

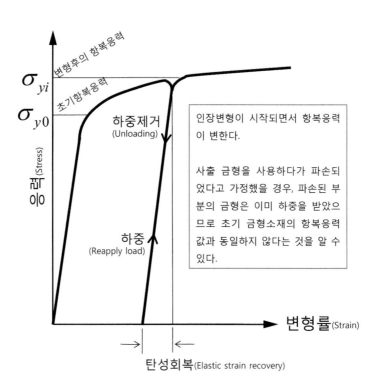

[그림 3-3-6]
가공경화에 의한
항복응력의 증가

변형후의 항복응력

σ_{yi}

초기항복응력

σ_{y0}

하중제거
(Unloading)

응력(Stress)

하중
(Reapply load)

인장변형이 시작되면서 항복응력이 변한다.

사출 금형을 사용하다가 파손되었다고 가정했을 경우, 파손된 부분의 금형은 이미 하중을 받았으므로 초기 금형소재의 항복응력 값과 동일하지 않다는 것을 알 수 있다.

변형률(Strain)

탄성회복(Elastic strain recovery)

예를 들어, 사출금형에 변형문제가 발생했다고 가정해 보자. 변형이 발생한 금형소재에서 발췌한 시험편과 금형 원소재에서 발췌한 시험편의 항복강도는 서로 다른 것을 알 수 있다. 그러므로 문제의 원인을 규명할 때 이러한 사실을 간과하고 단순히 소재의 잘못으로만 취부되어서는 안 된다는 것이다.

다음으로 사출에 주로 사용되는 플라스틱(폴리머) 재료의 응력(stress)과 변형률(strain)곡선을 살펴보도록 하자. 이 거동은 금속과 많은 차이를 보인다.

[그림 3-3-7]은 PMMA(polymethyl methacrylate) 수지에 대한 응력과 변형률 곡선을 나타낸 것이다. 여기서 보면 플라스틱 수지는 작은 온도범위에도 급격하게 물성이 달라지는 것을 볼 수 있다. 또한 50℃ 이상에서 인장시험을 하면 항복강도보다 파단강도가 더 작음을 알 수 있다. 플라스틱 제품을 개발할 때 온도에 따른 민감도를 인지하고, 사용환경에 적합한 수지를 선정해야 한다.

[그림 3-3-7]
온도에 따른
플라스틱의 응력분포

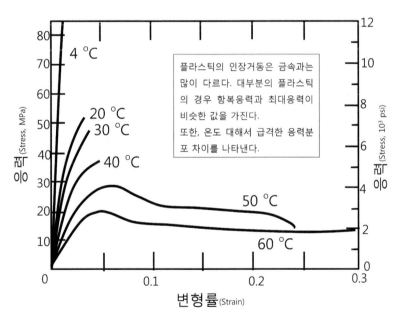

[그림 3-3-8]은 취성, 연성, 고무재료에 대한 응력과 변형률선도를 나타내었다.

[그림 3-3-8]
취성, 연성, 고무의
응력 vs. 변형률 선도

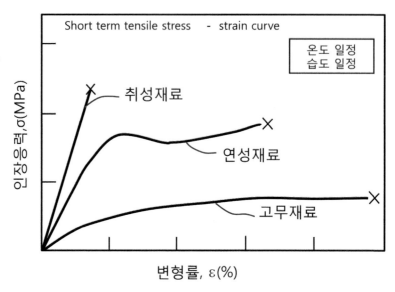

3) 밀도(density)와 강도(strength)의 관계

세상에는 다양한 용도의 재료들이 개발되고 있다. 사출현장에서도 가벼우면서 적절한 고강도를 가지는 재료를 요구할 때가 있다. 플라스틱은 주로 무거운 금속소재 등을 대체하는데 많은 용도가 있다.

[그림 3-3-9]는 강도와 밀도 관계를 나타낸 것이다. 통상 밀도가 높은 것이 강도가 높을 것이라는 일반 통념이다. 그러나 다이아몬드(diamond)의 경우는 밀도가 알루미늄 $2.7g/cm^3$ 보다 조금 크다. 그런데 강도는 알루미늄보다 약 100배 큰 것을 볼 수 있다. 재료를 한눈에 볼 수 있는 좋은 그래프이다.

플라스틱의 밀도가 약 $1.0g/cm^3$이고, 물의 밀도도 유사하다. 엄밀히 말하면 플라스틱의 경우 수지에 따라서 $1.0g/cm^3$에서 가감이 된다. 현장에서 수지종류를 모를 때, 사출물을 물속에 넣어보면 물에 뜨는지 가라앉는지 알 수 있다. 만약 가라앉으면 밀도가 $1.0g/cm^3$ 보다 큰 수지임을 알 수 있다.

PC의 경우는 밀도가 $1.0g/cm^3$ 보다 크기 때문에 정상적인 경우는 물속으로 가라앉게 되어 있다. 휴대폰 케이스가 주로 PC로 되는데 이것을 물에 한번 넣어보면 그 느낌을 알 수 있다. 제품이나 런너를 물속에 넣었는데 반은 뜨고 반은 가라앉아서 비스듬하게 떠 있다고 가정하면 어떤 경우이겠는가? 이 경우는 물에 뜨는 쪽 제품이나 런너 속에 기공 등이 존재하여 부유하게 됨을 추측할 수 있다[그림 3-3-10].

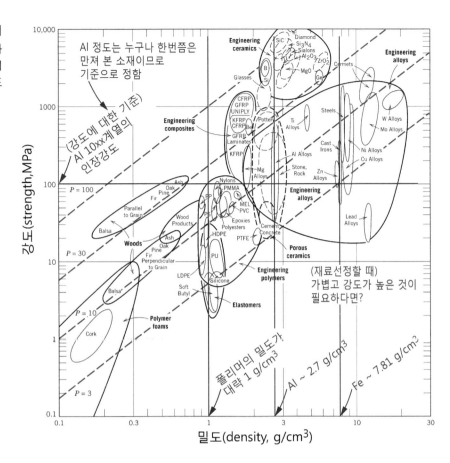

[그림 3-3-9]
강도(strength)와
밀도(density)의
관계를 나타낸 그래프

AI 정도는 누구나 한번쯤은
만져 본 소재이므로
기준으로 정함

(강도에 대한 기준)
AI 10xx계열의
인장강도

Engineering
ceramics

Diamond
SiC
Si3N4
Sialons
Al2O3
MgO
Cermets
ZrO2
Ge
B
Si
Glasses

Engineering
alloys

CFRP
GFRP
UNIPLY
KFRP
CFRP
Ber
GFRP
Laminates
KFRP

Engineering
composites

Potter

Steels

W Alloys
Mo Alloys

Ti
Alloys

Cast
Irons

Ni Alloys
Cu Alloys

Al Alloys

Mg
Alloys

Stone,
Rock

Zn
Alloys

Nylons
PMMA

Ash
Oak
Pine
Fir

Engineering
alloys

$P = 100$

Parallel
to Grain

PP

MEL
PVC

Balsa

PS

Wood
Products

Epoxies
Polyesters

HDPE

Cement
Concrete

Lead
Alloys

Woods

Ash
Oak
Pine
Fir
Perpendicular
to Grain

PTFE

Porous
ceramics

$P = 30$

LDPE

PU

Engineering
polymers

(재료선정할 때)
가볍고 강도가 높은 것이
필요하다면?

Soft
Butyl

Silicone

Elastomers

$P = 10$

Cork

Polymer
foams

Balsa

폴리머의 밀도가
대략 1 g/cm³

AI ~ 2.7 g/cm³

Fe ~ 7.81 g/cm²

$P = 3$

강도(strength, MPa)

밀도(density, g/cm³)

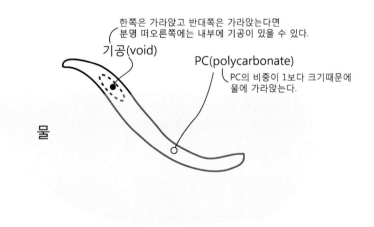

[그림 3-3-10]
고화된 플라스틱
재료[PC의
비중(밀도)]를 통한
재료구분사례

한쪽은 가라앉고 반대쪽은 가라앉는다면
분명 떠오른쪽에는 내부에 기공이 있을 수 있다.

기공(void)

PC(polycarbonate)

PC의 비중이 1보다 크기때문에
물에 가라앉는다.

물

"밀도(density)"

폴리에틸렌(PE) 수지의 측면에서 밀도를 살펴보도록 하자.

밀도는 단위체적당 수지의 중량을 의미하며 폴리에틸렌에서 용융수지와 함께 가장 기본이 되는 물성으로써 가공제품의 물성과 가공조건에 영향을 미친다. 폴리에틸렌의 경우 그 밀도는 0.880~0.972 g/cm^3의 범위에 속한다. 중합방법에 따른 화학적 구조의 차이에 의해 LDPE(고압법), MDPE(고압법), LLDPE(중저압법), HDPE(저압법)으로 분류된다. 폴리프로필렌(PP)의 밀도 범위는 0.89~0.92 g/cm^3로 플라스틱 중 가장 가볍다.

밀도에 가장 큰 영향을 미치는 요소는 폴리머의 결정화도와 분지(branch)수이다. 폴리머의 구조는 금속과 달리 완전한 결정을 이루기 어렵다. 꼬여있거나 뭉쳐져 있는 비결정(무정형, amorphous)부분과 일정한 방향으로 배향되어 있는 결정형(crystalline)부분으로 이루어져 있다.

전체 폴리머 내에 결정화부분이 차지하는 비율을 결정화도라고 한다. 그 결정화도가 수지물성에 미치는 영향은 아래표에 나타난 바와 같이 결정부분의 밀도가 비경정부분의 밀도보다 크므로 결정화도가 클수록 고밀도 값을 갖는다.

또한 밀도는 분지수와 그 크기에 따라서 변하지만 분지수가 많고 그 크기가 클수록 결정을 이루기가 어려워 밀도는 감소한다. 실제로 폴리에틸렌의 경우 탄소원자수 1,000개당 0~50개의 분지를 갖고 그 분지수 범위 내에서 35~90%의 결정화를 갖는다.

[표 3-3-1]
PP/PE의 결정부와
비결정부의 밀도 차이

수지명	수지밀도	결정 밀도	비결정 밀도
PE	0.910 ~ 0.970	1.014	0.850
PP	0.890 ~ 0.910	0.936	0.850

폴리에틸렌의 밀도의 조정방법은 LDPE의 경우 주로 반응기의 운전조건을 변화시켜 조절하고, HDPE와 LLDPE는 주로 중합시 공중합체를 사용하여 조절한다. 후자의 경우는 공중합체 사용으로 짧은 분지를 많이 소유하게 되어 결정화도가 낮고 강성이나 투명성이 크게 향상됨은 물론 분지가 극성을 나타내어 접착성도 향상된다.

4) 파괴(fracture) 문제를 접근할 때

사출금형에서 흔히 문제로 접할 수 있는 것이 금형균열(crack)이다. 이런 문제를 접근할 때 유용하게 사용될 파괴기본이론을 소개한다.

소개하기에 앞서 균열의 정의부터 알아볼 필요가 있다. 현장에서 엔지니어들이 많이 오류를 범해서 사용하는 것이 노치(notch)와 균열(crack)에 관한 용어이다. 노치와 균열은 이들의 선단반경([그림 3-3-11]에서 R)으로 구분한다.

금형이나 구조물에서 균열은 아무리 강조해도 넘침이 없다. 균열은 주로 잘못된 설계 혹은 설계허용범위를 넘어선 가혹한 환경에서 발생한다. 일단 균열이 발생하면 기본역학이 아무런 소용이 없어진다. 균열의 없는 소재의 인장강도나 항복강도 보다 훨씬 낮은 하중에서 파괴가 일어나기 때문이다.

[그림 3-3-11]
크랙선단에서의
응력분포

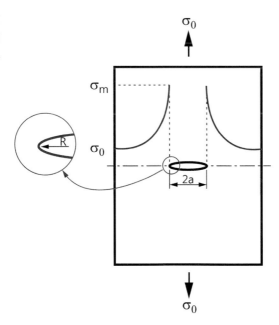

균열이 선단에서 [그림 3-3-11]와 같이 극심한 응력집중(σ_m)현상이 발생한다. 그래서 낮은 외부응력에서도 파괴가 쉽게 일어난다.

이제 현장에서 균열이 발생한 사출금형을 보았을 때 어떻게 문제에 접근하지를 알아보도록 하자.

균열문제를 접근할 때 균열이 발생할 수 있는 모드를 우선 알아야 한다. 균열이 발생할 수 있는 모드는 [그림 3-3-12]에 나타낸 3가지 밖에 없다. 변형에서 4가지 모드를 각각 세분화하여 문제에 접근하듯이, 균열에 있어서도 3가지 모드를 각각 세분화하여 문제에 접근할 필요가 있다. Mode 1은 열림(인장)모드(opening or tensile mode)이고, Mode II는 미끄럼모드(sliding mode) 그리고 Mode III은 전단모드(tearing mode)이다. 균열이 발생한 부분에 각각의 모드를 적용해 보면 결국에서는 복합적인 균열원인이 쉽게 규명된다.

[그림 3-3-12]
파괴의 기본모드
(a) Mode I
(opening or tensile)
(b) Model II
(sliding)
(c) Model III
(tearing)

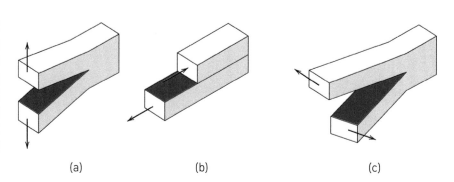

(a) (b) (c)

또한, 엔지니어들이 균열에 대해서 많이 혼돈하고 있는 것들 중에 하나가 있다. 압축하중에서도 균열이 발생한다는 것이다. 위의 3개의 모드에서 보듯이 압축하중이 작용하는 부분에서는 절대로 균열이 발생하지 않는다는 것이다.

[그림 3-3-13]
파단면 형상 및 검사

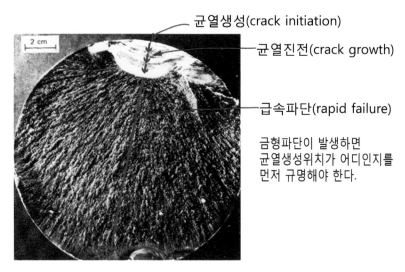

균열생성(crack initiation)

균열진전(crack growth)

급속파단(rapid failure)

금형파단이 발생하면
균열생성위치가 어디인지를
먼저 규명해야 한다.

2 cm

문제를 풀 때 변수를 최소화하는 단계는 매우 중요하다. 이런 변수를 최소화하는 방법 중에 유용한 것이 이론적으로 규명된 규칙들을 살펴보는 것이다.

현장에서 파괴된 금형을 살펴볼 때 우선적으로 봐야 할 것이 균열발생위치를 먼저 살펴야 한다. 균열은 보통 [그림 3-3-13]과 같이 균열이 발생 후 비치마크(beach mark)같은 형상을 그리면서 서서히 진행하다가 일정 시점이 지나면 급격하게 진전되어 파괴에 이른다.

이런 균열을 방지하려면 어떻게 해야 할까? 우선, 금형설계단계로 거슬러 올라가야 한다. 균열을 방지하기 위해서 취할 기술적 행위들은 많지만 그 중에서 반드시 챙겨야 할 것이 있다. [그림 3-3-14]와 같이 반경, 즉 필렛(fillet)을 주는 것이다. 외력이 작용하는 곳에 (a)와 같이 설계하는 것은 파괴역학적인 측면에서는 재앙에 가깝다. 외관에 영향을 주지 않는다면 최대한 필렛(fillet)을 고려하는 것이 합당하다.

[그림 3-3-14]
코너부 설계
(a) 필렛(fillet)이 없는 설계
(b) 필렛이 있는 설계

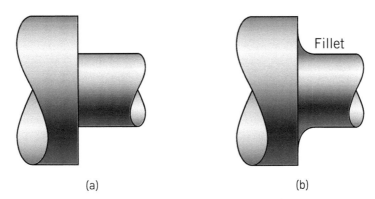

(a)

(b)

[그림 3-3-15]는 굽힘을 받는 보에 코너반경(R)에 따른 응력집중계수(stress concentration factor)를 보여주고 있다. 만약 두께(T)가 1.0mm라고 가정하면 R이 0.0mm일 때와 0.2mm일 때의 차이점은 엄청나다는 것을 알 수 있다.

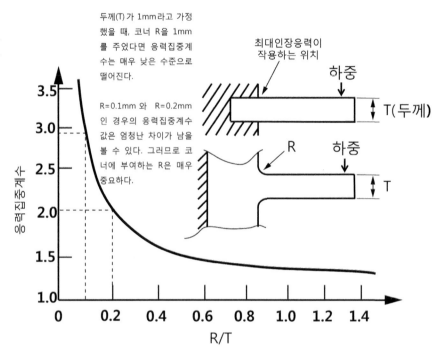

[그림 3-3-15]
코너부 반경에 따른
응력집중계수변화

두께(T)가 1mm라고 가정
했을 때, 코너 R을 1mm
를 주었다면 응력집중계
수는 매우 낮은 수준으로
떨어진다.

R=0.1mm 와 R=0.2mm
인 경우의 응력집중계수
값은 엄청난 차이가 남을
볼 수 있다. 그러므로 코
너에 부여하는 R은 매우
중요하다.

최대인장응력이
작용하는 위치

하중

T(두께)

R

하중

T

응력집중계수

R/T

후공정을 추가하여 물리적으로 피로파괴특성을 향상시키는 방법이 있다. [그림 3-3-16]에 소개한 숏피닝(shot peening)을 활용하면 피로파괴특성을 탁월하게 향상시킬 수 있다. 이것의 용도가 표면의 산화스케일(scale) 제거나 표면조도 향상 측면만 알고 있는 엔지니어들을 많이 볼 수 있다.

[그림 3-3-16]
숏피닝(shot peening)
작업(왼쪽)과 작업이
완료된 터빈
블레이드(오른쪽)

쇼트라고 불리는
작은 금속입자를
고속,고압으로 제
품표면에 투사하
여 표면에 압축잔
류응력을 가하여
피로파괴특성을
개선.

숏피닝이 왜 피로파괴특성을 개선시키는지 알아보자. [그림 3-3-17]에서 보듯이, 강한 재질로 모재를 타격하면 타격을 가한 곳에는 압축잔류응력이 존재하게 된다. 균열은 압축하중 하에서는 발생하지 않는다([그림 3-3-12]에서 3가지의 파괴 기본모드를 참조). 그러므로 인장력에 의한 파괴응력이 작용하더라도 모재 내부의 압축잔류응력 때문에 인장파괴응력에 미치지 못하면 파괴가 일어나지 않는다. [그림 3-3-18]에서는 이러한 현상을 응력분포도로 나타내었다.

[그림 3-3-17]
숏피닝 작업으로
표면에 발생하는
압축잔류응력의 생성

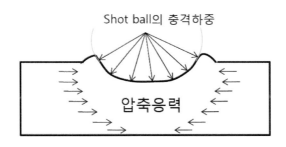

Shot ball의 충격하중

압축응력

[그림 3-3-18]
숏피닝 작업 후에
표면상의
a)압축잔류응력분포와
b) 모멘트를 가했을
경우
표면압축잔류응력의
변화

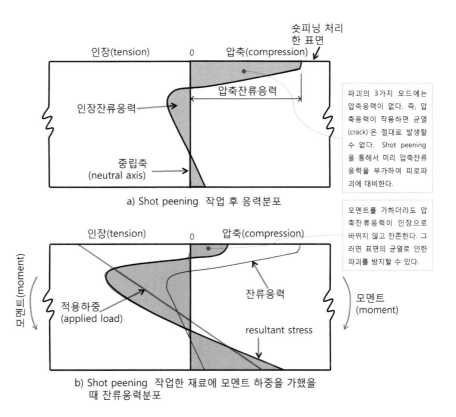

숏피닝 처리
한 표면

인장(tension)　0　압축(compression)

인장잔류응력

압축잔류응력

중립축
(neutral axis)

a) Shot peening 작업 후 응력분포

파괴의 3가지 모드에는 압축응력이 없다. 즉, 압축응력이 작용하면 균열(crack)은 절대로 발생할 수 없다. Shot peening을 통해서 미리 압축잔류응력을 부가하여 피로파괴에 대비한다.

모멘트(moment)

인장(tension)　0　압축(compression)

적용하중
(applied load)

잔류응력

resultant stress

모멘트
(moment)

b) Shot peening 작업한 재료에 모멘트 하중을 가했을
때 잔류응력분포

모멘트를 가하더라도 압축잔류응력이 인장으로 바뀌지 않고 잔존한다. 그러면 표면의 균열로 인한 파괴를 방지할 수 있다.

[그림 3-3-19]는 응력과 피로사이클 수를 나타낸 SN 곡선이다. 모재가 숏피닝한 경우와 일반(normal) 경우의 응력진폭(stress amplitude)은 많은 차이를 보여주고 있다. 그러므로 중요한 부품의 경우에는 숏피닝법을 응용하여 금형부품의 수명을 올리는 방법도 좋을 것 같다.

[그림 3-3-19]
피로수명곡선

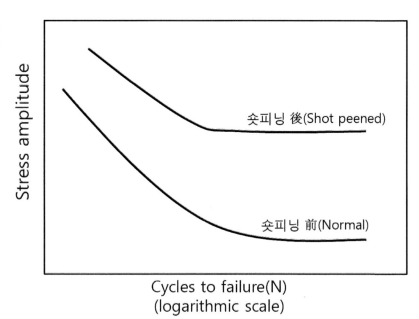

참고

"응력진폭(stress amplitude)"

응력진폭(stress amplitude, σ_a)은 다음과 같이 나타낼 수 있다.

$$\sigma_a = \frac{\sigma_{max} - \sigma_{min}}{2}$$

여기서, σ_{max}는 최대응력(maximum stress), σ_{min}는 최소응력(minimum stress)

참고로, SN 곡선을 대표적인 재료별로 살펴보면 [그림 3-3-20]과 같다.

각 재질별로 피로파괴 특성곡선이 차이가 남을 알 수 있다. 즉, 1045 steel의 경우는 응력진폭(stress amplitude)가 300 MPa 이하면 피로사이클 수(N)가 증가하더라도 영구적으로 파괴가 일어나지 않는다. 하지만 2014-T6 알루미늄 합금의 경우와 황동(red brass)의 경우는 다소 다른 특성을 보이고 있다. 단순히 정적인 상태의 인장강도가 높다고 피로파괴특성이 모두 좋은 것은 아니다. 그러므로 금형과 같은 피로응력을 받는 부품의 경우 새로운 재료를 접목하기 전에 피로파괴특성을 살펴볼 필요가 있다.

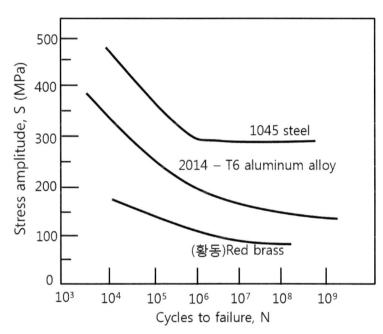

[그림 3-3-20]
재료에 따른
피로수명곡선 비교

5) 경도(hardness)

사출현장에서 엔지니어들이 경도에 대해 오류를 많이 범한다. 금형재질에서는 주로 HRC(Rockwell hardness test, scale C) 경도를 많이 활용한다.

그러다 보니 자연스럽게 플라스틱 사출제품에도 HRC 경도를 적용하려고 하는 오류를 범한다. 경도의 대표적인 종류와 사용범위에 대해서 [그림 3-3-21]에 나타내었다.

경도는 각각 측정범위를 가지고 있으므로 용도에 맞게 적절한 측정방법을 선택해야 한다. 또한 현장에서 잘 사용하는 경도의 경우는 자기만의 기준을 기억할 필요가 있다. 기억된 기준과 상응하는 다른 경도표기법의 값도 동시에 기억해 두면 현장에서 문제에 접근하기가 한결 쉬워진다. 예를 들면, 로크웰경도 HRC

40을 기준으로 용도와 경험을 가지고 있을 경우 문헌이나 기술적인 토론을 할 때 자기만의 기준경도를 통해서 다른 경도를 판단 및 평가할 수 있다. 또한, HRC 40이 브리넬 경도로 HB 370 정도라는 사실을 기억해 두면 현장에서 환산할 필요 없이 즉석에서 문제를 직시할 수 있다.

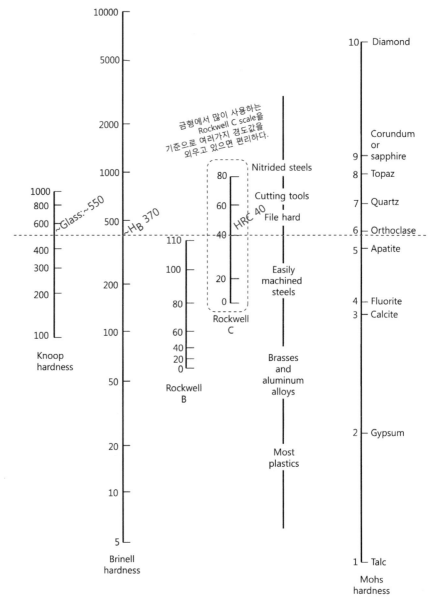

[그림 3-3-21]
경도 그래프

참고

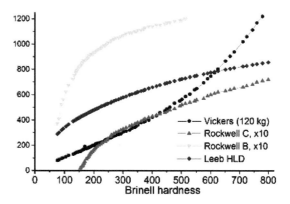

"경도비교그래프(hardness comparison graph)"

경도비교는 선형적으로 변화하지 않는다. 낮은 경도에서는 서로 많은 변화를 보인다. 여기서, 'Rockwell C, x10'라는 의미는 세로축 경도값에 10을 곱했다는 뜻이다. 즉, HB 400 정도는 HRC 43, HRB 114로 읽으면 된다.

[출처 : Wikipedia]

CHAPTER

04

고분자 재료

고분자 재료

4.1 고분자의 성질과 종류

1) 고분자(플라스틱)란?

고(高)분자로 알려져 있는 플라스틱 재료는 의미 그대로 많은 분자들로 구성되어 있다. 분자의 구성은 고분자 재료의 기본적인 성질을 결정한다. 고분자는 모노머(monomer)라는 비교적 간단한 단위로부터 화학적인 중합공정을 통해 만들어진다. 상업적으로 사용되는 대부분의 폴리머는 가소성 등과 같은 특수한 기능을 부여할 목적으로 가소제, 안정제, 충전제 및 다른 첨가제와 함께 사용한다. 고분자 재료는 열가소성과 열경화성으로 나눈다. 열가소성 수지는 다시 결정성, 비결정성, 액정 고분자로 분류된다.

2) 고분자의 제조

고분자는 분자간의 상호작용이나 중합과정을 통하여 분자나 모노머(monomer)가 연속된 사슬형태의 구조를 갖는 집합체이다. 모노머 또는 단량체는 고분자 물질을 이루는 기초단위이다. 분자는 탄소(C)원자와 다른 원소들 간의 공유결합으로 연결되어 있다. 탄소는 주로 수소(H), 질소(N), 산소(O), 불소(F), 실리콘(Si), 황(S) 그리고 염소(Cl) 등과 연결을 이룬다. 가장 단순한 형태의 모노머는 에틸렌(ethylene)이다[그림 4-1-1].

고분자를 합성하는 방법 중 하나는 단분자를 계속 연결시켜 주어 분자량을 늘려가는 것이다. 열과 압력이 가해지는 상태에서 촉매에 의하여 단분자가 연속해서 결합하게 된다. 안정된 상태에서는 에틸렌의 탄소원자가 이중결합을 유지하지만 중합관에서는 풀어져 다른 에틸렌과 결합한다. 이처럼 이웃한 분자 또는 단량체 (모노머, monomer)가 아주 많이 결합한 결과로 고분자 물질이 생성된다. 이 과정을 중합(polymerization)이라고 하며, 고분자의 종류에 따라 여러 가지 중합방법이 사용된다.

[그림 4-1-1]
중합(polymerization)을 통한 고분자의 형성(Polyethylene)

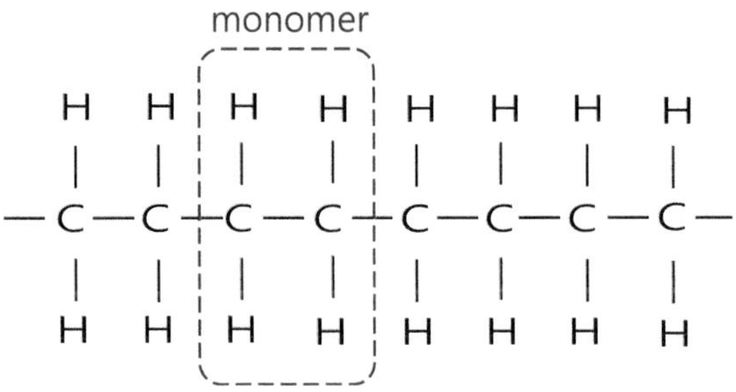

[그림 4-1-2]
Polyethylene의 zigzag backbone 분자 구조

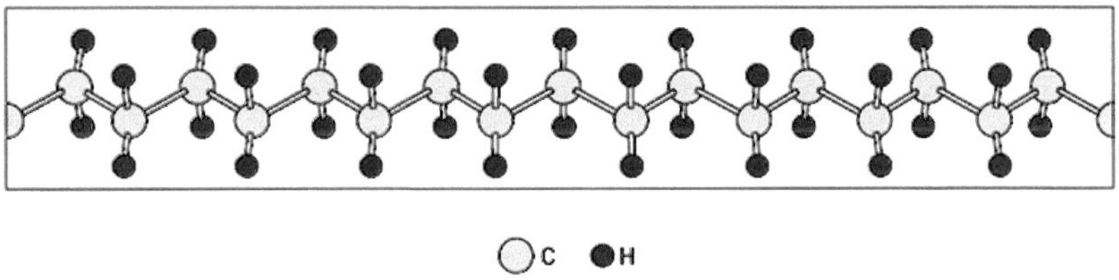

◯ C ● H

[그림 4-1-3]
다양한 폴리머의 모노머와 체인 구조

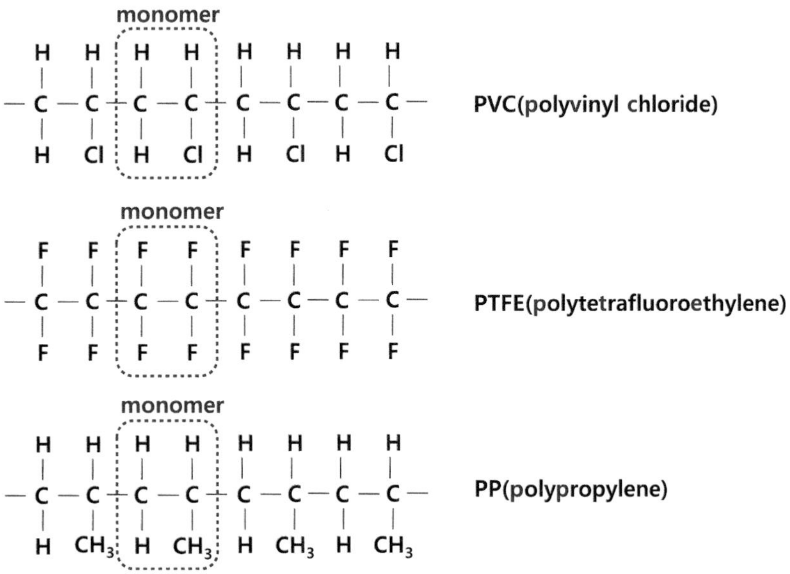

PVC(polyvinyl chloride)

PTFE(polytetrafluoroethylene)

PP(polypropylene)

에틸렌 모노머의 수소 한 개를 염소(Cl)로 치환하면 염화비닐(vinyl chloride)이 되고, 이를 중합하면 PVC(polyvinyl chloride)가 만들어진다. 네 개의 수소 모두를 불소(F)로 치환시킨 모노머를 중합하면 불소수지(PTFE, polytetrafluoro-ethylene)를 제조할 수 있다[그림 4-1-3].

고분자는 같은 성질의 모노머를 계속 결합시키거나 서로 다른 모노머를 일정단위나 연속해서 교대로 결합시키는 방법으로 다양한 성질을 갖는 물질을 중합한다.

3) 고분자의 구조

고분자 체인은 비교적 느슨한 결합의 선형구조와 교차점에서 화학적으로 강하게 결합된 그물구조가 있다. 가지를 가진 선형 분자체인은 열에 의하여 쉽게 결합이 해제되었다가 냉각되면서 고화가 이루어진다.

[그림 4-1-4]
열가소성과 열경화성
수지의 분자체인 구조
(a) 열가소성
(thermoplastic)
(b) 열경화성
(thermoset)
(c) 열가소성
(d) 열경화성

> 가교결합 된 고분자 사슬은 자유롭게 움직이지 못함 → 높은 치수 안정성 → 열에 녹지 않음 → 유동성 없음 → 성형에 사용불가 → 용매에 녹지 않고 팽윤(swelling) 만 됨.
> 가교결합이 생성되기 전의 열경화성 수지는 사출이 가능함.
> 공유결합으로 연결됨.

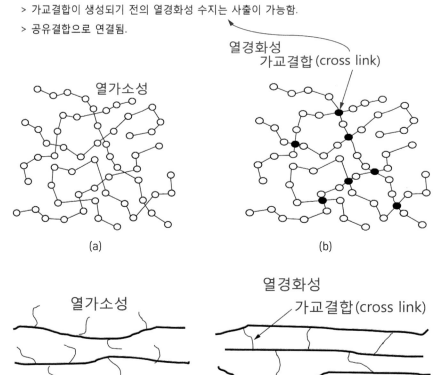

열가소성 수지는 가열과 냉각을 통하여 액체에서 고체로의 물리적인 상변화를 반복적으로 보여주며 원하는 형태로 형상화할 수 있어 공업적으로 널리 사용된다. 반복적인 상변화는 제품을 재사용할 수 있음을 의미한다. 그러나 반복되는 열과 전단에 의한 응력은 분자결합을 영구히 해제하여 재료의 분자량을 감소시키는 원인이 된다. 분자량의 감소는 재료의 물리적, 기계적 성질을 후퇴시키기 때문에 반복 사용의 횟수가 제한된다.

열경화성 수지는 일정한 온도에 도달하면 화학적 반응을 수반하여 가교결합(cross linking)을 이루게 된다. 열가소성 수지의 분자체인(molecular chain)이 직선이나 직선에 가지(branch)를 갖는 단순한 결합인데 반하여 열경화성 수지는 3차원 그물구조(network structure)를 가지고 있으며 그물의 연결부는 강하게 결합되어 있다[그림 4-1-4].

[그림 4-1-5]
(a) linear
(b) branched
(c) crosslinked
(d) network(three-dimensional)
분자구조

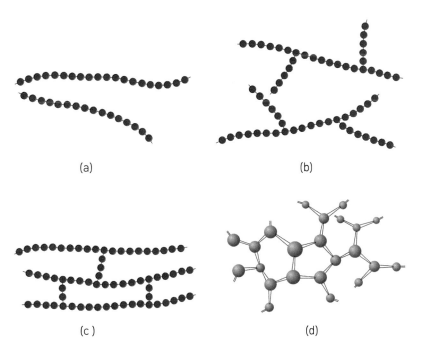

(a)

(b)

(c)

(d)

열가소성과 열경화성 수지의 일반적 성질을 [표 4-1-1]에 나타내었다.

[표 4-1-1]
열가소성과 열경화성
수지의 일반적 성질

구 분	열가소성 수지	열경화성 수지
열에 대한 반응 특성	1) 직선 또는 가지 분자구조 2) 분자들 간의 화학결합 없음 3) 재사용 가능(자유로운 상변화)	1) 가교 및 그물 분자구조 2) 분자들 간의 화학결합 3) 재사용 불가
일반적인 물성	1) 쉬운 가공공정 2) 복잡한 설계에 적합	1) 기계적 강도 우수 2) 치수 안정성 우수 3) 열과 수분에 대한 높은 저항성

4) 고분자 재료의 분류

플라스틱은 양산성, 경량성, 전기절연성, 녹슬지 않은 성질 등 타소재보다 우수한 성질을 가지고 있어 기존 소재의 대체는 물론, 많은 신규용도도 개척하여 현재는 소재로서의 입지를 확고히 하고 있다. 그 응용분야는 일용잡화품에서부터 자동차, 전기전자분야, 기계부품, 화학장치 및 첨단산업인 항공우주산업에 이르기까지 폭넓게 활용되고 있으며, 그 종류도 다양하다. [그림 4-1-6]은 일반적인 플라스틱의 분류이다.

[그림 4-1-6]
일반적인 플라스틱의
분류

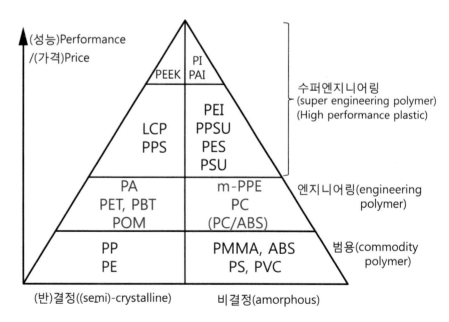

기본적인 성질과 기능 또는 용도에 따라 여러 가지 방법으로 분류된다.
용도에 따라서는 범용수지(commodity polymer)와 엔지니어링 수지(engine-ering polymer)로 나뉜다. 엔지니어링 수지는 위의 그림과 같이 엔지니어링 수지(1그룹)와 수퍼엔지니어링 수지(2그룹)로 나뉜다.

(1) 열가소성 수지

열가소성 수지는 전체 고분자 제품의 70% 이상을 차지한다. 성형과 재사용이 쉽고 다양한 성질을 가지고 있다.

범용수지(commodity polymer)는 내열성, 기계적 강도가 금속에 비해 불충분하기 때문에, 그 사용량은 많지만, 소재로서의 사용영역에는 한계가 있다. 따라서 이러한 특성을 향상시켜 적극적으로 금속을 대체할 수 있도록 개발한 수지가 있으며, 이것들을 엔지니어링(engineering) 플라스틱이라고 부르고 있다. 최근 엔지니어링 플라스틱의 사용분야가 넓어지면서 수요가 크게 신장되고 있으며, 또한 새로운 수지들이 개발, 시판되어짐에 따라 산업계의 주목을 받고 있다.

엔지니어링 플라스틱의 시장 상황을 살펴보면 5대 EP(PA, POM, PC, PBT, PET)를 중심으로 안정적 성장을 하고 있다. 그러나 산업이 고도화됨에 따라 고분자 소재에 있어서도 내열성, 내화학성 등의 고기능을 요구하는 분야가 증가하고 있다. 특히 자동차, 전기전자 부품의 소형화, 경량화 및 고성능화 추세에 따라 내열성, 내화학성, 고강도의 특성을 지닌 소재가 요구되고 있다. 이러한 요구에 따라 세계적으로 기존 엔지니어링 플라스틱의 성능을 뛰어넘는 고기능성을 지닌 고분자 소재의 개발이 활발하게 진행되고 있으며, 그 중에서도 내열성, 내화학성, 난연성 및 기계적 물성에서 우수한 특성을 갖는 고분자 소재로서 수퍼 엔지니어링 플라스틱에 대한 수요가 커지게 되었다.

70~80년대 수퍼 엔지니어링 플라스틱은 뛰어난 내열성, 내화학성, 내마모성 및 기계적 물성을 가진 최적의 소재이기는 하지만 고가의 문제와 수요를 충당하기에는 생산능력이 부족한 실정이었다. 그러나 90년대 접어들면서 고가의 수퍼 엔지니어링 플라스틱에 대한 수요가 증가함에 따라 시장 규모 및 생산 능력이 해마다 증가하였다. 현재 세계적인 기업들은 더욱 고기능화된 새로운 수퍼 엔지니어링 플라스틱 종류를 경쟁적으로 선보이고 있다. 그 중 가장 대표적인 PPS, LCP, PI, PEEK, Sulfone계를 중심으로 한 '5대 수퍼엔지니어링 플라스틱'이 그 대표 소재이다.

- 범용 수지(commodity polymers) : HDPE, LDPE, PP, PS, PVC, ABS, PMMA
- 엔지니어링 수지(engineering polymers) : POM, PA, PC, MPPO, PBT/PET
- 수퍼(특수) 엔지니어링 수지 : PEEK, PSU, PI
- 특수 목적의 수지 : COP, PPA, LCP

(2) 열경화성 수지

열경화성 수지는 성형 중에 일정한 온도에 도달하면 가교결합(cross linking)이 발생하여 3차원 망목구조의 매우 견고한 형태를 가지게 된다. 결합이 이루어지는 수지는 특별한 목적 외에는 사용이 제한적이다. 높은 신뢰성이 요구되는 반도체 사출(encapsulation) 공정이나 내화학성 또는 내열성이 요구되는 제품에 사용된다.

[그림 4-1-7]
반도체 사출에
사용되는 열경화성
수지의 예
(a) 마이크로칩 구성도
(b) 마이크로칩
인캡슐레이션
(encapsulation) 사출

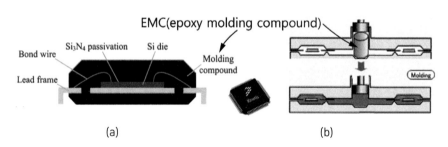

주로 사용되는 열경화성 수지는 다음과 같다.
멜라민(melamine), 실리콘(silicon), 불포화 폴리에스터(unsaturated polyester), 에폭시(epoxy), 페놀(phenol), EMC(epoxy molding compound, 반도체 사출에 사용 : 에폭시 수지에 무기충전재를 혼합한 것) 등이 있다.

(3) 비결정성(amorphous)과 결정성(crystalline) 수지

열가소성 수지는 비결정성과 결정성 수지로 구분된다. 분자가 임의로 배열되어 있는 비결정성 수지와 분자의 일부가 규칙적으로 정렬되어 주변에 강한 결합이 생기는 결정성 수지는 각각의 분자구조로 인하여 전혀 다른 특성을 보여준다.

(반)결정성(semicrystalline)은 비결정성(amorphous) 수지보다 고화가 되었을 때 수축률이 비교적 더 크게 나타난다. 그것은 위에 그림을 이용하여 설명 가능하다. 결정성 수지의 경우 고화되면서 결정구조로 변화가 생긴다. 이 과정에서 비결정성 수지보다 더 많이 수축한다.

[그림 4-1-8]
열가소성 폴리머에서
결정 및 비결정
구역의 공존
(반결정성 폴리머,
Fringed-micelle
model)

고(高)결정
(high crystallinity) 구역
비결정(amorphous) 구역

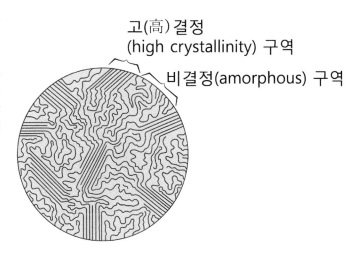

[그림 4-1-9]
용융(melt)상태와
고화(solid)된 상태의
분자구조의 개략적
비교

용융
(Melt)

고화
(Solid)

반결정성
(Semicrystalline)

비결정성,비정질
(Amorphous)

Tg(유리전이온도)와
Tm(용융온도)가 공존
한다.

결정성
(Tm 존재)

비결정성
(Tg 존재)

[표 4-1-2]
폴리머 재료의
용융(melting) 및
유리전이(glass
transition) 온도

수지명	유리전이온도(Tg, Glass transition temp.) [℃]	용융온도(Melting temp.) [℃]
LDPE (polyethylene, low density)	−110	115
PTFE (polytetrafluoroethylene, Teflon)	−97	327
HDPE (polyethylene, high density)	−91	137
PP (polypropylene)	−18	175
PA (Nylon 6,6)	57	265
PVC (polyvinyl chloride)	87	212
PS (polystyrene)	100	240
PC (polycarbonate)	150	265

[표 4-1-3]
결정성 수지와
비결정성 수지의
종류와 비교

구분	비결정성 수지	(반)결정성 수지
범용 수지	1) ABS(Acrylonitrile Butadien Styrene) 2) PMMA(polymethyl methacrylate, Acrylics) 3) PS(Polystyrene) 4) PVC(Polyvinyl Chloride) 5) SAN(Styrene Acrylonitrile)	1) HDPE(High Density Polyethylene) 2) LDPE(Low Density Polyethylene) 3) PP(Polypropylene)
엔지니 어링 수지	1) PC(Polycarbonate) 2) PPO(Polypenyleneoxide)	1) PA(Polyamide, Nylon) 2) POM(Polyoxymethylene, Acetal) 3) PBT(Polybutylene Terephthalates)
분자 구조	1) 유동상태 : 임의의 분자배향 2) 고체상태 : 임의의 분자배향	1) 유동상태 : 임의의 분자배향 2) 고체상태 : 밀집된 결정이 생성

열적
성질
	1) 녹는점(T_m)이 없음
	2) 유리전이온도(T_g) 존재
		1) 녹는점(T_m)이 명확함
		2) 유리전이온도(T_g)
		  - 결정성은 없음
		  - 반결정성은 T_g, T_m 공존

일반 특성	1) 기본적으로 투명 2) 낮은 화학적 저항 3) (성형시) 낮은 체적수축 4) 낮은 강도 5) 높은 점성	1) 불투명 또는 반투명 2) 뛰어난 화학적 저항 3) (성형시) 높은 체적수축 4) 높은 강도 5) 낮은 점성
pvT		

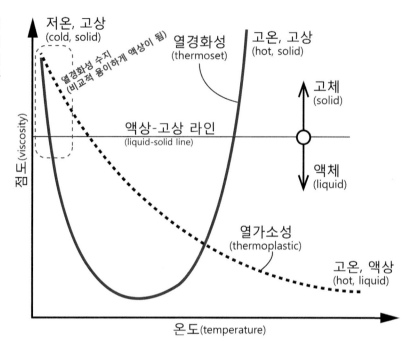

[그림 4-1-10]
열가소성과 열경화성
수지에 대한 온도에
따른 점도의 거동

참고로, 열가소성과 열경화성 수지에 대한 온도에 따른 점도의 거동을 [그림 4-1-10]에 나타내었다. 열가소성은 온도가 증가할수록 점도는 지속적으로 감소한다. 하지만 열경화성 수지는 초기온도에서는 점도가 열가소성수지보다 훨씬 용이하게 감소하여 성형이 가능한 수준으로 된다. 하지만 일정수준의 온도가 증가하면 점도가 급격히 증가한다.

4.2 pvT 선도를 활용한 수축(shrinkage) 분석

사출에서 수축률을 정확히 예측한다는 것은 사실상 불가능하다. 이유는 재료 및 사출에서 많은 변수들이 존재하기 때문이다. 이러한 변수들이 서로 합쳐지면 경우의 수가 엄청나기 때문에 이러한 것을 정확하게 계산상으로 예측한다는 것은 힘들다. 수축은 재료적인 측면과 사출공정적인 측면으로 크게 고려할 수 있다. 두 측면을 공통으로 고려하는데 유용하게 사용되는 것이 수지(재료)의 pvT곡선 이다.

수지의 종류는 대분류 측면에서는 한정적으로 결정지을 수 있지만 세부적으로 들어가면 무한히 파생될 수 있다. 이렇게 파생된 수지를 모두 안다는 것은 불가능하며 또한 각각의 수지 특성이 모두 다르다. 업체별로 주로 사용하는 수지 종류가 한정되어 있어 그나마 엔지니어들의 고민을 덜어준다.

재료를 구입할 때 각 재료에 대해서 pvT곡선을 획득할 수 있다. [그림 4-2-1]에서는 비결정성과 결정성 수지에 대한 pvT곡선 유형을 나타내었다. (a) 비결정성 수지는 T_g(유리전이온도)만 존재하고, (b) 결정성 수지는 T_m(용융온도)만 존재한다. 또한, 형내압이 증가하면서 T_g와 T_m이 모두 증가하는 것을 알 수 있다. 이것으로 유추할 수 있는 것은 대기압 중에 있는 수지와 사출할 때 수지의 T_g와 T_m이 다르다는 것이다. 수축률 측면에서 보더라도 결정성 수지의 ΔV_2(수축량)가 비결정성 수지의 ΔV_1보다 일반적으로 크다는 것을 알 수 있다.

사출공정압력(형내압)이 증가하면 T_g와 T_m이 증가하는 것을 볼 수 있다. 이것은 사출할 때 형내(cavity)에서는 대기압과 다른 T_g와 T_m 경향을 보여준다는 것을 인식할 필요가 있다.

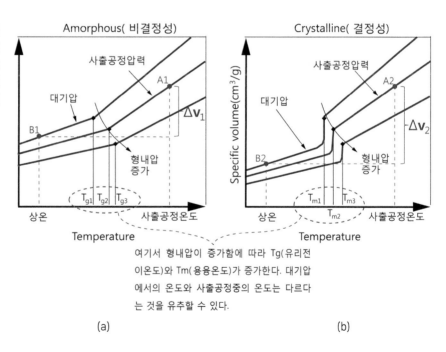

[그림 4-2-1]
비결정성 및 결정성
수지의 수축률 비교
(a) 비결정성 수지
(b) 결정성 수지

여기서 형내압이 증가함에 따라 Tg(유리전
이온도)와 Tm(용융온도)가 증가한다. 대기압
에서의 온도와 사출공정중의 온도는 다르다
는 것을 유추할 수 있다.

(a)　　　　　　　　　　　　　(b)

[그림 4-2-2]은 비결정성, 반결정성 그리고 결정성 수지에 대한 pvT 곡선을 나타내었다. 반결정성의 경우는 T_g(유리전이온도)와 T_m(용융온도)이 공존한다. 대부분의 수지는 반결정성 수지인 경우가 많다.

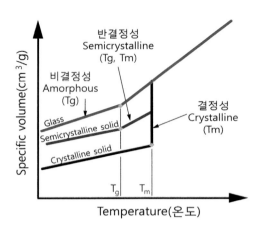

[그림 4-2-2]
비결정, 반결정 및
결정성 수지에 대한
냉각에 따른 pvT
곡선

[그림 4-2-3]
금형내압의 변화를
pvT선도에 도시하여
수축(shrinkage)의
예측

사출압력이력(pressure history)

Filling(충전) Packing(보압) Cooling(냉각) Ejection(취출)

충전완료

게이트 고화

수축완료

사출온도 도달
(280°C)

대기압 상태
도달

취출온도
도달

PC (Polycarbonate)

수축량
(Shrinkage)

1atm ~ 1 bar

500 bar

1000 bar

T_{g1} T_{g2} T_{g3}

Temperature(°C)

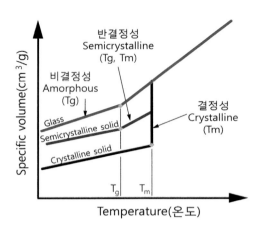

게이트를 통과한 용융수지가 캐비티(cavity)내에 충전될 때 압력변화에 대해서 살펴보도록 하자. [그림 4-2-3]에 충전, 보압, 냉각, 취출 과정을 거치면서의 압력변화를 나타내었다. 또한 각 압력의 변화를 pvT선도 위에 도시하였다. 이를 통해서 수축량(shrinkage)을 유추할 수 있다. 수축은 재료 고유의 특성도 있지만 어떤 사출공정을 거치느냐에 따라서도 수축량이 많이 달라질 수 있으므로, 사출 엔지니어는 사용하는 수지에 대해서 해박한 지식을 축적하고 있어야 한다.

[그림 4-2-4]는 캐비티 근처와 말단(끝부분)에 압력센서를 연결하고 형내압을 측정한 것이다. 압력센서의 위치에 따라서 압력분포와 수축량 S1, S2가 서로 달라짐을 알 수 있다.

[그림 4-2-4]
캐비티 위치에 따른
압력분포와 수축의
변화

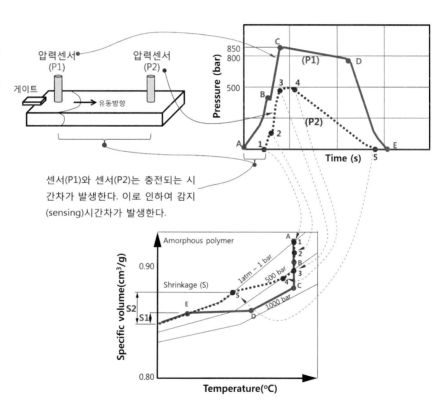

센서(P1)와 센서(P2)는 충전되는 시
간차가 발생한다. 이로 인하여 감지
(sensing)시간차가 발생한다.

4.3 성형수축

사출성형은 가열되어 액체 상태인 고분자 재료를 금형 내에 충전한 후 열전달에 의하여 빠르게 냉각되어 고화되는 과정이다. 열가소성 수지는 가열되어 부피가 팽창하고 금형 내에서 냉각되면서 부피가 다시 수축하게 된다. 체적(부피) 수축은 팽창과정과 일치하지 않는다. 즉, 냉각속도에 따라 부피 수축률은 변화한다.

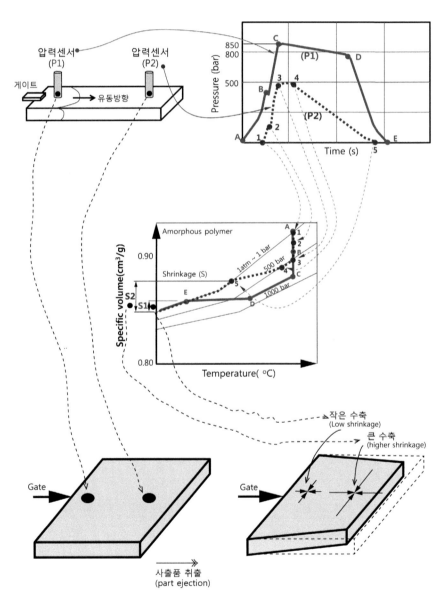

[그림 4-3-1]
캐비티 내의
압력변화에 따른 수축
분석

1) 열적요인에 의한 체적수축

성형수축 발생요인 중 가장 기본적인 것으로, 용융수지가 냉각되면서 재료의 pvT 특성에 의하여 체적이 수축된다[그림 4-3-1]. 물론 체적수축률은 냉각속도와 압력에 따라 달라진다. 일반적으로 고속으로 냉각될수록, 고압 하에서 냉각될수록 체적수축률은 작다. 따라서 성형품의 두께편차가 심하거나 영역에 따라 금형 온도편차가 심하면 냉각속도 차이가 발생하여 수축률 편차가 발생하며, 두께와 금형온도가 일정해도 압력을 불균일하게 받으면 역시 수축률 편차가 발생한다.

2) 결정화에 의한 수축

결정성 수지의 경우 결정화 온도(Tc) 이하로 냉각되면 결정화를 시작하고, 결정화에 의하여 체적수축률이 커진다. 그러나 이것도 마찬가지로 고속으로 냉각이 이루어지면 결정핵을 생성할 충분한 시간이 주어지지 않아 결정화도는 낮아지고 따라서 체적수축률도 감소한다.

3) 탄성회복

플라스틱 수지는 압축성을 가진다. 따라서 성형압력으로부터 해방될 때, 성형품이 고온이면 압축되기 전 상태로 되돌아가려고 하는 탄성회복이 일어나, 성형품의 체적이 팽창하는 쪽으로 변해 열적수축에 의한 성형수축이 일부를 상쇄하게 된다. 이와 같은 탄성회복은 압축성이 크고 압력이 높게 작용할수록 증가하는 경향이 있다.

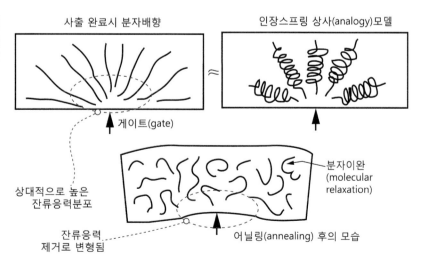

[그림 4-3-2] 어닐링 후 탄성회복에 따른 사출품 변형

4) 분자배향에 의한 수축

용융상태의 플라스틱 수지는 캐비티로 충전되면서 전단변형에 의하여 흐름방향으로 배향이 강하게 형성된다. 냉각과정에서 배향성이 일부 완화되어 정렬되었던 분자가 원래 상태로 되돌아가려는 성질이 있는데 이로 인하여 수축이 발생한다. 따라서 일반적으로 성형품은 흐름방향으로 수축률이 직각방향의 수축률보다 크다. 그러나 [그림 4-3-3]의 (b)와 같이 방향성을 가지는 첨가제가 포함된 복합재료에서는 (유리)섬유가 수축에 저항하기 때문에 오히려 배향방향의 수축이 배향 반대방향의 수축보다 작아진다.

[그림 4-3-3]
일반수지와 복합재료의 분자배향에 따른 수축량의 비교
(a) 일반수지
(수축량 : $S_T < S_L$)
(b) 복합재료
(수축량 : $S_T > S_L$)

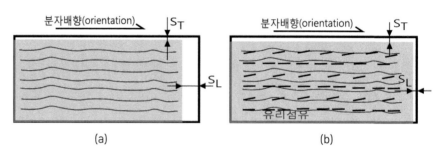

5) 성형 수축률

고화에 따른 수축에 의하여 금형 캐비티 내에서 성형된 제품은 거의 대부분 캐비티의 치수보다는 작다. 따라서 금형의 캐비티를 가공할 때는 항상 제품 수축률을 고려해야 한다.

성형수축은 수지의 특성이나 성형조건에 따라 큰 차이가 난다. 일반적으로 비결정성 수지는 3/1,000~5/1,000(0.3%~0.5%), 결정성 수지는 10/1,000~20/1,000 (1%~2%) 정도이다.

$$S = \frac{(M_D - P_S)}{M_D} \times 100(\%)$$

$$P_S = M_D \left(1 - \frac{S}{100}\right)$$

$$M_D = \frac{P_S}{\left(1 - \frac{S}{100}\right)}$$

S   : 성형수축률(%)

M_D : 상온에서의 금형의 치수(mm)

Ps   : 상온에서의 성형품(제품)의 치수(mm)

계산 예 제품 치수가 100mm이고, 수지는 일반적인 ABS 수지(수축률 : 0.5%)인 경우의 금형치수를 구하면 다음과 같다.

금형치수, $M_D = 100/[1-(0.5/100)] = 100.5$mm

[그림 4-3-4]
수축률에 영향을
미치는 인자들

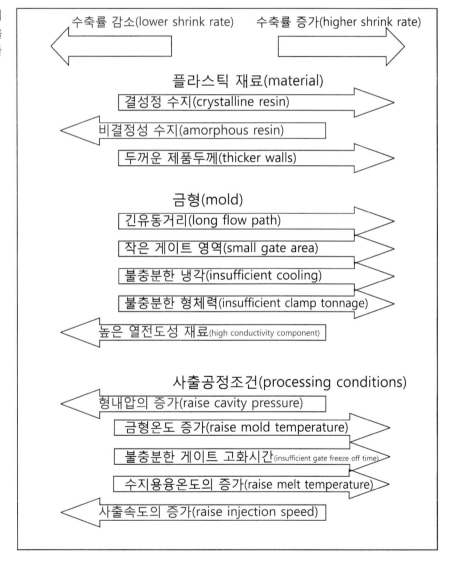

[그림 4-3-5]는 사출 후 시간경과에 따른 수축변화를 살펴보았다. 보압시간에 따라서 수축량이 달라지며, 사출 후 30일까지 수축이 발생하고 이를 지난 시점부터는 수축이 둔화되지만 60일까지도 지속적으로 수축됨을 알 수 있다.

[그림 4-3-5]
사출 후 시간경과에
따른 수축변화

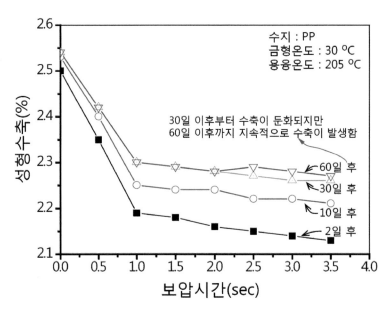

[표 4-3-1]
수지별 성형 수축률

성형재료			충진재 (강화재)	성형수축률 (%)
열가소성수지	결정성	PE	저밀도		1.5~5.0
		PE	중밀도		1.5~5.0
		PE	고밀도		2.0~5.0
		PP			1.0~2.5
		PP		GF(유리섬유)	0.4~0.8
		PA(NYLON)	나일론(6)		0.6~1.4
		PA(NYLON)	나일론(6/10)		1.0
		PA(NYLON)	나일론	GF 20~40%	0.3~1.4
		POM			2.0~2.5
		POM		GF 20%	1.8~2.8

성형재료				충진재 (강화재)	성형수축률 (%)
열가소성수지	비결정성	PS	일반용(GPPS)		0.3~0.6
		PS	내충격용(HIPS)		0.3~0.6
		PS		GF 20~30%	0.1~0.2
		AS			0.2~0.7
		AS		GF 20~30%	0.1~0.2
		ABS	내충격용		0.3~0.8
		ABS		GF 20~40%	0.1~0.2
		PMMA	아크릴		0.2~0.8
		PC			0.5~0.7
		PC		GF 10~40%	0.1~0.3
		PVC	염화비닐수지(경질)		0.1~0.5
		CA	셀룰로우스, 아세테이트		0.3~0.6

4.4 열적 특성(thermal properties)

플라스틱 수지가 금형 내에 사출되면 그 수지는 충전, 보압, 냉각 과정에서 비열 (C_p)과 열전도도(k)에 의하여 유동선단의 온도 및 고화시간이 결정된다.

1) 비열(specific heat, C_p)

비열은 앞에서 다루었지만 한번 더 기억을 돕는 측면에서 언급하도록 하겠다. 비열용량(比熱容量, specific heat capacity) 또는 비열은 단위질량의 물질을 1도 높이는데 드는 열에너지를 말한다. 비열은 물질의 종류에 따라서 결정되는 상수 이며, 밀도라든가 저항률 등과 같이 물질의 성질을 서술하는 데 중요한 물리량 이다. 1g의 물의 온도를 1K만큼 올리는 데 필요한 열량은 1cal이므로 물의 비열 은 1이 된다. 그러나 비열은 단순한 숫자가 아니라 단위를 갖는 양이다. 1g을 1K 올리는 데 필요한 칼로리수가 비열이므로 비열의 단위는 cal/g·K이다. 따라 서 정확하게 말하면 물의 비열은 1cal/g·K가 된다. 예를 들어 황동의 비열은

0.091cal/g·K이므로 15g의 황동으로 된 물체의 온도를 100K 올리는 데 필요한 열량은 15×0.091×100≒137(cal)가 된다. [그림 4-4-1]에서 비열의 단위는 칼로리(cal) 대신 주울(J)로 표기되어 있다. 여기서, 1cal는 4.1805J이다.

비열이 크다는 것은 냉각과 가열에 의한 열량 변화에 따라 그 수지의 온도 변화가 크지 않다는 의미이다.

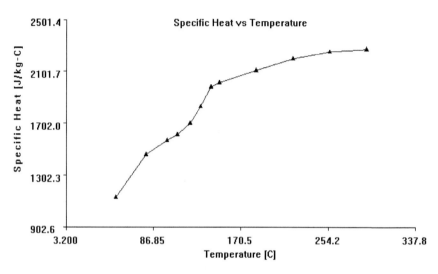

[그림 4-4-1]
비열(specific heat)-
온도(Temperature)
그래프

[표 4-4-1]
물질에 따른
비열의 차이
(1cal=4.1805J)

물 질	비열 (cal/g·K)	물 질	비열 (cal/g·K)
물	1	얼음	0.5
구리	0.0924	나무	0.41
철	0.107	유리	0.2
은	0.056	알코올	0.58
금	0.0309	수은	0.033
납	0.0305	알루미늄	0.215
금강석	0.121	납	0.0309
염화나트륨	0.206	황동	0.091
백금	0.0316	우라늄	0.027

2) 열전도도(thermal conductivity, k)

열을 전달하는 능력을 말한다. 즉, 이것은 열을 얼마나 효과적으로 전달하느냐를 의미한다. 플라스틱은 열전도도가 금속보다 훨씬 작아서 단열적인 특성이 높다. 열전도도가 크다는 것은 냉각과 가열에 의한 열량을 빠르게 전달한다는 의미이다.

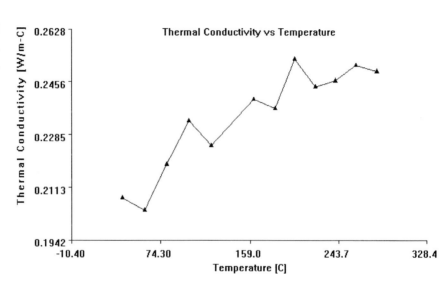

[그림 4-4-2]
열전도도(thermal conductivity)-온도 (Temperature) 그래프

4.5 기타 고분자의 종류

1) 얼로이(alloy)와 블렌드(blend)

고분자 얼로이와 블렌드는 둘 또는 그 이상의 완성된 고분자의 혼합시스템이다. 얼로이와 블렌드의 차이를 살펴보면 아래와 같이 구분할 수 있다. 고분자들의 조합이 하나의 유리전이온도(Tg)를 가지며 시너지 효과(즉, 혼합물성이 개개의 물성보다 뛰어남)를 나타내는 고분자를 얼로이(alloy)라 한다. 반면, 여러 개의 유리전이온도를 가지고 그것의 물성이 개개 요소의 평균을 나타낼 때 이를 블렌드(blend)라 한다.

- 얼로이 : 하나의 유리전이온도(Tg), 각각의 요소 물성보다 뛰어남
- 블렌드 : 여러 개의 유리전이온도(Tg), 각각의 요소 물성의 평균치

ABS/PC alloy

ABS/polysulfone alloy

ABS/nylon alloy

ASA/MMA blend

SAN/EPDM blend

2) 고분자 복합재료(composites)

고분자 복합재료는 원하는 물성을 얻기 위하여 고분자 모재에 다양한 강화제(첨가제)를 혼합한 것이다. 낮은 종횡비를 갖는 첨가제는 강성을 증가시키며, 높은 종횡비를 갖는 강화제는 인장강도와 강성을 모두 증가시킨다.

일반적으로 많이 사용되는 첨가제(filler)의 종류와 형태는 다음과 같다.

- 섬유형태 : Glass fiber, Carbon fiber, Kevlar

- 충전재 형태 : Talc, Clay, Carbon powder, Glass bead

- 금속 충전재 : 니켈, 알루미늄

[그림 4-5-1]
첨가제에 따른
분포형상 비교
(a) Glass fiber
(b) Carbon fiber
(c) Glass fiber+Talc

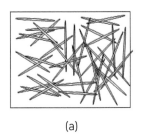
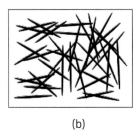
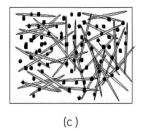

(a)　　　　　　　　　(b)　　　　　　　　　(c)

4.6 고분자 재료의 물리적 특성

1) 기계적 물성

[그림 4-6-1]는 상온에서 고분자 인장시편을 통해서 시험한 결과이다. 보통 금속 재료의 경우는 항복응력(yield stress)와 최대응력(maximum stress)을 비교했을 때 대부분 극한응력이 높게 나온다. 하지만 고분자의 경우는 최대응력이 항복응력보다 낮게 나오거나 유사하게 나온다.

[그림 4-6-1]
응력(stress) vs.
변형률(strain)
곡선(반결정성 고분자)

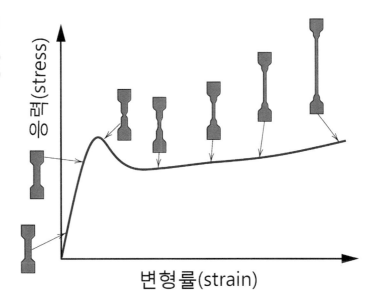

또한 고분자 인장시험의 경우 시편온도에 매우 민감하므로 시험할 때 온도관리를 잘해야 한다. 즉, 고분자가 사용되는 환경(온도)과 동일하게 할 필요가 있다. [표 4-6-1]에서는 다양한 고분자의 상온에서 인장시험한 결과값을 보여주고 있다. 비중(specific gravity), 탄성계수(tensile modulus), 인장강도(tensile strength), 항복강도(yield strength), 연신율(elongation at break)을 보여주고 있다. 비중은 1.0 전후에서 대부분이 존재하는 것을 알 수 있다. 또한 연신율도 고분자에 따라서 변화가 심하다는 것도 알 수 있다. 예를 들어 PE(polyethylene, low density)는 100~650%인데 반하여, PMMA(polymethyl methacrylate)는 2.0~5.5% 정도로 많은 차이가 난다. PMMA는 PE에 비해서 취성파괴에 훨씬 취약하다는 것을 알 수 있다.

[표 4-6-1]
일반 고분자의
상온에서의 기계적
특성

수지명	비 중	종탄성계수 (GPa)	인장강도 (MPa)	항복강도 (MPa)	연신율 (%)
Polyethylene (low density)	0.917~0.932	0.17~0.28 (25~41)	8.3~31.4 (1.2~4.55)	9.0~14.5 (1.3~2.1)	100~650
Polyethylene (high density)	0.952~0.965	1.06~1.09 (155~158)	22.1~31.0 (3.2~4.5)	26.2~33.1 (3.8~4.8)	10~1200

수지명	비 중	종탄성계수 (GPa)	인장강도 (MPa)	항복강도 (MPa)	연신율 (%)
Polyvinyl chloride	1.30~1.58	2.4~4.1 (350~600)	40.7~51.7 (5.9~7.5)	40.7~44.8 (5.9~6.5)	40~80
Polytetrafluoro-ethylene	2.14~2.20	0.40~0.55 (58~80)	20.7~34.5 (3.0~5.0)	–	200~400
Polypropylene	0.90~0.91	1.14~1.55 (165~225)	31~41.4 (4.5~6.0)	31.0~37.2 (4.5~5.4)	100~600
Polystyrene	1.04~1.05	2.28~3.28 (330~475)	35.9~51.7 (5.2~7.5)	–	1.2~2.5
Polymethyl methacrylate	1.17~1.20	2.24~3.24 (325~470)	48.3~72.4 (7.0~10.5)	53.8~73.1 (7.8~10.6)	2.0~5.5
Phenol formaldehyde	1.24~1.32	2.76~4.83 (400~700)	34.5~62.1 (5.0~9.0)	–	1.5~2.0
Nylon 6,6	1.13~1.15	1.58~3.80 (230~550)	75.9~94.5 (11.0~13.7)	44.8~82.8 (6.5~12)	15~300
Polycarbonate	1.20	2.38 (345)	62.8~72.4 (9.1~10.5)	62.1 (9.0)	110~150

2) 피로수명 곡선

[그림 4-6-2]은 다양한 고분자의 피로수명을 나타낸 것이다. 여기서 PET와 나이론(Nylon)은 피로사이클이 진행되면서 급격하게 응력(stress amplitude)이 감소하는 것을 볼 수 있다. 그러므로 정적인 시험인 인장강도만 믿고 피로파괴 측면을 생각하지 못하면 큰 낭패를 볼 수 있다.

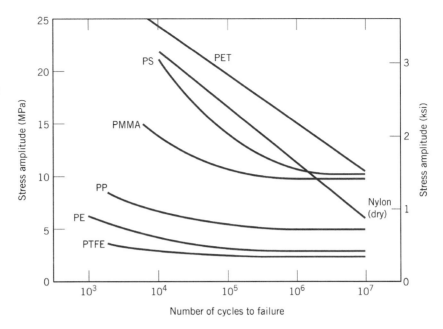

[그림 4-6-2]
다양한 고분자 재료의
피로수명(SN) 곡선
(시험 frequency :
30Hz)

3) 점탄성 거동(viscoelastic behavior)

용융된 열가소성 수지는 점탄성 거동을 보이는데 이는 점성유체와 탄성고체 특성이 결합된 유동이다. 내부에 점성과 탄성을 갖는 점탄성 물질이다.

[그림 4-6-3]에 점성, 탄성, 점탄성 거동을 설명하였다. (a)는 점성거동으로 외력이 작용하면 이상적인 점성유체는 계속적으로 변형한다.

[그림 4-6-3]
점성, 탄성, 점탄성
거동의 비교

	초기상태	시간= Δt	시간= Δt x 2	(순간)변형상태
(a) 점성		d	2d	2d
(b) 탄성		d	2d	완전복원
(c) 점탄성		d	2d	부분복원 2d

(b)는 탄성거동으로 외력이 작용하면 이상적인 탄성고체는 즉각적으로 변형하지만, 외력이 제거되면 완전히 복원된다. (c)는 점탄성거동으로 외력이 작용하면 계속적으로 변형하지만, 작용하던 외력이 제거되면 변형으로부터 부분복원이 순간적으로 되고 시간이 지남에 따라 서서히 복원된다. 열가소성 수지는 점탄성거동을 한다.

[그림 4-6-4]는 어떤 물체에 하중을 가했을 때 변형되는 형태를 그래프로 도시한 것이다. 용융수지(고분자)는 대부분이 점탄성거동(viscoelastic behavior)을 한다. 이것은 점성과 탄성을 복합한 것이다. 즉, 탄성만 있다면 (a)와 같이 하중을 가하면 즉각적으로 변형이 일어난다.

[그림 4-6-4]
(a) 하중(load)과
시간(time)에 따른
(b) 탄성(elastic) 거동
(c) 점탄성
(viscoelastic) 거동
(d) 점성(viscous) 거동

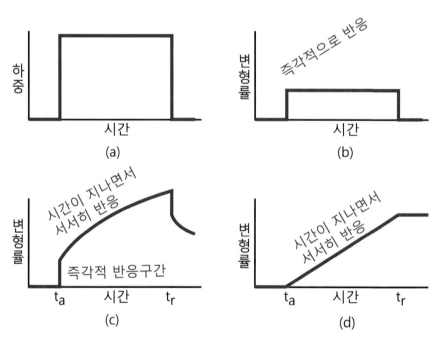

하지만 점성이 존재하면 시간의 지배를 받는다. 즉, 시간이 흐르면서 점차적으로 변형이 된다. (c)와 같이 변형구간은 비선형으로 증가한다. 하지만 탄성이 없고 점성만 있다면 (d)와 같이 선형적으로 변형이 발생한다.

[그림 4-6-5]과 같이 천연고무로 만든 베개의 경우 손으로 누르면 변형이 되었다가 손을 떼면 천천히 회복이 된다. 이것도 점탄성의 일종이라고 볼 수 있다.

[그림 4-6-5]
점탄성 소재, 손으로
눌렀다가 떼었을 때
천천히 시간을 두고
회복

4) 전단변형률속도 분포(shear strain rate distribution)

일반적으로 인접한 재료요소 상호간에 빠르게 움직일수록 전단변형률은 더 크다. 즉, 전단변형률속도(shear strain rate)는 dV_x/dy, 속도구배이다. 따라서 속도구배가 가장 큰 곳은 금형 표면 부위가 되고, 가장 작은 곳은 중심부위가 된다. 또한 속도가 빠를수록, 두께가 얇을수록 속도구배가 증가하여 전단변형률속도가 증가한다.

[그림 4-6-6]
속도분포에 따른
전단변형률분포
(a) 속도 분포
(b) 전단변형률속도
분포

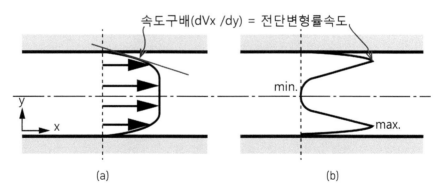

5) 분자배향(orientation)

플라스틱 수지의 충전에 의하여 전단응력이 발생하면 고분자는 흐르는 방향으로 배향되며, 그 배향의 정도는 전단응력 클수록 배향성은 크다. 따라서 배향성은 온도가 낮을수록, 속도가 빠를수록, 두께가 얇을수록 크다. 또한 유동 중 배향된 고분자는 유동 정지 후 배향성이 서서히 복원되지만 고화가 빠르게 진행되는 표면부위는 냉각 후에도 그 상태를 유지한다.

[그림 4-6-7]
분자배향
(a) 유동상태의 배향
(b) 냉각 후 배향

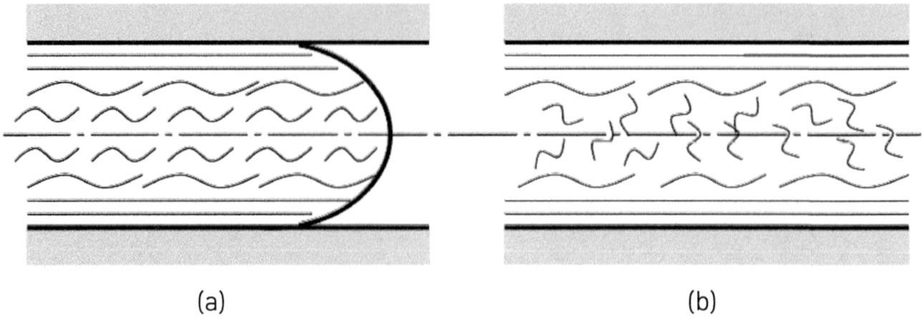

(a)　　　　　　　　　　　　(b)

[그림 4-6-8]
반결정성(semi-
crystalline) 고분자의
변형단계
(a) 변형전
(b) 변형 1단계 :
비결정성 체인의 연신
(c) 변형 2단계 :
결정의
하중방향으로의 변형
(d) 변형 3단계 :
결정블록의 분리
(e) 변형 4(최종)
단계 : 결정블록과
비결정성 연결체인이
인장하중 방향으로
일치

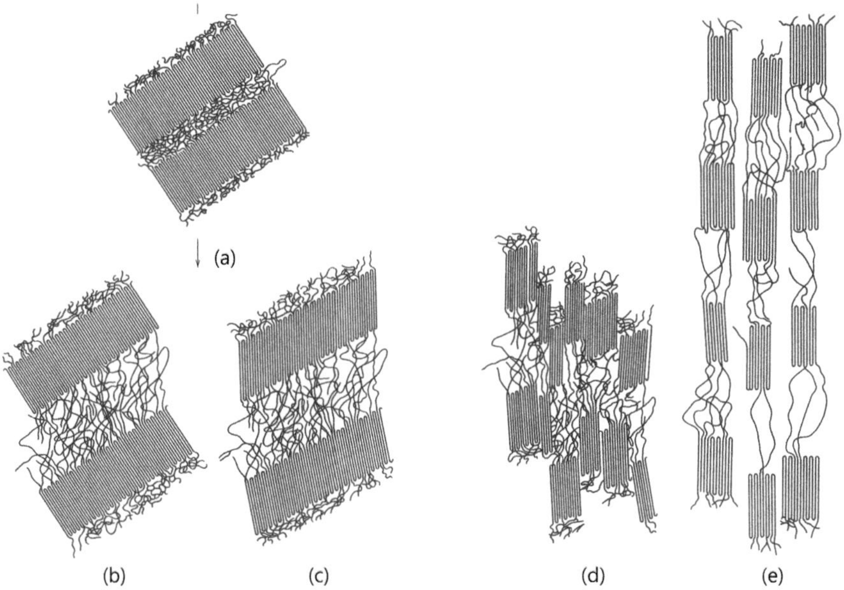

(a)

(b)　　　　(c)　　　　(d)　　(e)

[그림 4-6-9]
분자량(molecular
weight)과
결정화도(degree of
crystallinity)의
영향(수지 :
polyethylene)

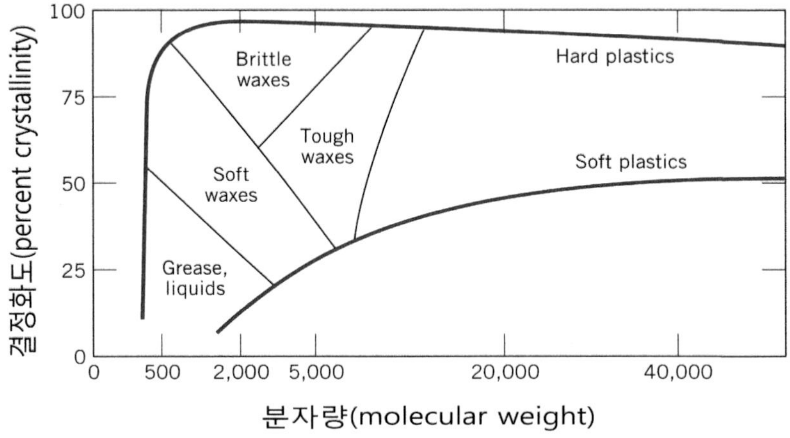

분자량(molecular weight)

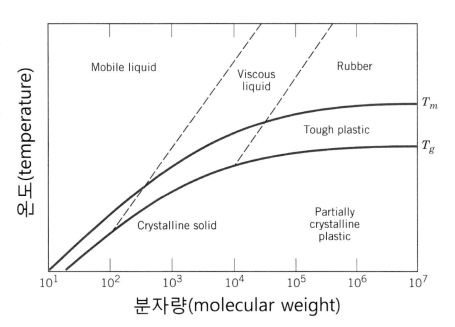

[그림 4-6-10]
분자량(molecular weight)과 온도에 따른 용융온도, 유리전이온도 및 물성변화

[그림 4-6-11]
(a) styrene-butadiene-styrene (S-B-S)와 (b) styrene-isoprene-styrene(S-I-S) 열가소성 elastomer의 체인 화학식

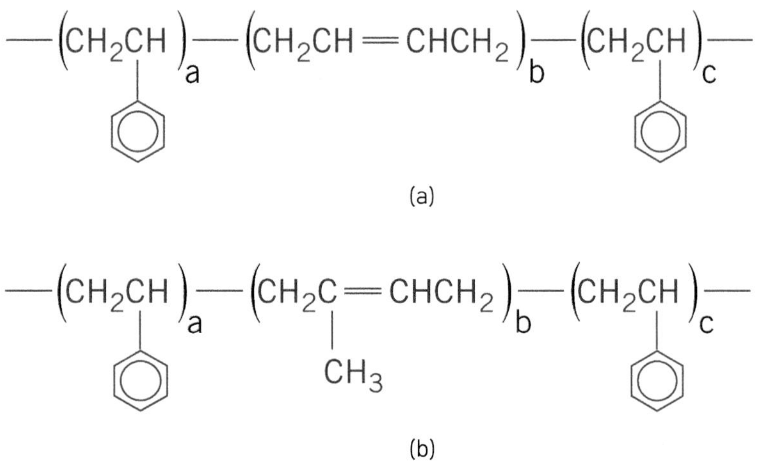

$$-(CH_2CH)_a-(CH_2CH=CHCH_2)_b-(CH_2CH)_c-$$

(a)

$$-(CH_2CH)_a-(CH_2C=CHCH_2)_b-(CH_2CH)_c-$$
$$CH_3$$

(b)

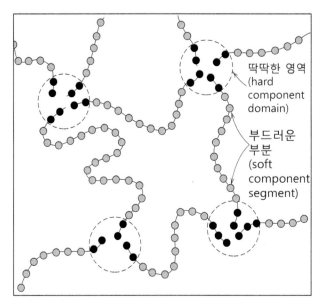

[그림 4-6-12]
열기소성 elastomer의
분자구조의 개략적인
구조
[상온에서 물리적
가교결합으로
작동하는 'hard(i.e.,
styrene)' 영역과
'soft(i.e. butadiene or
isoprene)' monomer
center-chain 부분이
존재하는 구조]

딱딱한 영역
(hard
component
domain)

부드러운
부분
(soft
component
segment)

4.7 고분자 재료의 용도

1) ABS

ABS수지는 AN(Acrylonitrile), BD(Butadiene), SM(Styrene Monomer : 스티렌 모노머) 3종의 단량체(monomer)로 구성된 3원 공중합체된 수지이다. ABS수지는 3종의 주요 모노머의 조성비를 조정하거나, 각종 안료 및 첨가제 보강, 내열제 첨가, 난연제 첨가, 분자량 조절 등을 통해서 다양한 그레이드(grade)로 개발이 가능한 장점을 지니고 있다.

ABS의 개발역사를 살펴보면, 먼저 SM의 고분자형태인 PS(Polystyrene)가 가공성이나 투명성 등의 장점이 있는 반면, 쉽게 깨어지는 결점이 있어 이를 보완하고자 고무(rubber)성분을 보강, HIPS(High Impact Poly-Styrene)를 개발하게 되었으며, 또한 강성이 강한 AN과 SM을 공중합하여, PS수지의 내약품성을 개선, 충격강도를 높인 AS수지가 개발되었다. 이 두 가지를 합하여 1947년 미국의 US Rubber사에 의해 개발된 수지가 ABS수지이다. ABS수지를 사용한 대표적인 제품에는 내충격성이 요구되는 합성수지 가방, 헬멧 등과 전화기, 냉장고 내외장, TV 등의 가전제품과 난연제를 첨가한 Computer, Monitor, 내열성이 요구되는 자동차 내장제 등이 있다.

[그림 4-7-1]
ABS 수지를 활용한
대표적인 제품
(a) 모노머
(b) 컴퓨터모니터
(b) 헬멧

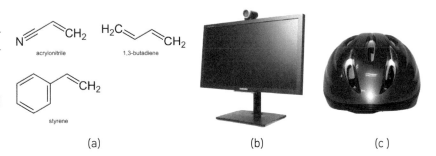

(a)   (b)   (c)

2) PS

PS수지는 SM(Styrene Monomer)을 고분자 상태로 공중합한 열가소성 수지이다. PS수지는 기계적 성질이 우수하고, 성형가공성이 용이하며, 전기적 특성이 뛰어나다. PS수지는 특성에 따라 GPPS와 HIPS로 구분하여 GPPS는 단독 중합체로서 복잡한 가공성이 요구되는 제품, 투명성이 요구되는 제품에 사용된다. GPPS를 사용한 대표적인 제품에는 의약품 및 식품용기, 냉장고 야채박스, 문구류, 선풍기 날개 등이 있다.

HIPS는 GPPS의 약점인 내충격성을 보강하기 위하여 고무(rubber)성분을 보강한 수지이다. HIPS의 용도는 ABS수지의 용도와 유사하며, PS를 사용한 대표적 제품에는 완구류, 카세트테이프 및 가전제품 등이 있다.

[그림 4-7-2]
PS 수지를 활용한
제품
(a) 일회용 커피컵
(b) EPS(expanded
polystyrene
packaging)

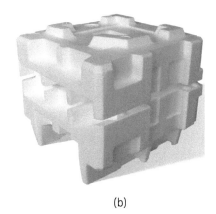

(a)   (b)

3) SAN

SAN수지는 SM(Styrene Monomer)와 AN(Acrylonitrile)의 공중합체로서 PS수지의 내열성, 내약품성 및 기계적 강도를 보완하면서 투명성이 요구되는 제품에 사용된다. SAN수지를 사용한 대표적인 제품에는 식품용기, 카세트케이스 등 투명하고 우수한 성형성이 요구되는 제품, 냉장고 선반(shelf) 등 투명성과 열안정성이 요구되는 제품, 배터리 케이스, 일회용 칫솔, 내약품성이 요구되는 일회용 라이터, 화장품 케이스 등이 있다.

[그림 4-7-3]
SAN 수지를 활용한 제품
(a) Styrene + Acrylonitrile
(b) 화장품 용기

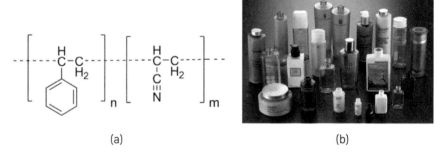

(a)   (b)

4) PBT

PBT(Polybutylene Terephthalate : 폴리부틸렌 테레프탈레이트)는 포화폴리에스터의 일종인 결정성 수지로서 용융온도 범위가 좁고 결정화 속도가 빠르므로 일반사출성형기로도 짧은 cycle time 내에 성형이 가능한 장점을 가지고 있다. 또한 성형성이 우수하며 내열성, 내약품성, 전기적 특성이 우수할 뿐만 아니라 기계적 성질 및 치수 안전성이 뛰어난 엔지니어링 플라스틱의 일종이다. PBT의 용도는 자동차 도어핸들, 커넥트 등의 자동차 부품이나 형광램프소켓, 전자레인지 door latch, 에어컨 frame류와 blade 등의 전기 전자용품, pump case, toaster 및 cooker 등의 하우징, 기어, 수도계량기 하우징, 통신케이블 접속관 등 산업용품과 기타 가전기기용품에 사용된다.

[그림 4-7-4]
PBT 수지를 활용한 커넥트 제품

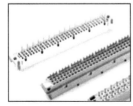  

5) PET

PET(Polyethylene Terephthalate : 폴리에틸렌 테레프탈레이트)는 포화폴리에스터의 일종으로 엔지니어링 플라스틱의 주요 특성인 기계적 성질이 우수하며, 표면광택과 내열성, 내유성 및 내용제성이 우수하다. PET는 코일용 보빈, 커넥터, 모터 하우징, PET병 등으로 사용된다.

[그림 4-7-5]
PET 수지를 활용한
화학결합 및 PET병

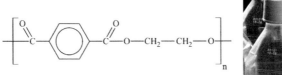

6) PC

PC(polycarbonate : 폴리카보네이트)는 1956년 독일의 Bayer사에서 처음으로 개발한 열가소성 수지이다. 투명성과 내충격성이 가장 강한 수지로서 렌즈, 유기유리, 광디스크 재료, 전기, 전자부품, 광학기기 부품, 자동차부품, 의료기기부품, 창유리 등에 사용되며 사출성형, 압출성형, 진공성형, 압축성형 등 모든 성형법이 가능한 최첨단소재이다.

[그림 4-7-6]
PC 수지를 활용한
제품, 화학결합 및 IR
transmittance
(a) 휴대폰
(b) 투명성을 강조한
TV
(c) 화학결합식
(d) IR transmittance

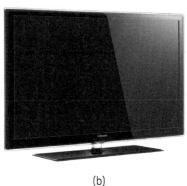

(a)

(b)

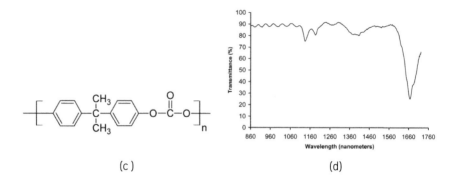

(c)

(d)

7) Acetal(POM)

POM(polyoxymethylene 혹은 acetal, polyacetal, polyformaldehyde)은 포름알데히드를 주원료로 제조되는 결정성 수지로서 장기간의 광범위한 사용온도 범위에서도 기계적, 열적, 화학적 성질이 우수하고, 부품 설계 및 적용이 용이한 엔지니어링 플라스틱이다. Acetal Copolymer구조에 의해 열안정성이 뛰어나며, 우수한 기계적 강도와 플라스틱 중 내피로성이 가장 뛰어난 특징을 가지고 있다. 아세탈은 내마찰, 내마모성이 우수하므로 자동차, 전기, 전자, 산업용 소재의 부품에 적합한 수지이며 기능면에서 금속소재 및 열경화성 수지를 대체할 수 있는 소재이다.

[그림 4-7-7]
POM 수지를 활용한
제품(플라스틱 기어류)

8) PMMA

이 수지는 MMA(Methyl methacrylate : 메틸메타아크릴레이트)단량체를 주원료로 하는 수지로서 투명성, 내후성, 내약품성, 내긁힘(scratch)성, 착색성이 뛰어나며 외관이 미려하므로, 자동차, 전기, 전자 부품소재 및 건축자재 등으로 각광을 받고 있다. 아크릴을 원료로 한 대표적인 성형물로는 자동차 실내등, 후미등 커버, 카세트 도어, 광고판, 인조대리석, 피아노 건반 등이 있다.

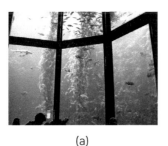
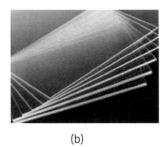

[그림 4-7-8]
PMMA 수지를 활용한
제품
(a) Aquarium투명창
(b) PMMA 보드
(c) 평면스크린

(a)   (b)

(c)

9) TPE

TPF는 열가소성 탄성체(thermoplastic elastomer)로서 Polyolefin계와 Polyester 계가 있다. 열가소성탄성체는 기존의 고무가 가진 탄성과 열가소성수지가 가진 가공성을 동시에 가지는 소재이다. PP/EPDM, 폴리우레탄, 폴리에스테르, 폴리 아미드 등의 다양한 제품군이 있으며, 소재의 재활용과 환경 친화라는 전 세계 적 추세에 부응하여 그 용도 및 시장이 확대되고 있다.

상업적으로 TPE는 6가지로 클래스(styrenic block copolymers, polyolefin blends, elastomeric alloys(TPE−v or TPV), thermoplastic polyurethans, ther− moplastic copolyester, thermoplastic polyamides)로 구분한다.

[그림 4-7-9]
TPE 수지를 활용한
제품
(a) 열가소성
폴리우레탄
(b) 요가용 매트

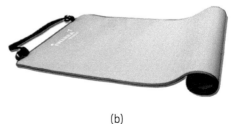

(a)   (b)

TPE는 내열성, 내한성, 내환경성(방음성, 내후성)이 뛰어나고, 리사이클(recy-cling)을 통한 재활용성이 뛰어나다. 주요 용도는 범퍼(bumper), 에어스포일러(air spoiler), 가스켓(gasket) 등 자동차 내외장재로 사용되며, 세탁기, 청소기의 호스나 포장(packing)류 등에 사용되며, 전선 피복용으로 사용된다.

10) PC/ABS

PC/ABS는 PC와 ABS수지를 얼로이(alloy)함으로써 각각의 수지가 갖는 단점을 상호 보완하고 장점을 최대한 살린 엔지니어링 플라스틱으로서 기계적 강도, 열적 성질, 가공성 및 내후성이 우수하다. 주요 용도로는 자동차 console box, instrument panel, glove box, wheel cover 및 cap, 그리고 모니터 하우징, Fax 하우징, 노트북 컴퓨터 하우징, 무선 전화기 케이스 등 가전용품과 단자함, 농사용 배전함, 공중전화박스 등 산업용으로 사용된다.

[그림 4-7-10]
콘솔박스(console box) 및 전자부품

11) PE

PE(Polyethylene : 폴리에틸렌)은 에틸렌(ethylene)중합에 의해 만들어진 결정성의 열가소성 수지이며, 그 특성에 따라 LDPE(Low Density Polyethylene : 저밀도 폴리에틸렌)과 HDPE(High Density Polyethylene : 고밀도 폴리에틸렌)으로 구분된다. 통상 LDPE는 고중압법에 의해, HDPE는 저중압법에 의해 제조된다. LDPE는 영국, CI사에서 고압 라디칼 중합에 의해 개발되어 2차 대전 중 미국에서 상용화되었으며, HDPE는 이태리 몬테카티니 에디슨사에 의해 치클러 촉매의 방법으로 공업화되었다. 또한 미국의 필립스사는 산화크롬계 촉매에 의한 중압법을 개발하였다. Ethylene의 주요 용도는 LDPE는 농업용 필름, 부엌용품, 물통, 완구, 화장품 포장재 등에 사용되며, HDPE는 쇼핑백, 농업용 필름, 종량제 백, 금속물의 피복제, 하수관 등에 사용된다.

[그림 4-7-11]
LDPE와 HDPE로
제작된 제품
(a) LDPE 비닐장갑
(b) HDPE 파이프

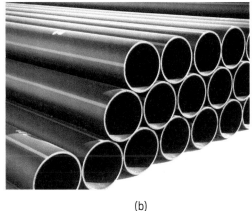

(a)   (b)

12) PP

PP(Polypropylene : 폴리프로필렌)은 프로필렌 중합에 의해 만들어지는 열가소성 수지이다. 프로필렌 중합체는 비결정성인 것과 결정성인 것이 있는데, 이 중 성형용으로 사용되는 것은 결정성 폴리프로필렌이다. PP는 물리적 성질이 PE보다 뛰어나지만 대기 중에 노출된 상태에서 빛이나 열에 산화 및 열화하는 결점이 있으며, 안정제를 필요로 한다.

[그림 4-7-12]
PP로 제작된 제품
(제공 : Wikipedia)
(a) 의자
(b) 바가지(각종
가정용품)

(a)   (b)

비중은 0.9로 플라스틱 소재 중 가장 가벼우며 강성, 내충격성, 전기적 특성이 뛰어나며 값이 저렴하여 이용 범위가 넓은 범용 플라스틱이다. 용도는 소형 생활용품부터 자동차 범퍼, 부품, panel과 연신용 필름, 로프, 그물 등 산업용품에 이르기까지 이용범위가 다양하다.

13) PVC(Polyvinyl chloride)

PVC수지는 널리 사용되고 있으며, 세계 전체 수요 중 PE(Polyethylene) 수지 다음으로 많은 양을 차지하고 있다. PVC 수지는 1835년 프랑스의 Regnault가 EDC(Ethylene Dichloride)와 KOH를 반응시켜 처음으로 실험실에서 합성하였다. 1912년에 독일의 Chemische Fabrik Griesheim-Electorn사의 Fritz Klatte가 아세틸렌(Acetylene)의 수요를 탐색하는 과정에서 아세틸렌과 염산을 사용하여 VCM(Vinyl Chloride Monomer)을 합성하고 열과 빛으로 PVC 수지를 만든 것이 공업화 시도의 시초이며, 이 회사는 1914년에는 개시제를 사용한 중합을 처음으로 시작하였다.

인조모(합성섬유, synthetic hair) 소재로 사용되며, 햇빛 등에 빛을 반사하므로 윤기가 자연스럽지 못하다는 단점이 있지만 볼륨 유지 기능이 탁월하기 때문에 잦은 세척에도 처음의 스타일이 계속 유지되는 장점이 있다. 합성섬유의 원료에 따라 PVC, Acrylic, Modacrylic, Polyester, Fiber 등으로 대변할 수 있는데, 비교적 일반인들도 명칭이 익숙한 가네가론(KaneKalon)은 역사상 가장 획기적인 전기를 가져오게 한 Modacrylic Fiber이며 일본의 KaneKalon의 1960년 후반부터 공급을 시작하여 현재까지 가장 우수한 가발 원사로 사용하고 있다.

[그림 4-7-13]
PVC로 제작된 제품
사례
(a) 인조모
(b) 파이프

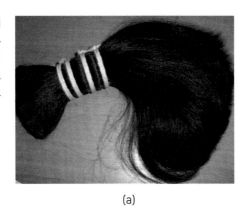

(a)　　　　　　　　　(b)

14) 엔지니어링 플라스틱(Engineering Plastics)

금속이나 열경화성 수지의 대체 소재로 개발된 엔지니어링 플라스틱은 범용 플라스틱에 비해 투명성, 내열성, 내마모성 및 기계적 특성이 우수하여 전기, 전자, 자동차 및 기계부품 등에 사용되는 고기능성 수지이다. 특히 최근에는 유리섬유나 탄소섬유 등을 합금(alloy)하여 금속의 특성에 한층 근접한 형태의 소재로 발전해 나가고 있다.

15) 폴리올레핀(Polyolefin)

Polyolefin은 알켄족 탄화수소(Olefin : 올레핀) 중합체(Polymer)의 일반명칭이다. 내열성이 우수하고 가벼우며, 결정성 고분자이면서 투명하고, 내약품성, 안전성도 우수하므로 가전용 전자부품, glove box, air cleaner 등 자동차 부품, propeller fan 등 산업용품과 기타 레저용품의 성형에 사용된다.
Thermoplastic polyolefins : polyethylene(PE), polypropylene(PP), polymethyl-pentene(PMP), polybutene-1(PB-1)
Polyolefin elastomers(POE) : polyisobutylene(PIB), Ethylene propylene rubber(EPR), ethylene propylene diene Monomer(M-class) rubber(EPDM rubber)

16) PPS(Polyphenylene Sulfide)

PPS는 미국 Phillips Petroleum의 Edmond와 Hill이 1963년 특허출원 후 1973년 연산 3,000톤의 상업 플랜트를 완성하여 상업화된 고성능의 열가소성 수퍼 엔지니어링 플라스틱이다. 최초 Phillips Petroleum에서 개발된 PPS는 가교형 PPS 수지였으나 80년대 들어서면서 PPS 중합에 관한 특허 기한이 만료됨에 따라 일본 업체들이 중합반응 개선을 통한 고분자량의 선형 PPS 중합에 성공하면서 본격적으로 PPS 사업에 진출하였다. 현재 세계적으로 PPS 시장은 쉐브론 필립스와 일본기업들이 주도하고 있다. PPS는 뛰어난 내열성, 내약품성, 난연성, 전기 특성을 가지고 있어 자동차 부품 및 전자부품 수요로 큰 성공을 거두고 있다. PPS(Polyphenylene Sulfide)는 화학적으로 매우 안정한 구조를 갖는 고결정성 수지로서 내열성, 내약품성 및 치수 안전성, 강성 등이 매우 우수한 고기능성 엔지니어링 플라스틱이다. PPS는 기존의 범용 엔지니어링 플라스틱으로 대체하지 못한 금속 및 열경화성 수지를 대체할 수 있는 소재이다. 주요 용도로는 switch, connector, socket 등의 전기, 전자 용품과 배기가스순환밸브 등의 자동차 부품,

카메라, 시계 등 각종 측정기 부품, 기타 산업용품 등에 사용된다.

17) LCP(Liquid Crystalline Polymer)

LCP는 액정 폴리머로 1976년 Eastman Kodak의 Jackson이 PET의 내열성 향상 목적으로 PHB로 변성시킨 액정 polyester를 1984년 Amoco가 Xydar 상표로 처음 상업화하였으며, 빠른 시장 확장세를 보이고 있는 대표적인 수퍼 엔지니어링 플라스틱이다. LCP는 고체결정과 등방성액체의 중간 형태로 액체와 같은 유동성이 있으며 규칙성이 있는 질서구조를 갖는 폴리머로서 제조사마다 제조 기술 및 조성이 다르다. 대표적인 LCP 제조사는 TICONA와 DuPont이 있으며 Celanese의 EP 사업부인 TICONA와 일본 다이셀과의 합작사인 Polyplastics사 아시아 지역을 집중적으로 시장을 확대하고 있는 실정이다. 또한 Solvay, Sumitomo, Ueno 등의 후발업체들 역시 시장 확대를 위해 맹추격을 벌이고 있으며 TICONA와 DuPont 역시 플랜트 증설을 통한 생산량 증대로 시장 확대를 위해 노력하고 있다. LCP의 시장 성장은 뛰어난 유동성, flash 특성 및 내열특성으로 ODD, connector 등의 전기, 전자 부품 중심으로 성장하였으며 특히 아시아 지역의 성장세가 두드러졌다.

18) PEEK(Polyether Etherketone)

PEEK 1980년 ICI에서 개발한 내열성, 내마모성, 내화학성이 우수한 수퍼 엔지니어링 플라스틱이다. 내열성은 PI 대비 떨어지기는 하지만 성형가공성이 우수한 특성이 있다. 베이스 레진은 Victrex사가 독점공급하고 있으며 생산능력은 2,000톤 규모이다. PEEK의 응용분야는 항공기 커넥터 및 엔진부품, 자동차 엔진부품, 반도체 부품 등 첨단산업에 응용되고 있다.

19) PI(Polyimide)

PI는 1964년 DuPont에서 개발한 수퍼 엔지니어링 플라스틱 중 내열성이 가장 우수한 수지이나 가격 역시 최고 수준의 고가의 수지이다. 그러나 최근 PI 시장의 공급 부족이 발생하면서 PSU, PES, PPSU 등의 sulfone계 수지들로의 대체가 진행되고 있다. PI는 DuPont이 품질과 시장면에서 선두를 지키고 있으나 이외에도 DSM, 엔싱어, 도레이 등의 기업들이 분포되어 있다.

"충격강도"

충격특성은 물체가 충격을 받았을 때 나타나는 저항에 대한 강도를 나타내며, 열경화성과 열가소성 수지의 기계적 성질을 대표하는 중요한 특성이다. 충격강도는 인장강도처럼 시료 파단시의 응력으로 나타내지 않고 파단시에 소요되는 총에너지나 시료의 단위 길이당 흡수된 파단에너지로 나타낸다.

일반적으로 분자량이 클수록, 유리전이온도(Tg)가 높을수록 충격강도는 감소하고 범용플라스틱의 충격강도의 크기는 다음과 같다.

LDPE ≫ HDPE > PP(Impact) > PP(Random) > PP(Homo) > PVC > PS

충격시험에는 많은 방법이 규격화되어 있으며 그 중 아이조드(Izod)법과 샤르피(Charpy)법에 의한 값이 가장 일반적으로 상용되고 있다.

[표 4-7-1]
수퍼 엔지니어링
(super engineering)
플라스틱 특성

수지명	주요 제조사	특 징	용 도
PPS	Chevron Phillips TORAY DIC TICONA	난연성, 내열성, 내약품성, 치수안정성	전기전자부품 자동차부품 정밀기기부품
LCP	DuPont TICONA Polyplastics AMOCO	내열성, 낮은 흡수율, 난연성, 내약품성, 기계적 성질	전기전자부품 기계부품 광학정밀기기부품
PI	DuPont TORAY DSM	내열성, 내크리프 특성, 치수안정성, 내마모성, 내약품성, 정밀부품 성형	전기전자분야 (항공우주, 군사용) FPC, 반도체 다층화용 층간 절연막, 자기기록 매체의 기판
케톤계수지 (PEEK, PEK)	VICTREX	내열성(300℃ 이상) 내마모성 내충격성 내약품성	컴퓨터, 항공기, 원자력 발전소의 전선피복재, 열수 펌프하우징, 내열패킹

[표 4-7-2]
고분자재료의 비중과
인장강도(대표값)

수지명	비 중	인장강도(kg/cm²) ASTM D638	비 고
POM	1.41	630	열가소성
PC	1.20	650	〃
PA6	1.14	820	〃
PBT	1.32	550	〃
PSF	1.24	710	〃
PTFE	2.18	280	〃
Epoxy	1.12~1.40	280~910	열경화성
Phenol	1.25~1.30	490~560	〃
알루미늄 합금	2.80	770~5,800	

[표 4-7-3]
플라스틱 성형가공법

수지명	압축성형 (공통)	이송성형 (열경화성)	사출성형 (공통)	압출성형 (열가소성)	취입성형 (열가소성)	발포성형 (공통)
PHENOL	◎	◎	◎			○
UREA	◎	◎	○			○
MELAMINE	◎	◎	○			
EPOXY	◎	◎	○			
PU	○	○	◎			◎
PVC	○		○	◎	◎	◎
PS			◎	◎	◎	◎
AS			◎		○	
ABS			◎	◎	○	◎
PE	○		◎	◎	◎	◎
PP			◎	◎	◎	○
PA	○		◎	◎	○	
POM			◎	◎	○	
PC	○		◎	◎	○	

[표 4-7-4]
수지수분 함유별 기준
Table(Hopper dryer)

| 수지명 | 제습 제조사 권장 사항(℃) | | | | 등급현황 | | | |
| | 건조온도(℃) | 건조시간(hr) | 수분함유율(%) | | A급 | B급 | C급 | D급 |
			초기	제습 건조 후				
PA	70~80	3~6	1	0.05	0.07 이내	0.09 이내	0.11 이내	0.13 이내
SAN	80	2~3	0.1	0.05	0.05 이내	0.07 이내	0.09 이내	0.11 이내
ABS	80	2~3	0.2	0.02				
PBT	120~140	4	0.3	0.02				
PMMA	70~100	3	0.5	0.02				
POM	95~100	3	0.2	0.02	0.05 이내	0.07 이내	0.09 이내	0.11 이내
PP	90	1~3	0.1	0.02				
PS	80	1	0.1	0.02				
PVC	70	1	0.1	0.02				
PET	110~120	3~4	0.04	0.02				
PC	120	2~3	0.3	0.01	0.03 이내	0.05 이내	0.07 이내	0.09 이내
PE	90	1	0.1	0.01				

[표 4-7-5]
수지수분 함유별 기준
Table(제습 건조기)

| 수지명 | 제습 제조사 권장 사항(℃) | | | | 등급현황 | | | |
| | 건조온도(℃) | 건조시간(hr) | 수분 함유율(%) | | A급 | B급 | C급 | D급 |
			초기	제습 건조 후				
PA	70~80	3~6	1	0.05	0.05 이내	0.07 이내	0.09 이내	0.11 이내
SAN	80	2~3	0.1	0.05	0.02 이내	0.05 이내	0.07 이내	0.09 이내
ABS	80	2~3	0.2	0.02				
PBT	120~140	4	0.3	0.02				

수지명	제습 제조사 권장 사항(℃)				등급현황			
	건조온도 (℃)	건조시간 (hr)	수분 함유율(%)		A급	B급	C급	D급
			초기	제습 건조 후				
PMMA	70~100	3	0.5	0.02	0.02 이내	0.05 이내	0.07 이내	0.09 이내
POM	95~100	3	0.2	0.02				
PP	90	1~3	0.1	0.02				
PS	80	1	0.1	0.02				
PVC	70	1	0.1	0.02				
PET	110~120	3~4	0.04	0.02				
PC	120	2~3	0.3	0.01	0.01 이내	0.03 이내	0.05 이내	0.07 이내
PE	90	1	0.1	0.01				

4.8 사출이론 관련 계산식 요약

1) 사출용량(shot capacity)

사출 실린더의 가소화 수지가 1 쇼트(shot)당 노즐을 통해 분사되는 최대사출량을 말한다.

(1) 사출용적(shot volume)

$$V_i = \frac{\pi}{4} d_1^2 \times S$$

V_i : 사출용적(cm^3)
d_1 : 사출 스크류의 직경(cm)
S : 스트로크(cm)

(2) 사출량(shot weight)

$$W = V_i \times \rho$$

W   : 사출량(g or oz) [1oz = 28.35g]

V_i : 사출용적(cm^3)

ρ : 용융수지의 밀도(kg/cm^3)

1 쇼트(shot)당 중량(스프루, 런너 포함)은 사출기 용량의 70~80% 정도로 사용한다. 여유를 너무 많이 주면 내열수지의 경우 실린더 내의 체류시간이 길어져 열화에 의한 물성치 변성 및 탄화가 발생할 수 있다. 여유가 너무 적으면 보압에 대한 잔량(쿠션량)을 확보하기가 어렵다(충전 부족으로 인한 미성형 및 수축 발생).

2) 가소화 능력(plasticating capacity)

가열 실린더가 시간당 성형재료를 가소화 할 수 있는 최대한의 능력을 말하며, 단위는 'kg/hr'이다. 이때 기준이 되는 수지는 폴리스티렌(GPPS)이다.

3) 사출력(total injection force)

유압 펌프에 의해 실린더에 가해지는 최대힘(사출 실린더의 외경에 비례)

$$F_h = 사출실린더의\ 단면적 \times 유압펌프의\ 압력$$
$$= \frac{\pi D_1^2}{4} \times P_h \times 10^{-3}$$

F_h : 사출력(ton)

D_1 : 플런저(사출실린더)의 외경(cm)

P_h : 유압펌프의 압력(kg/cm^2)

4) 사출압력(injection pressure)

스크류 끝에서 발생하는 계산상의 최대압력(사출 실린더의 사출 유압력과 비례)

$$P_s = \frac{사출력}{스크류\ 단면적} = \frac{F_h}{A_S}$$
$$= \frac{\dfrac{\pi D_1^2}{4} \times P_h}{\dfrac{\pi d_1^2}{4}} = \frac{D_1^2}{d_1^2} \times P_h$$

P_s : 사출압력(kg/cm^2)

F_h : 사출력(kg or ton)

A_s : 스크류 단면적(cm^2)

D_1 : 플런저(사출실린더)의 외경(cm)

d_1 : 사출스크류 직경(cm)

P_h : 유압펌프의 압력(kg/cm^2)

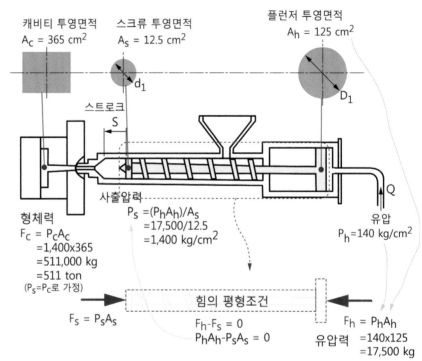

[그림 4-8-1]
유압, 사출력,
사출압력 및
형체력과의 관계

5) 사출률(injection rate)

노즐에서 단위 시간당의 사출량을 말한다.

$$I_R = \frac{d_1^2}{D_1^2} \times Q$$

I_R : 사출률(cm^3/sec)

D_1 : 플런저(사출실린더)의 외경(cm)

d_1 : 사출스크류 직경(cm)

Q : 펌프 토출량(cm^3/sec)

6) 사출속도(injection speed)

단위 시간동안 스크류가 움직인 이송거리를 말한다.

$$V = \frac{Q}{\frac{\pi d_1^2}{4}}$$

　　V　: 사출속도(cm/sec)
　　d_1　: 사출스크류 직경(cm)
　　Q　: 펌프 토출량(cm^3/sec)

7) 사출시간(injection time)

실제 원재료를 사출한 시간을 말하며 사출속도의 개념이 포함되어 있다.

$$사출시간(sec),\ t_i = \frac{S}{V}$$

　　S　: 사출 스크류의 이동거리(cm)
　　V　: 사출속도(cm/sec)

8) 캐비티 내의 평균 유효사출압력(effective injection pressure)

성형기 노즐에서 분사된 수지는 금형의 스프루, 런너, 게이트를 통과할 때 큰 압력손실이 발생한다. 이때의 충전완료시 캐비티 내의 유효 사출압력의 개략적인 값(P_c)은 다음과 같다.

[표 4-8-1]
수지별 캐비티
내(형내)의 개략적인
압력 값(P_c)

수지명	P_c (kg/cm^2)	용 도	
PE, PP	200~300	일용잡화	비누케이스, 대야 등
PS, PP	300~400	의료용품, 박판용기	주사기, 시험관, 컵 등
PS, ABS	350~450	공업용 하우징	TV 하우징 등
AS, POM, PC	400~500	일반 공업용 부품	캠, 레버 등
PC, POM, PBT	500~600	박판 공업용 부품	전자제품, 절연제품
POM	600~800	정밀치차, 캠, 기계부품	기어, 캠 등

9) 형체력(clamping force)

금형에 사출압력이 작용할 때 파팅면이 열리지 않도록 금형을 지지하는 힘을 말한다.

$$F_c = P_c \times A_c \times 10^{-3}$$

F_c : 형체력(ton)
A_c : 제품의 투영단면적(cm^2)
P_c : 캐비티 내의 평균 유효 사출압력(kg/cm^2)

제품의 투영면적은 노즐방향에서 직각으로 투영했을 때의 면적으로 스프루와 런너의 투영면적도 포함된다. 일반적으로 사출성형기의 80% 이내의 범위에서 사용한다. 이 범위를 초과시 금형의 파팅면이 열리게 되어 플래시(flash)가 발생될 우려가 있다.

참고

"해석을 통한 형체력(clamp force) 예측"

계산을 통해서 형체력을 구하기도 하지만, 보통 유동해석을 통해서 형체력을 많이 예측한다.

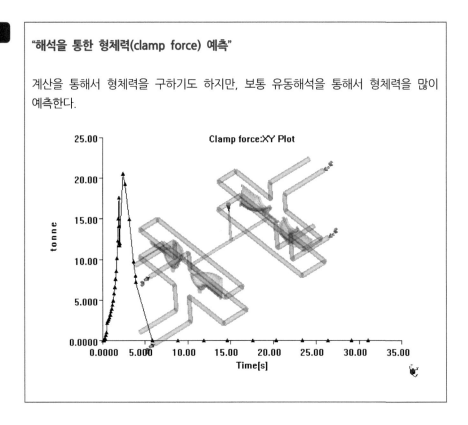

4.9 엔지니어링 플라스틱 부품의 설계

1) 소개

사전 디자인, 엔지니어링, 제조의 세 단계로 이루어진 일련의 과정을 거쳐 용융 가공 플라스틱 소재 부품을 성공적으로 설계할 수 있다.

설계자가 구조 재료에 사용할 수 있는 소재는 나날이 증가하고 있다. 오늘날에는 강화 플라스틱으로 기계적 특성을 높일 수 있으므로 기존 소재와 용융 가공 소재, 열가소성 수지와 열경화성 수지 모두 적용될 수 있다. 용융 가공 소재를 이용하여 경량화, 내식성, 자체 발색성 및 3차원의 형상 부품을 더욱 빠르게 제조하여 비용을 절감할 수 있고 알루미늄, 마그네슘, 아연 및 금속 합금에 견줄만한 기계적 특성도 가지게 되었다.

용융 가공 공정은 3차원 완전 형상(사출 성형, 중공 가스 사출 성형, 용융 코어 사출 성형, 샌드위치 사출 성형, 발포 사출 성형, 반응 사출 성형 등) 및 근사 3차원 완전 형상(압출, 판재 성형, 블로우 성형, 구조 반응 사출 성형 등) 공정으로 정의된다. '근사 3차원'이란 공정상 1차원 또는 2차원으로 제한됨을 의미한다. 열가소성 수지로 설계한다는 것은 기본적으로 금속이나 복합 소재로 설계하는 방식과 같다. 요구되는 기계 설계 기술도 동일하다. 다른 점은 이러한 소재가 더욱 복잡하고 가공 과정이 차이가 난다는 것이다. 또한 소재 특성이 비선형적이고 가공 방법에 따라 부품 설계에 영향을 주게 된다. 이로 인해 특히 까다로운 제품의 경우 설계 문제가 복잡해진다.

따라서 우수한 용융 가공 부품의 설계는 처음부터 끝까지 설계 과정 전반에서 설계 기술, 소재 및 가공 지식을 고려해야 하며, 설계 과정 자체도 관리의 대상이 된다. 그러나 기본적인 사항은 비교적 이해하기 쉽고 상식적이므로 일반적인 설계자라면 누구든지 고품질의 하중이 가해지는 부품을 설계, 제조할 수 있다.

2) 설계 과정

설계 과정은 부품의 제조 공정 중 하나이다. 처음에는 부품이 단순한 아이디어로 시작되지만 나중에는 상업적 생산으로까지 연결된다. 다양한 설계 과정이 있으며, 이 중 대부분은 기존 소재를 위해 개발된 것이다. 간단하고 유용한 설계 과정은 사전 디자인 단계, 엔지니어링 단계, 제조 단계의 세 가지 단계로 구성된다. 설계 과정이 어떻게 구성되느냐에 관계없이 과정의 각 단계에는 설계 기술, 소재 및 가공에 대한 지식이 포함되어야 하며, 부품 설계, 소재 및 가공법에 대한 의사 결정이 병행하여 이루어져야 한다. 각 단계는 다음에서 설명하는 바와 같다.

(1) 사전 디자인 단계
개념적 형태, 성능 요구 사항, 사용 가능한 소재, 비용 및 성능 적합성, 제조 기법

(2) 엔지니어링 단계
자세한 부품 설계 및 평가, 엔지니어링 분석, 제조 의사 결정, 프로토타입 테스트, 재설계

(3) 제조 단계
자세한 금형 설계, 구성 및 평가, 유동 분석, 제조 장비 선택 및 평가, 제조 부품 테스트, 최종 비용 분석 등을 다룬다.

3) 사전 디자인 단계

사전 디자인 단계에는 개념적인 형태의 확립과 모든 성능 요구 사항을 정의하는 두 가지 중요한 과정이 있다. 전혀 새로운 형태를 만들어야 하는 경우도 있지만 일반적으로 기능적 요구 사항, 주변 구조, 관련자, 이전 설계에 따라 어느 정도 사전에 정의되게 된다.

결국 어느 경우든지 성공적인 부품 설계를 위해서는 소재 및 가공 지식은 물론 우수한 설계 기술이 필요하다. 예를 들어 유동을 떨어뜨려 충분한 거리만큼 나아가지 않게 하거나, 언더컷과 같은 구조를 삽입하거나, 튜브 형태 구조를 사출 시 가스 사출 성형이 적용되도록 할 수 있다. 초기 형태에 따라 제조 방법이 달라지는 경우도 있지만 그 반대의 경우도 있다. 부드럽고, 구부러지고, 우묵한 부분이 있는 부품이 이에 해당되고, 이 경우에는 용융 코어 성형을 사용해야 하므로 나머지 형태도 용융 코어 성형 지침을 따라야 한다.

성능 및 제품 요구 사항을 정의하는 목적은 용처와 관련된 부품의 성능 및 요구 사항을 자세히 하기 위함이다. 이 단계를 문제 또는 프로젝트 정의 단계라고도 한다. 이 단계에서 올바르게 정의되면 성공적인 설계 과정의 기초가 확립된다. 외부 공급업체의 선택, 적합한 엔지니어링 분석, 필요한 프로토타입 평가 및 고품질 부품의 생산은 모두 올바른 요구 사항 확립에 필요한 작업들이다.

일부 요구되는 성능으로부터 직접 소재를 선별할 수도 있다. 온도 저항성, 투명

도, 인화성 등 설계에 영향을 받지 않는 특성 및 요구 사항으로부터도 소재를 신속하게 선별할 수 있다.

그 외의 다른 요구 사항은 모호하거나 직접 관련되어 있지 않다. 내충격성, 내화학성, 경도, 내마모성과 같은 요구 사항은 일반적으로 특정 부품에 대해 구체적으로 정량화할 수 없다. 그러므로 시행착오에 의해 소재를 선별하거나 엔지니어링 단계의 엔지니어링 분석 또는 프로토타입 테스트 단계까지 요구 사항 분석을 미뤄야 한다.

엔지니어링 단계 이전에 모호한 요구 사항을 분석해야 하는 경우에는 테스트를 수행해야 한다. 과정 진행을 위한 결정에 별도의 지식이 필요한 경우에는 성능 적합성을 검토해야 한다. 비용이 중요한 프로그램의 경우 이 단계에서 제조 과정을 자세히 검토하는 예비비용 분석을 수행해야 한다.

준비 단계의 목적은 제품에 있어 요구 사항과 개념적 형태를 정의하는 것이다. 또한 몇 가지 소재와 가공 방법을 선택하고 엔지니어링 단계로 진행할지 여부를 결정하는 것이다.

이 초기 단계를 포함한 설계 공정의 어느 부분에서나 설계 엔지니어는 필요한 경우 특징 분야의 진문가에게 문의해야 한다. 용융 가공 부품의 실제에는 내부분 외부 회사가 참여한다. 제품에 필요한 사항과 요구 사항을 초기에 분석하면 금형 제작업체, 프로토타이퍼, 맞춤형 성형업체 및 소재 공급업체를 설계 과정 초기에 선택하여 참여시킬 수 있다. 이러한 선택은 어렵지만 제품 요건이 일단 정의되고 나면 능력에 맞는 회사를 선정할 수 있다. 그런 다음 품질, 납품 및 비용 순으로 회사를 선택할 수 있다. 선택된 회사는 비즈니스 협력업체라고 생각해야 하므로 성공하려면 상호 신뢰와 투명한 의사소통이 필수적이다.

4) 엔지니어링 단계

자세한 부품 설계 및 평가는 이 단계에서 가장 중요한 작업이며 준비 단계와 마찬가지로, 설계 엔지니어링, 소재 및 가공 지식이 성공적으로 적용되어야 한다. 엔지니어링 분석은 성능 또는 모호한 요구 사항이 많은 부품에 필요하다. 어느 경우에나 정확한 분석 결과를 얻으려면 성능에 있어 요구 사항을 정의해야 한다. 대부분의 수지 시스템은 변형률 0.5%까지만 선형으로 가정할 수 있으므로 비선형 소재 분석이 필요할 수 있다. 벽 두께보다 크게 변형되는 경우가 많으므로 대부분의 경우 비선형 형태 분석을 수행한다.

또한 이 단계에서는 소재 지식도 필요하다. 모든 플라스틱 소재에는 비선형 기계적 거동이 있으므로 엔지니어는 항상 최종 사용 조건에서 테스트한 완벽한 응력-변형 곡선을 사용해야 하며 적어도 온도 및 하중 지속 시간을 사전에 지정해야 한다. 온도는 항상 기계적 특성에 영향을 준다.

적용된 하중이 중요한 경우 올바른 특성을 사용하려면 하중이 지속적으로 가해지는 시간을 알아야 한다. 또한 금속과 달리 플라스틱은 용도가 다양하므로 인화성, 전기적 특성, 마찰 특성, 환경적 특성 및 광학 특성에 대한 지식도 필요하다.

조립 방법도 검토되어야 하는데 용융 가공 플라스틱의 결합은 일반적으로 복합 소재의 연결보다 쉽지만 금속을 결합하는 것보다는 어렵다. 플라스틱 소재 조립에는 접착, 용융 결합 및 기계적 조립의 세 가지 범주가 있다.

접착법에는 기존 접착제, 용매 및 용융 접착 등이 있다. 용융 결합법에서는 초음파, 진동, 회전 등으로 소성 수지 부품을 녹여야 한다. 기계적 방법에는 나사 조립, 압력 끼워 맞춤, 잠가 끼워 맞춤 및 기타 기존의 기계적 방법이 있다. 작업 요구 사항에 따라 범주를 결정한 다음 이에 따라 연결 부위를 설계한다.

준비 단계에서 선정된 공정에 있어서의 제약 사항 또한 고려해야 한다. 사출 성형의 경우 설계 엔지니어는 다음과 같은 주요 제약 사항을 고려해야 한다.

- 잔류 응력
- 웰드라인
- 섬유 배향
- 분자 배향
- 성형수축률
- 캐비티 배치
- 게이팅/유동 길이
- 냉각
- 런너 시스템
- 슬라이드가 필요한 부품 기능

이러한 제약 사항들은 서로 연관되어 있다. 한 가지 제약 사항을 최적화하면 하나 이상의 다른 제약 사항에 영향을 미칠 수 있다.

처음 5가지는 소재에 대한 제약 사항이다. 주요 웰드라인은 인장 강도를 50% 이하로 저하시킬 수 있으며, 잔류 응력은 부품 전체에 적용되나, 어렵지만 제어가

가능하다. 잔류 응력이 과도하면 휨 현상이 발생한다. 배향효과는 비등방성 특성의 원인이다. 뒤의 5가지는 금형에 대한 제약 사항으로, 성공적인 부품 설계를 위해 엔지니어링 단계에서 검토되어야 한다.

프로토타입의 종류는 작업 요구 사항에 따라 달라진다. 예를 들어 분석 방법으로 요구 사항의 문제를 해결할 수 없거나 요구 사항이 제대로 정의되지 않아서 분석 방법이 유용하지 않을 수 있다. 프로토타입 테스트는 특별한 경우에 수행하며 그 범위는 매우 간단한 테스트에서 반제조 테스트까지 다양하다.

자세한 분석적 설계 및 안전 계수 선정을 통해 전체 부품 테스트 시간을 단축할 수 있지만 테스트는 반드시 행해져야 한다. 최소한 제조 단계에서 초기 제조 부품으로 테스트를 수행해야 한다. 올바른 변형률로, 최대 온도에서, 예상 화학약품의 존재 하에 최대(실제) 작업 부하를 적용해야 한다. 최대한 길게, 최소한 100~1,000시간 동안 일정한 하중을 적용해야 한다. 테스트는 최종 사용 조건에 가장 가까운 상태에서 수행해야 한다.

엔지니어링 단계의 목표는 완전한 제조 부품 설계의 도면화이다. 준비 단계에서 개념적 부품 도면을 생성한 경우 이 도면을 계속 사용할 수 있다. 컴퓨터에서 생성한 형태(2차원 및 3차원)와 제한 요소 분석(구조 및 유동)을 통해 이 단계와 다음 단계를 신속히 수행할 수 있다.

5) 제조 단계

이 단계에서는 제조 가능성에 중점을 두어야 하지만 설계 엔지니어링과 소재에 대한 지식이 계속 필요하게 된다. 용융 가공 소재의 경우 제조 가능성은 금형의 설계, 제작 및 평가를 의미하며, 이를 위해 제조 장비를 선택하고 평가해야 하며, 가능한 경우 유동 분석을 수행해야 한다. 제조부품 테스트와 최종 비용 분석도 이 단계에서 수행한다.

금형 설계를 제어하는 대부분의 주요 제조 관련 문제는 자세한 부품 설계에 영향을 미치므로 이 단계에서 해결해야 한다. 금형을 설계하는 것은 부품 크기, 부품 모양 및 캐비티 수와 같은 성능 요구 사항이 일반적으로 잘 정의되어 있다는 상황에서 추가 부품을 설계하는 것과 같다.

다른 사람이 금형을 설계하는 경우 설계 엔지니어는 금형 설계업체/맞춤형 성형업체에서 전체 프로젝트의 요구 사항과 필수적인 엔지니어링 과제를 이해하고 있는지 확인해야 한다. 사출 성형 금형의 경우 주요 과제는 다음과 같다.

- 소재 가공 및 수축
- 허용 오차 설계
- 장치 호환성
- 유체 유동(유체 및 플라스틱 냉각)
- 벤팅
- 런너 시스템/게이팅
- 열 전달
- 냉각 시스템
- 금형 종류
- 금형 소재
- 금형의 열 팽창
- 금형의 마멸 및 부식
- 금형의 슬라이딩 표면
- 이젝터 시스템
- 금형 제작, 유지 관리 및 변형
- 공정 제어 및
- CAD/CAE/CAM 기능

복잡한 형태의 부품 제조에 사용될 금형의 설계 시에는 유동 분석이 유용하다. 시중에서 구입할 수 있는 컴퓨터 소프트웨어 패키지로 캐비티 충진 순서를 쉽게 분석하여 압력 강하, 온도 저하 및 금형 충진 시간을 예상할 수 있다. 이러한 예상을 통해 금형을 제작하기 전에 웰드라인의 위치, 게이트 형태, 런너 형태 및 캐비티 크기를 분석적으로 검토할 수 있다.

새로운 금형을 제조 장비를 이용하여 평가하고, 그런 다음 금형에 큰 문제가 없다면 장비를 평가하게 된다. 이 문서에서 설명한 것과 같은 병행 설계 과정을 사용하면 금형을 크게 변경할 필요가 없게 된다.

용융 가공 공정의 경우 질량 유속이 가장 중요한 변수이고, 사출 성형에서는 질량 유속을 캐비티 충전순서(고유동) 및 캐비티 패킹순서(저유동)에 대해 최적화해야 한다. 이 두 조건 간의 전환점도 중요하다. 주어진 충전량, 용융 온도 및 금형 온도에서 질량유속은 압력 수준과 압력 지속 시간에 따라 변화한다. 유동 분석 결과를 초기에 적절히 이용하면 좋다. 부품의 성능은 수지 캐비티를 충전하는 방식에 따라 크게 달라지므로 잘 제어된 공정을 확보하는 것이 중요하다. 일부 형식의 부품 테스트/평가는 제조된 최초의 작동 가능 부품에 대해 수행해야 한다. 기관의 승인을 얻기 위해 전체 부품이 필요한 경우에는 전체 부품 확인 후 진행해야 한다. 설계 또는 소재를 변경해야 하는 경우에는 작동 가능한 부품을 새로 제조하여 다시 테스트해야 한다. 제조 단계의 목표는 시장에 출시할 수 있는 우수한 제품을 제작하는 것이다. 플라스틱 소재 플라스틱 소재의 거동은 광범위하며, 그 이유는 주로 보강 섬유, 충전제 및 기타 첨가제를 넣기 때문이다. 소재로서 철제금속은 항복점이 분명하지만 대부분의 변성되지 않은 플라스틱은 항복 영역의 변화가 점진적이다. 철제 금속의 경우 항복점, 최고점 및 파단 시 강도가 정의된다. 플라스틱의 경우, 최고점만 인장강도로 정의한다. 최고점이 항복 시 나타나면 항복 인장강도로 정의하고, 파단 시 나타나면 파단인장강도로 정의한다.

6) 부품 허용 오차

허용 오차는 다양한 방식으로 플라스틱 부품에 영향을 미친다. 즉, 허용 오차로 인해 제조 단계가 추가될 수도 있고 부품을 저렴한 비용으로 제조하지 못할 수도 있다. 이는 모든 제조 부품에 있어 사실이지만, 열가소성 소재의 특성상 다양한 변수들로 인해 비용에 대한 허용 오차의 영향을 용융 가공 소재의 설계 과정에서 고려하기는 어렵다. 사출 성형의 경우 이러한 변수를 소재의 성형수축률, 부품 형태, 게이팅, 금형 품질, 금형 허용 오차 및 공정의 6가지 범주로 나누어 생각할 수 있다.

금형 허용 오차는 금형 제조 방법에 따라 다르며 일반적으로 모든 치수에 대해 일정하게 유지된다. 부품의 허용 오차는 금형의 허용 오차보다 크게 된다. 공정 변수는 최고의 부품을 제조하고 특정 허용 오차를 얻지 않도록 최적화된다. 따라서, 일반 금형 허용 오차가 유지되고 공정 변수가 일정한 경우(폐쇄 회로 제어 권장), 사출 성형 허용 오차를 제어하는 4가지 변수 범주가 남는다.

설계 과정의 어느 지점에서든 성공적으로 허용 오차를 평가하려면 설계 엔지니어링, 소재 및 가공법에 대한 지식이 필요하다. 소재에 대한 지식은 특정 두께와 유동 거리에서 소재 수축률 및 보강제, 충전제, 첨가제가 수축률에 미치는 영향을 이해하는 데 필요하다.

부품 형태를 평가하려면 설계 엔지니어링 지식이 필요하다. 예를 들어, 허용 오차 값과 허용 오차 유형은 실제 값이어야 하며 치수의 크기 및 유형에 따라 달라진다. 특히 파팅라인(parting line)에 수직인 방향의 치수나 수축률이 매우 중요한 부위의 치수인 경우에는 주의가 필요하다. 부품면의 두께는 수축률 때문에 중요하며, 균일한 두께, 반경 및 구배와 같은 표준 사출 성형 지침 모두 허용 오차에 영향을 미친다.

가공 지식은 게이팅과 금형 품질을 결정하는데 필요하다. 게이트 위치와 수는 유동 거리를 제어하므로 매우 중요하며 캐비티의 압력분포[중요한 다른 요소는 균형잡히고 적절한(핫/콜드) 런너 시스템] 규정 및 섬유 배향 제어에도 중요한 요소이다. 유동 거리와 웰드라인은 항상 최소화되는 방향이 되어야 하며, 일부 편평도 허용 오차에 대해서 비등방성 섬유 배향을 최소화해야 한다. 게이트 크기와 유형도 중요하다. 고정된 허용 오차를 얻을 수 있는지 여부는 균일하게 전달되는 열을 적절하게 냉각하는 우수한 금형, 적절한 벤팅, 변형을 최소화할 수 있는 충분한 크기도 적절한 소재로 제조되었는지에 따라 달라진다.

7) 안전

안전이란 부품이 사용 기간 동안 고장없이 제대로 작동할 수 있는 능력을 말한다. 먼저, 작동, 사용 기간 및 부품 고장을 정의해야 한다. 또한 안전 계수의 정의, 고장 이론 및 프로토타입과 제조 부품 테스트도 포함된다.

안전 계수는 여러 가지 방법으로 정의되지만 기본적으로는 문제를 일으키는 원인의 허용 정도와 관련이 되어 있다. 안전계수는 세 가지 기본적인 방법으로 적용할 수 있다. 전체 계수를 강도 같은 소재 특성에 적용할 수도 있고, 전체 계수를 하중에 적용할 수도 있고, 개별 계수를 각 하중과 소재 특성에 적용할 수도 있다.

가해지는 각 하중을 조사한 다음 안전 계수를 적용하여 최대값을 결정하므로 마지막 경우가 가장 유용하다. 그런 다음 각 최대 하중을 응력 분석에 사용하여 형태 및 경계 조건에 따라 발생 가능한(허용 가능한) 응력을 구한다. 허용 응력 한계는 최종 사용 조건의 소재 강도에 강도 안전 계수를 적용하여 결정하게 된다. 하중 안전 계수는 기존 방식으로 결정할 수 있으나 플라스틱 소재의 강도 안전 계수는 대부분의 경우 확정하기 어렵다. 플라스틱의 강도는 소재의 고유값이 아니므로 일반적으로 최종 사용 조건에서 강도의 통계적 분포를 결정할 수는 없다. 강도는 온도, 변형률, 하중 지속 시간, 웰드라인, 비등방성, 로트 변화, 공정 변화 및 잔류 응력의 영향을 받는다. 결론적으로, 온도, 변형률, 하중 지속 시간 등의 최종 사용 조건을 이해하려면 설계 엔지니어링 지식이 필요하고, 웰드라인 상태, 비등방성 효과, 잔류 응력, 공정 변화 등을 이해하려면 가공 지식이 필요하다. 최종 사용 조건에서의 소재 거동을 잘 이해할수록 안전 계수를 정확하게 설정하여 최적의 부품 형태를 만들 수 있으므로 소재 지식이 가장 중요하다. 정의에 결함이 있고 알 수 없는 요인이 많을수록 안전계수 값이 커야 한다. 로트 및 공정 변화 같은 변수와 잔류 응력은 제어할 수 있지만 정량화하기는 어렵다. 따라서 제품을 신중하게 분석한 경우라 할지라도 최소 안전 계수 2를 사용하는 것이 바람직하다.

안전 계수의 정의는 설계 과정에서 매우 중요하며, 엔지니어링 단계에서 수행한다. 적절한 안전 계수 정의는 테스트 시간을 단축하고 재작업을 최소화하지만 설계 엔지니어링, 소재 및 가공 지식의 세 가지 기본 요소가 있어야만 수행할 수 있다.

CHAPTER

05

금형설계

CHAPTER 05 금형설계

5.1 금형 기본

1) 금형 기본구조

금형은 스프루 및 런너시스템을 통하여 플라스틱 수지를 캐비티에 주입하고, 냉각시스템에 의하여 수지를 고화시킨 냉각한 다음 취출하는 시스템이다.

[그림 5-1-1]
금형 기본구조 및
기본명칭
(a) 2단 금형
(two-plate Mold)
(b) 3단 금형
(three-plate Mold)

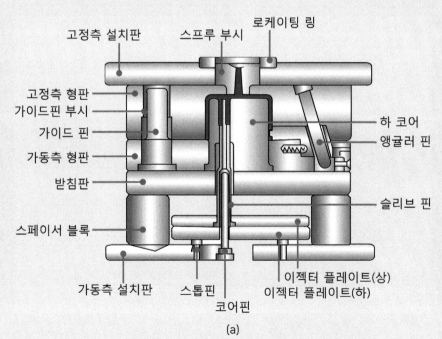

고정측 설치판　스프루 부시　로케이팅 링

고정측 형판
가이드핀 부시
가이드 핀
가동측 형판
받침판
스페이서 블록
하 코어
앵귤러 핀
슬리브 핀
가동측 설치판　스톱핀
코어핀
이젝터 플레이트(상)
이젝터 플레이트(하)

(a)

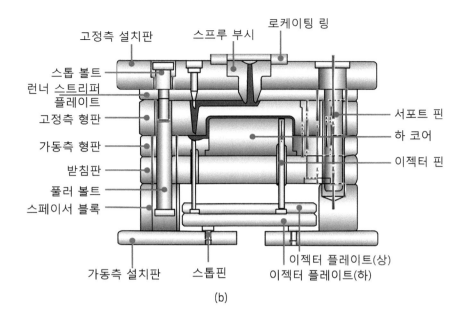

고정측 설치판   스프루 부시   로케이팅 링

스톱 볼트
런너 스트리퍼
플레이트
고정측 형판
가동측 형판
받침판
풀러 볼트
스페이서 블록

서포트 핀
하 코어
이젝터 핀

가동측 설치판   스톱핀   이젝터 플레이트(상)
이젝터 플레이트(하)

(b)

2) 금형의 분류(mold types)

금형은 금형구조상, 2단 금형과 3단 금형으로 크게 분류한다.

(1) 2단 금형(two-plate mold)

금형이 2개의 판으로 구성되어 있다. 캐비티와 같은 금형판에 런너와 게이트가
위치한다. 캐비티에서 사출물과 스프루/런너/게이트(delivery system)가 일체형
으로 취출된다.

[그림 5-1-2]
형개(型開)된 2단 금형
(two-plate Mold)

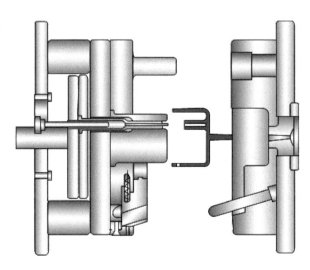

(2) 3단 금형(three-plate mold)

금형은 3개의 판으로 구성되어 있다. 런너를 위한 별도의 런너 스트리퍼 플레이트(stripper plate)가 필요하다. 캐비티와 런너는 각각 별도로 취출된다.

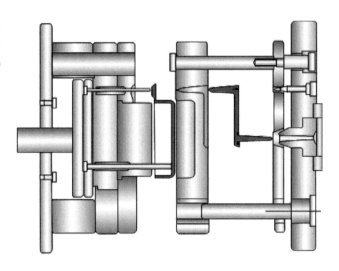

[그림 5-1-3]
형개(型開)된 3단 금형
(three-plate Mold)

3) 런너시스템(runner system)

런너시스템은 용융수지를 스프루에서 금형 캐비티로 이르게 한다. 런너는 크게 콜드런너(cold runner)와 핫런너(hot runner)로 분류된다.

(1) 콜드런너(cold runner)

콜드런너의 지름과 길이는 사출압력과 사이클 시간에 큰 영향을 준다. 런너가 작으면 사출압력은 상승하지만 사이클 시간은 줄어든다. 이들은 경험이나 해석을 통해서 최적화될 수 있다. 이들은 성형이 완료된 후에 취출되어야 하므로 적절한 빼기 구배를 주어야 한다[그림 5-1-1].

① 설치비용이 저렴하다.
② 설계변경이 용이하다.

(2) 핫런너(hot runner)

핫런너의 종류에는 몇 가지가 있으나 대표적인 형태가 플라스틱 수지 주입로 외곽에 코일이 감겨져서 온도가 관리되는 외부가열런너(external heated runner) 시스템이다.

충전 시작 이전에 수지가 핫런너에 이미 주입되어 있으며, 이러한 핫런너시스템은 매니폴드 시스템으로 금형에 설치된다.

① 스크랩의 양이 줄어든다.

② 사출압력이 줄어든다.

③ 밸브 컨트롤이 가능하다.

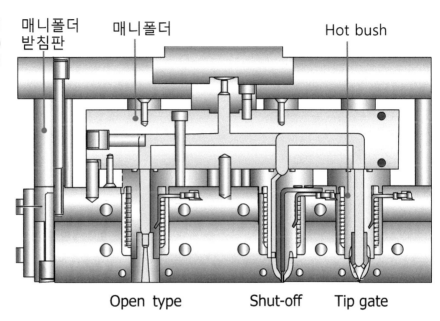

[그림 5-1-4]
핫런너(hot runner)
구조 및 기본용어

매니폴더 받침판　매니폴더　Hot bush

Open type　　Shut-off　　Tip gate

4) 냉각시스템(cooling systems)

금형에 주입된 플라스틱 수지는 여러 가지 원인으로 냉각되는데, 그 중 가장 큰 역할을 하는 것이 냉각 채널이다. 또한 냉각시스템과 그 냉각수의 조건은 금형 온도를 결정하며, 금형 온도는 사이클 시간, 제품의 광택도, 사출압력, 수축률, 변형 등에 큰 영향을 준다.

냉각 채널의 구성은 Circuit, Hose, Baffle, Bubbler, Thermal Pin 등으로 구성되어 있다.

냉각시스템의 목적은 크게 두 가지를 동시에 충족한다.

① 충전된 용융수지를 균일하게 냉각(고화)하여 사출품 구현

② 원하는 금형온도를 일정하게 유지

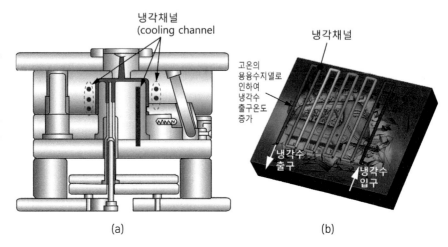

[그림 5-1-5]
냉각시스템 구성
개략도
(a) 금형 내
냉각 채널
(b) 냉각 채널
(3D 도면)
(참고 : Moldflow)

냉각채널
(cooling channel

냉각채널

고온의
용융수지열로
인하여
냉각수
출구온도
증가

냉각수
출구

냉각수
입구

(a)

(b)

참고

"냉각수의 레이놀즈수와 압력분포"

냉각 채널에서 냉각수의 레이놀즈수와 채널 내의 압력분포를 나타내었다.

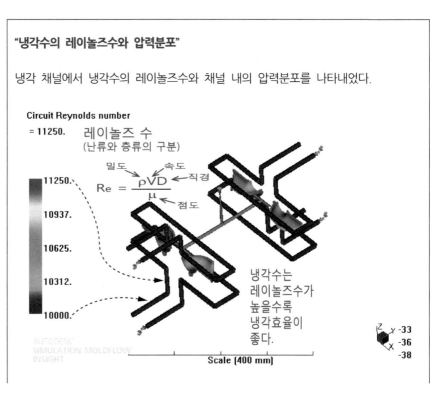

Circuit Reynolds number

= 11250.

레이놀즈 수
(난류와 층류의 구분)

11250.

10937.

10625.

10312.

10000.

밀도   속도
$$Re = \frac{\rho VD}{\mu}$$
직경

점도

냉각수는
레이놀즈수가
높을수록
냉각효율이
좋다.

Scale [400 mm]

-33
-36
-38

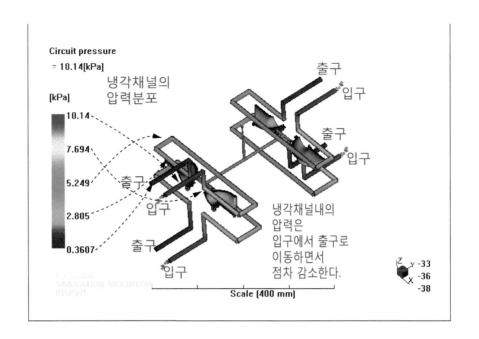

Circuit pressure
= 10.14[kPa]

냉각채널의
압력분포

[kPa]

10.14

7.694

5.249

2.805

0.3607

출구

입구

출구

입구

출구

출구

입구

출구

입구

냉각채널내의
압력은
입구에서 출구로
이동하면서
점차 감소한다.

SIMULATION MOLDFLOW
INSIGHT

Scale [400 mm]

Z
Y
X
-33
-36
-38

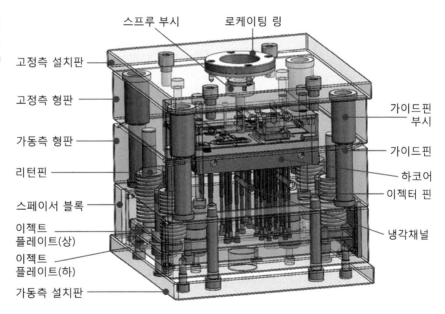

[그림 5-1-6]
금형설계 사례
(3D CAD 도면)

스프루 부시

로케이팅 링

고정측 설치판

고정측 형판

가동측 형판

리턴핀

스페이서 블록

이젝트
플레이트(상)

이젝트
플레이트(하)

가동측 설치판

가이드핀
부시

가이드핀

하코어

이젝터 핀

냉각채널

5.2 사출금형설계 프로세스

사출금형설계구상을 위한 사전검토항목을 나열하면 다음과 같다. [그림 5-2-1]은 순서를 크게 요약한 것이다. 금형설계를 할 때, 선배 설계자들이 행하던 것을 별 생각 없이 답습하는 후배들을 흔히 본다.

[그림 5-2-1]
사출금형설계, 제작,
성형의 공정도

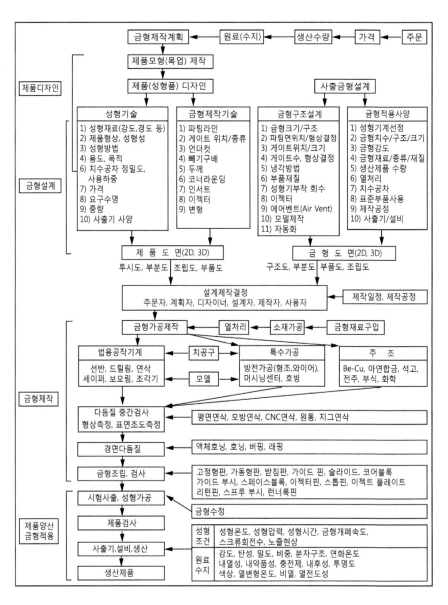

비록 유사 사출품의 경우는 성공적으로 행하여진 기존 프로세스를 답습하는 것
도 중요하지만, 기본적인 프로세스를 숙지하여 어떤 사출품을 개발하더라도 체
계적으로 기술을 분석하고 축적하는 자세가 중요하다. 기본적인 프로세스를 알
지 못하면 더 이상의 발전은 바랄 수 없고 '사상누각'의 지식이 되고 만다.

[그림 5-2-2]
금형설계를 위해
거쳐야 할
기본단계금형제작을
위한 사전
상세검토사항

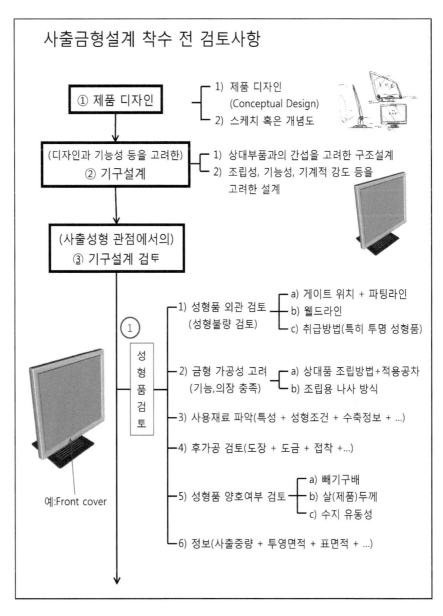

사출금형설계 착수 전 검토사항

① 제품 디자인
- 1) 제품 디자인 (Conceptual Design)
- 2) 스케치 혹은 개념도

(디자인과 기능성 등을 고려한)
② 기구설계
- 1) 상대부품과의 간섭을 고려한 구조설계
- 2) 조립성, 기능성, 기계적 강도 등을 고려한 설계

(사출성형 관점에서의)
③ 기구설계 검토

① 성형품 검토
- 1) 성형품 외관 검토 (성형불량 검토)
  - a) 게이트 위치 + 파팅라인
  - b) 웰드라인
  - c) 취급방법(특히 투명 성형품)
- 2) 금형 가공성 고려 (기능,의장 충족)
  - a) 상대품 조립방법+적용공차
  - b) 조립용 나사 방식
- 3) 사용재료 파악(특성 + 성형조건 + 수축정보 + …)
- 4) 후가공 검토(도장 + 도금 + 접착 +…)
- 5) 성형품 양호여부 검토
  - a) 빼기구배
  - b) 살(제품)두께
  - c) 수지 유동성
- 6) 정보(사출중량 + 투영면적 + 표면적 + …)

예:Front cover

[그림 5-2-2]
금형설계를 위해
거쳐야 할
기본단계금형제작을
위한 사전
상세검토사항(연속)

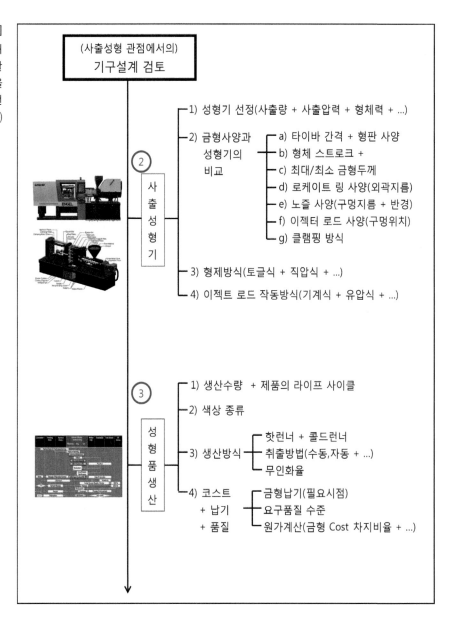

(사출성형 관점에서의)
기구설계 검토

② 사출성형기

1) 성형기 선정(사출량 + 사출압력 + 형체력 + ...)

2) 금형사양과 성형기의 비교
- a) 타이바 간격 + 형판 사양
- b) 형체 스트로크 +
- c) 최대/최소 금형두께
- d) 로케이트 링 사양(외곽지름)
- e) 노즐 사양(구멍지름 + 반경)
- f) 이젝터 로드 사양(구멍위치)
- g) 클램핑 방식

3) 형제방식(토글식 + 직압식 + ...)

4) 이젝트 로드 작동방식(기계식 + 유압식 + ...)

③ 성형품생산

1) 생산수량 + 제품의 라이프 사이클

2) 색상 종류

3) 생산방식
- 핫런너 + 콜드런너
- 취출방법(수동,자동 + ...)
- 무인화율

4) 코스트 + 납기 + 품질
- 금형납기(필요시점)
- 요구품질 수준
- 원가계산(금형 Cost 차지비율 + ...)

[그림 5-2-2]
금형설계를 위해
거쳐야 할
기본단계금형제작을
위한 사전
상세검토사항(연속)

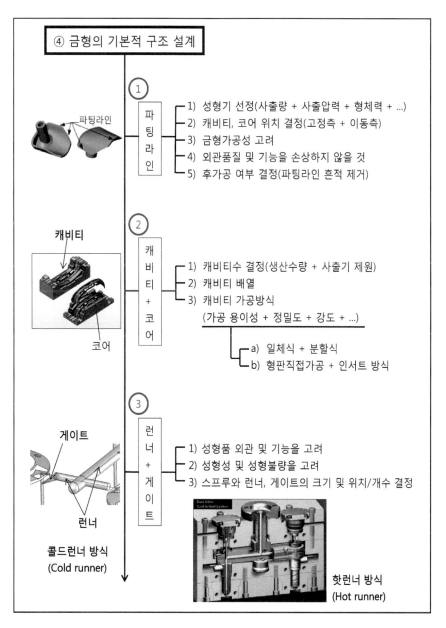

④ 금형의 기본적 구조 설계

① 파팅라인

파팅라인

1) 성형기 선정(사출량 + 사출압력 + 형체력 + ...)
2) 캐비티, 코어 위치 결정(고정측 + 이동측)
3) 금형가공성 고려
4) 외관품질 및 기능을 손상하지 않을 것
5) 후가공 여부 결정(파팅라인 흔적 제거)

② 캐비티 + 코어

캐비티

코어

1) 캐비티수 결정(생산수량 + 사출기 제원)
2) 캐비티 배열
3) 캐비티 가공방식
   (가공 용이성 + 정밀도 + 강도 + ...)

   a) 일체식 + 분할식
   b) 형판직접가공 + 인서트 방식

③ 런너 + 게이트

게이트

런너

콜드런너 방식
(Cold runner)

1) 성형품 외관 및 기능을 고려
2) 성형성 및 성형불량을 고려
3) 스프루와 런너, 게이트의 크기 및 위치/개수 결정

핫런너 방식
(Hot runner)

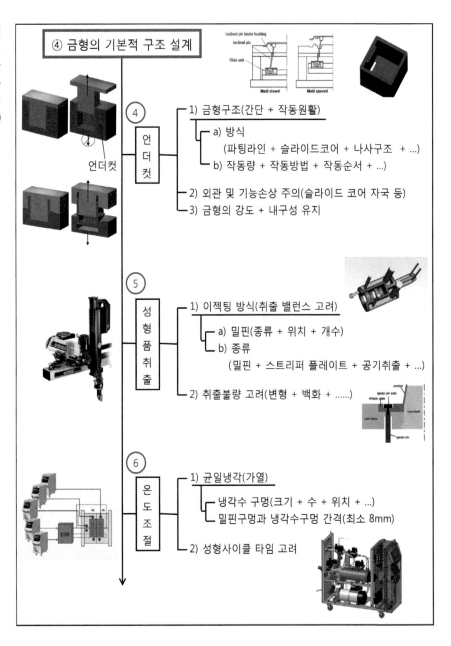

[그림 5-2-2]
금형설계를 위해
거쳐야 할
기본단계금형제작을
위한 사전
상세검토사항(연속)

④ 금형의 기본적 구조 설계

Inclined pin leader bushing
Inclined pin
Slide unit
Mold closed   Mold opened

언더컷

④ 언더컷

1) 금형구조(간단 + 작동원활)

   a) 방식
      (파팅라인 + 슬라이드코어 + 나사구조 + ...)
   b) 작동량 + 작동방법 + 작동순서 + ...)

2) 외관 및 기능손상 주의(슬라이드 코어 자국 등)
3) 금형의 강도 + 내구성 유지

⑤ 성형품취출

1) 이젝팅 방식(취출 밸런스 고려)

   a) 밀핀(종류 + 위치 + 개수)
   b) 종류
      (밀핀 + 스트리퍼 플레이트 + 공기취출 + ...)

2) 취출불량 고려(변형 + 백화 + ...)

product
ejector pin bolts
stripper plate
core block
core insert
ejector pin

⑥ 온도조절

1) 균일냉각(가열)

   냉각수 구멍(크기 + 수 + 위치 + ...)
   밀핀구멍과 냉각수구멍 간격(최소 8mm)

2) 성형사이클 타임 고려

[그림 5-2-2]
금형설계를 위해
거쳐야 할
기본단계금형제작을
위한 사전
상세검토사항(연속)

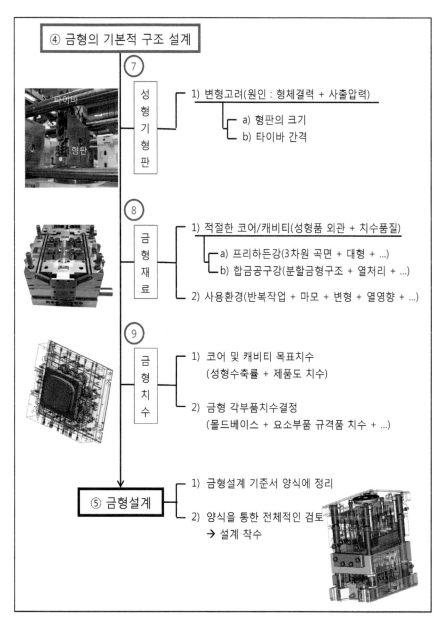

④ 금형의 기본적 구조 설계

⑦ 성형기형판

1) 변형고려(원인 : 형체결력 + 사출압력)
  - a) 형판의 크기
  - b) 타이바 간격

⑧ 금형재료

1) 적절한 코어/캐비티(성형품 외관 + 치수품질)
  - a) 프리하든강(3차원 곡면 + 대형 + …)
  - b) 합금공구강(분할금형구조 + 열처리 + …)

2) 사용환경(반복작업 + 마모 + 변형 + 열영향 + …)

⑨ 금형치수

1) 코어 및 캐비티 목표치수
   (성형수축률 + 제품도 치수)

2) 금형 각부품치수결정
   (몰드베이스 + 요소부품 규격품 치수 + …)

⑤ 금형설계

1) 금형설계 기준서 양식에 정리

2) 양식을 통한 전체적인 검토
   → 설계 착수

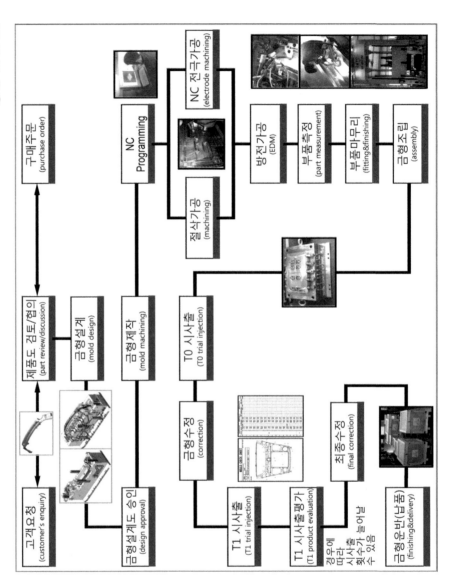

[그림 5-2-3]
일반적인
금형제작공정
(제공 : DukHeung
engineering)

구매주문 (purchase order)

NC Programming

NC 전극가공 (electrode machining)

절삭가공 (machining)

방전가공 (EDM)

부품측정 (part measurement)

부품마무리 (fitting&finishing)

금형조립 (assembly)

제품도 검토/협의 (part review/discussion)

금형설계 (mold design)

금형제작 (mold machining)

T0 시사출 (T0 trial injection)

고객요청 (customer's enquiry)

금형설계도 승인 (design approval)

금형수정 (correction)

최종수정 (final correction)

T1 시사출 (T1 trial injection)

T1 시사출평가 (T1 product evaluation)

경우에 따라 시사출 횟수가 늘어날 수 있음

금형 안반(납품) (finishing&delivery)

[그림 5-2-4]
일반금형설계
예(제공 : DukHeung
engineering)
(a) 조립도
(b) 하(下)금형
(c) 상(上)금형

(a)

(b)

(c)

[그림 5-2-5]
사출기 사례
[Krauss Maffei
대형이중사출기]
(금형설계 시작 전에
사출기 사양이 정확히
파악되어야 함)

[그림 5-2-6]
사출유닛(injection
unit)위주로 정리한
사출기 사양
예(이중사출)

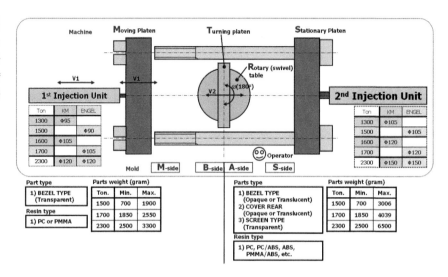

[그림 5-2-7]
금형설계 전에
사전협의 되어야 할
사출기 사양정리

3.1 Min. Mold height, Marking and Machine spec.

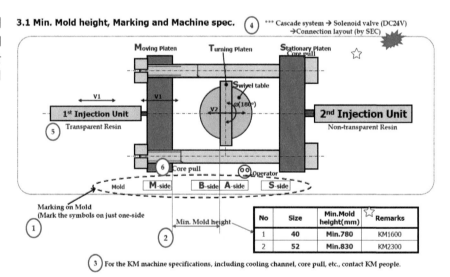

[그림 5-2-8]
금형설계 3D 도면
(대형이중사출금형)

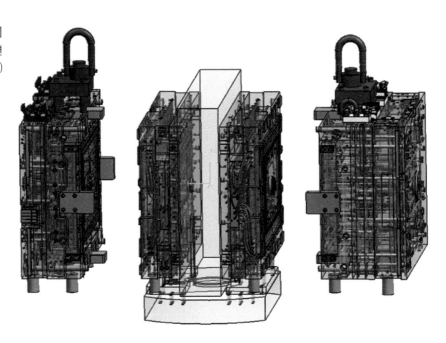

[그림 5-2-9]
금형설계 2D 단면도
(대형이중사출금형)

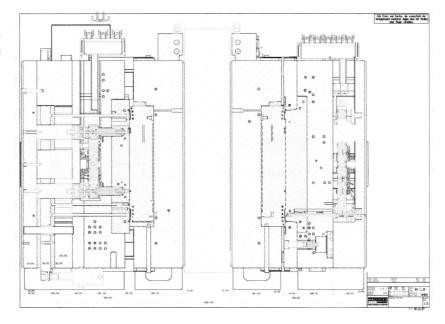

[그림 5-2-10]
금형설계 2D 도면
(대형이중사출금형)

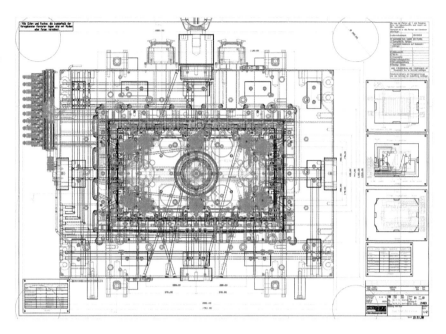

[그림 5-2-11]
금형조립도면
(대형이중사출금형)

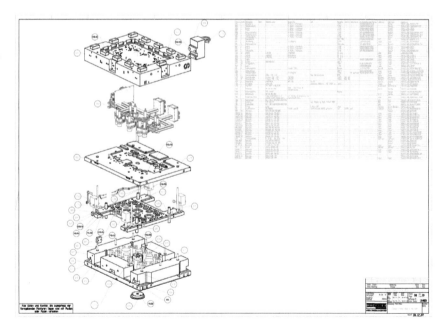

[그림 5-2-12]
금형조립도면
(대형이중사출금형)

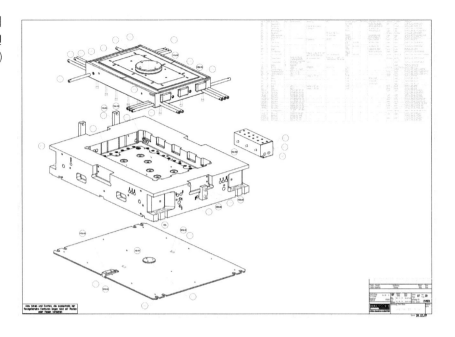

[그림 5-2-13]
금형설계 핫런너 도면
(대형이중사출금형)

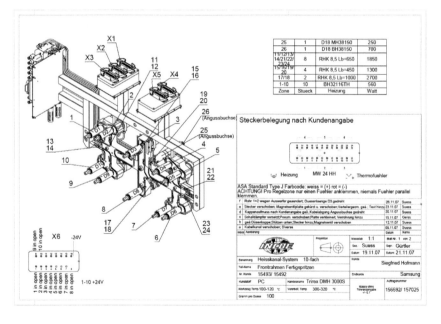

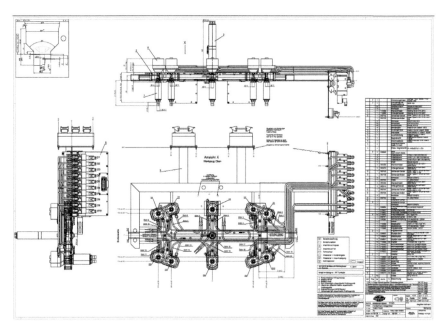

[그림 5-2-14]
금형설계 핫런너 도면
(대형이중사출금형)

[그림 5-2-15]
금형제작 장면
(대형이중사출금형)

[그림 5-2-16]
금형제작완료
(투명측 금형)
[대형이중사출금형]

[그림 5-2-16]
금형제작완료
(투명측 금형)
[대형이중사출금형]

[그림 5-2-17]
제작된 금형이
사출기에 마운팅된
모습
(대형이중사출금형)

[표 5-3-1]
수지별 성형수축률,
성형온도 및
열변형온도

수지명	수축률 (mm/mm)	비 중	금형온도 (℃)	성형온도 (℃)	열변형온도 (℃)
HDPE	0.02~0.05	0.95	40~60	150~300	60~82
LDPE	0.01~0.02	0.92	40~60	150~300	41~49
PP	0.01~0.02	0.90	55~65	160~260	99~110
HIPS	0.002~0.006	1.04	60~80	150~280	64~93
GPPS	0.002~0.004	1.05	40~60	200~300	66~91
AS	0.002~0.007	1.0	40~60	200~260	91~93
ABS	0.003~0.008	1.04	40~60	200~260	74~107
PMMA	0.002~0.008	1.18	50~70	180~250	71~91
NYLON 66	0.015	1.12	80~120	200~320	49~182
NYLON 6	0.009	1.13	80~120	200~320	127~171
POM	0.025	1.42	80~110	180~220	170
PC	0.005~0.007	1.2	90~120	280~320	138~143
PVC(경질)	0.001~0.004	1.4	40~60	140~180	54~74
PVC(연질)	0.01~0.05	1.3	45~60	180~210	54~66
PTFE	0.005~0.01	2.17	40~150	250~300	121
CA(셀루로오즈)	0.002~0.005	1.29	40~60	160~250	
				실린더온도 (℃)	시출/경화
PHENOL(목분)	0.004~0.006	1.3	160~180	50~95	8/30 SEC
PHENOL(석면)	0.005~0.006	1.8	160~180	50~95	8/30 SEC
PHENOL(포편)	0.002~0.009	1.3	160~180	50~95	8/30 SEC
UREA	0.006~0.014	1.4	120~150	50~80	8/40 SEC
MELAMINE	0.005~0.015	1.5	140~170	50~90	8/40 SEC
DAP	0.001~0.005	1.6	140~170	50~90	8/40 SEC
EPOXY	0.004~0.007	1.9	160~190	50~95	8/30 SEC

5.3 사출금형설계

1) 사출금형의 구조

(1) 몰드베이스(Mold base)

사출금형의 경우, 금형 전체를 가공하지 않고 상업용으로 판매하는 기본부품, 몰드베이스(Mold base)를 구매하여 사용한다. 업체별로 많은 종류의 몰드베이스가 있지만 가장 기본적인 2단과 3단 금형을 나타내었다.

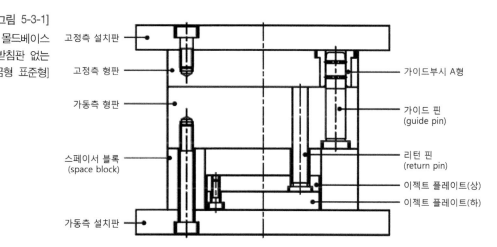

[그림 5-3-1]
몰드베이스
[A형 : 받침판 없는
2단(매) 금형 표준형]

고정측 설치판
고정측 형판
가동측 형판
스페이서 블록
(space block)
가동측 설치판

가이드부시 A형
가이드 핀
(guide pin)
리턴 핀
(return pin)
이젝트 플레이트(상)
이젝트 플레이트(하)

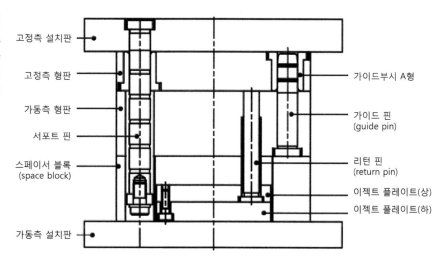

[그림 5-3-2]
몰드베이스
[DA형 : 받침판 없는
이젝터핀 돌출형
3단(매) 금형 표준형]

고정측 설치판
고정측 형판
가동측 형판
서포트 핀
스페이서 블록
(space block)
가동측 설치판

가이드부시 A형
가이드 핀
(guide pin)
리턴 핀
(return pin)
이젝트 플레이트(상)
이젝트 플레이트(하)

(2) 사출금형 부품명칭

금형부품명칭을 2단과 3단 금형에 대하여 대표적인 것을 기술하였다.

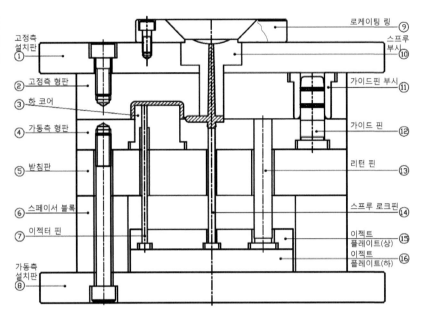

[그림 5-3-3]
사출금형(2단) 구조
(사이드 게이트형)

① 고정측 설치판
② 고정측 형판
③ 하 코어
④ 가동측 형판
⑤ 받침판
⑥ 스페이서 블록
⑦ 이젝터 핀
⑧ 가동측 설치판

⑨ 로케이팅 링
⑩ 스프루 부사
⑪ 가이드핀 부사
⑫ 가이드 핀
⑬ 리턴 핀
⑭ 스프루 로크핀
⑮ 이젝트 플레이트(상)
⑯ 이젝트 플레이트(하)

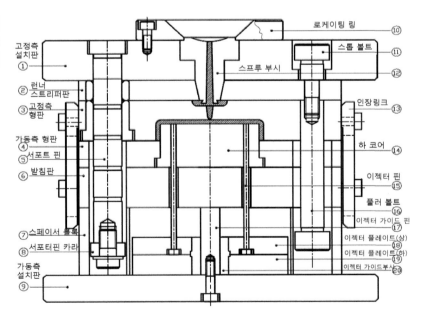

[그림 5-3-4]
사출금형(3단) 구조
(핀포인트 게이트형)

① 고정측 설치판
② 런너 스트리퍼판
③ 고정측 형판
④ 가동측 형판
⑤ 서포트 핀
⑥ 받침판
⑦ 스페이서 블록
⑧ 서포터핀 카라
⑨ 가동측 설치판

⑩ 로케이팅 링
⑪ 스톱 볼트
⑫ 스프루 부시
⑬ 인장링크
⑭ 하 코어
⑮ 이젝터 핀
⑯ 풀러 볼트
⑰ 이젝터 가이드 핀
⑱ 이젝터 플레이트(상)
⑲ 이젝터 플레이트(하)
⑳ 이젝터 가이드부시

2) 게이트 종류

게이트(gate)는 사출성형에서 아무리 강조해도 지나치지 않다. 사출성형에서의 게이트는 [그림 5-3-5]의 저택의 출입문과 유사하다. 출입문은 다양한 매개체가 드나들 수 있을 뿐만 아니라 쉽게 통제할 수도 있다. 이를 위해서 출입문을 상대적으로 작게 설계한다. 출입문의 위치를 결정할 때도 출입이 가장 쉬운 곳으로 선정해야 한다. 출입문의 형태로 다양하게 구성될 수 있다.

[그림 5-3-5]
저택의 출입문

〈게이트 설계의 목적〉

[그림 5-3-6]
게이트 설계 목적

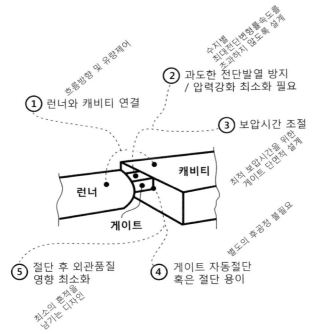

흐름방향 및 유량제어

① 런너와 캐비티 연결

② 과도한 전단발열 방지
/ 압력강화 최소화 필요

수지별 최대전단변형률속도를 초과하지 않도록 설계

③ 보압시간 조절

최적 보압시간을 위한 게이트 단면적 설계

캐비티

런너

게이트

별도의 후공정 불필요

⑤ 절단 후 외관품질 영향 최소화

④ 게이트 자동절단 혹은 절단 용이

최소의 흔적을 남기는 디자인

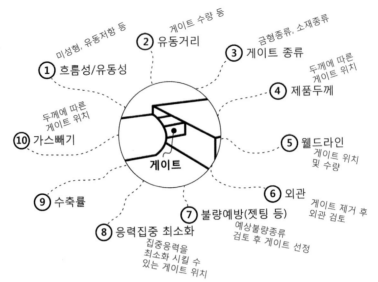

[그림 5-3-7]
게이트 설계시
고려사항

① 흐름성/유동성 — 미성형, 유동저항 등
② 유동거리 — 게이트 수량 등
③ 게이트 종류 — 금형종류, 소재종류
④ 제품두께 — 두께에 따른 게이트 위치
⑤ 웰드라인 — 게이트 위치 및 수량
⑥ 외관 — 게이트 제거 후 외관 검토
⑦ 불량예방(젯팅 등) — 예상불량종류 검토 후 게이트 선정
⑧ 응력집중 최소화 — 집중응력을 최소화 시킬 수 있는 게이트 위치
⑨ 수축률
⑩ 가스빼기 — 두께에 따른 게이트 위치

게이트

사출금형에서 사용되는 대표적인 게이트 종류들을 다음에 나열하였다.

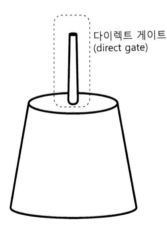

[그림 5-3-8]
다이렉트 게이트

다이렉트 게이트
(direct gate)

(1) 다이렉트 게이트(direct gate)
① 'sprue gate'라고도 함
② 캐비티가 한 개인 경우 사용
③ 압력손실이 적음
④ 게이트에 잔류응력이 발생하기 쉬운
⑤ 보압시간이 길어질 수 있음

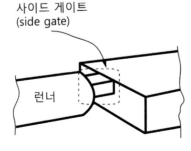

[그림 5-3-9]
사이드 게이트

사이드 게이트
(side gate)

런너

(2) 사이드 게이트(side gate)
① '표준 게이트' 혹은 'edge gate'라고도 함
② 캐비티 단면에 설치하므로 게이트 흔 적이 남음
③ 게이트 사상이 필요함

[그림 5-3-10]
오버랩 게이트

오버랩 게이트
(overlap gate)

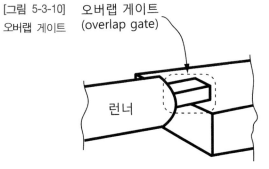

런너

(3) 오버랩 게이트(overlap gate)
① 'under gate'라고도 함
② 보통 코어측을 가동해 제품의 아래쪽
  에 설치함

[그림 5-3-11]
서브머린 게이트

서브머린 게이트
(submarine gate)

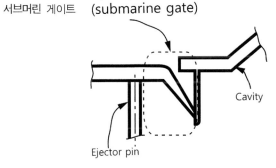

Cavity

Ejector pin

(4) 서브머린 게이트(submarine gate)
① 'tunnel gate'라고도 함
② 2단금형에서 후가공 없이 자동절단이
  가능함
③ 주로 성형품의 외측면에 게이트를 설
  치함

[그림 5-3-12]
커브 게이트

(5) 커브/바나나/캐슈 게이트
(curved, banana or cashew gate)
① 서브마린 게이트를 변형한 것
② 외관에 게이트 자국이 없음
③ 외관 품질을 향상시킬 수 있음
④ 게이트 위치 : 제품 내부

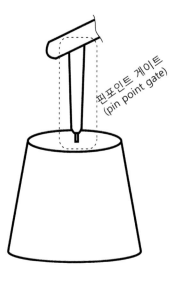

[그림 5-3-13]
핀포인트 게이트

(6) 핀포인트 게이트(pin point gate)

① 'center gate' 혹은 'pin gate'라고도 함

② 주로 3단금형에 사용

③ 게이트 자동절단이 가능

④ 게이트 크기가 작음

⑤ 전단발열 및 압력손실이 큼

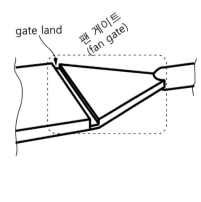

[그림 5-3-14]
팬 게이트

(7) 팬 게이트(fan gate)

① 평판상의 대형성형품이나 박판의 성형품에 유효

② 선형유동이 가능하며, 변형 및 휨이 적음

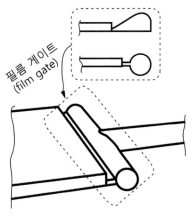

[그림 5-3-15]
필름 게이트

(8) 필름 게이트(film gate)

① 'flash gate'라고도 함

② 박판형상의 성형품에 유리

③ 변형이나 뒤틀림방지 효과

④ 게이트 제거의 어려움

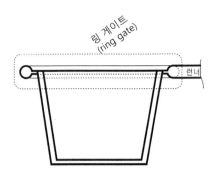

[그림 5-3-16]
링 게이트

(9) 링 게이트(ring gate)

① 제품의 외곽에 런너를 설치

② 제품의 진원도를 향상

③ 웰드라인 방지

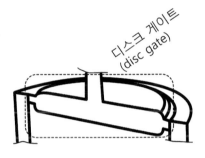

[그림 5-3-17]
디스크 게이트

(10) 디스크 게이트

　　(disk gate, diaphragm gate)

① '다이아프레임 게이트'라고도 함

② 제품 전체에 균일한 유동이 가능

③ 웰드라인 방지에 효과적임

④ 성형품의 진원도가 우수함

⑤ 게이트 제거의 어려움

(11) 핫런너(hot runner, valve gate)

[그림 5-3-18]
기본적인 핫런너

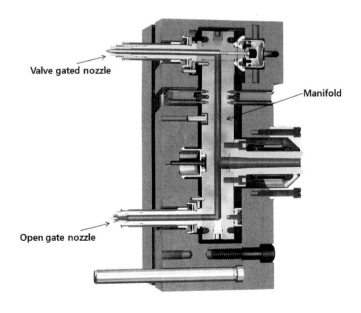

[그림 5-3-19]
가열방식에 따른
핫런너 종류
(a) 외부가열 매니
폴드/내부가열노즐
(b) 외부가열 매니
폴드/내부가열노즐
(c) 내부가열 매니
폴드 및 노즐

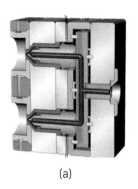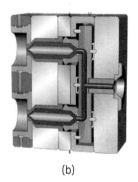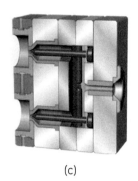

(a)   (b)   (c)

[그림 5-3-20]
핫런너 적용사례
(Stack mold)

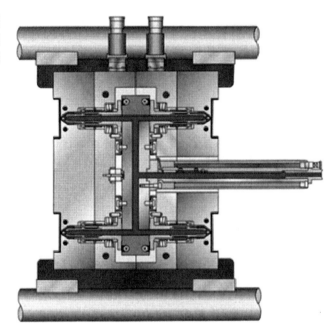

3) 설계 가이드

런너형상, 리브 등의 설계가이드를 기술하였다.

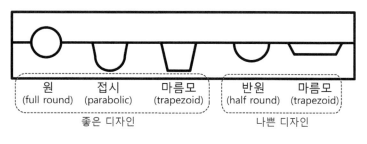

[그림 5-3-21]
런너 설계 가이드

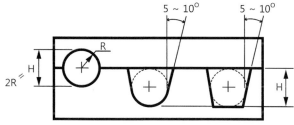

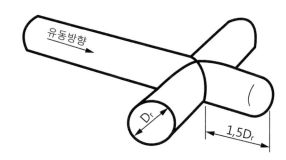

[그림 5-3-22]
싱크마트(sink mark)와 립(rib)의 기본 설계

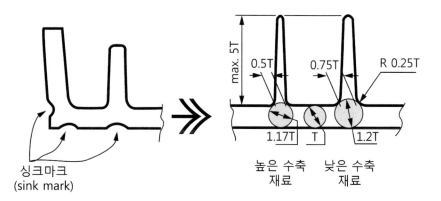

5.4 사출금형설계를 위한 제작협의 사례

실제 사출금형설계를 위해서 발주처와 제작협의한 사례를 기술하였다. 금형제작 협의 과정을 순서대로 나타내었다.

1) 사양(사출품, 금형취부, 금형재질) 결정

금형설계에 착수하기 전에 사출품, 금형크기와 재질 등등에 대한 사전 협의가 필수적이다. 사출품의 재질에 따라서도 수축률 및 금형설계구조가 변경될 수 있다. 또한 금형 크기에 따라서 사출기 용량이 결정되고, 금형의 재질도 사전에 고려되어야 한다.

[그림 5-4-1]
사출기 형판에 금형을 취부하여 금형 크기의 결정

THE AGREEMENT FOR MOLD FABRICATION (금형 제작 협의록)

DATE (작성일자)	COMPOSER (작성자)	MODEL NAME (모델명)	PART NAME (품명)	CODE NO. (코드번호)	MOLD NO. (제작차수)	DESTINATION (도입지역)	TOOL MAKER (금형제작처)	PRODUCTION (양산처)	TEST INJECTION VENDOR(시사출처)
PERSON IN CHARGE (담당자 현황)	DEPARTMENT NAME (제작처담당)	VENDOR (양산처담당)	FABRICATOR (제작처담당)	MECH.DESIGN (설계담당)	PRODUCT ENG.G. (제품기술담당)	MOLD DEVELOPMENT	PURCHASE G. (금형구매담당)	CAE (해석담당)	REMARK (비고)
	NAME/POSITION (성명/직급)	-	-	-	-		-	-	
DEVELOPMENT SCHEDULE (개발일정)	WAREHOUSING (금형입고)	SHIPMENT (금형선적)	PRE-DRAWINGS (도면접수)	M/B Order (재료발주)	FAB. MEETING (제작협의)	FINAL DRAWINGS (확정도입수)	TOOL START (금형제작시작)	T1 Planning (T1계획)	PV Schedule (PV일정)

1) Product Spec. Mold Mounting Spec. / Mold Material Spec. (제품사양 / 금형 취부 사양 / 금형 재질 사양)

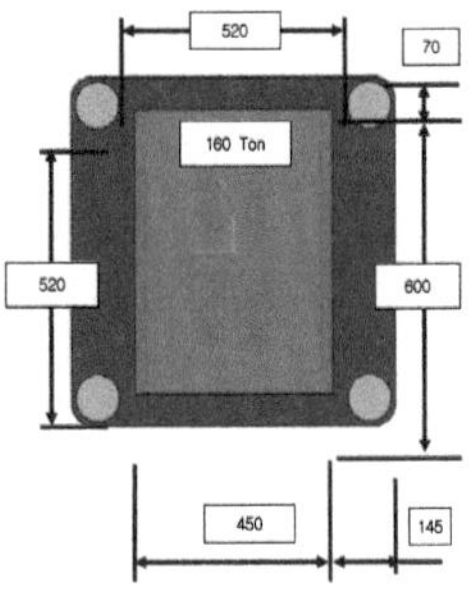

Mounting Condition (취부상태)		Classification (구분)	PRODUCT SIZE (WXDXH)(제품크기)	MOLD SIZE (WXDXH)(금형크기)	MATERIAL MAKER (원료회사명)	MATERIAL NAME (재료명)	GRADE NO. (고유 번호)	COLOR NO (색상 번호)
			153.19*41.61*29.22	450X600X400		PC+ABS+GF15%	-	-
		TARGET C/T(sec) (목표 C/T)	MOLD TYPE (금형 방식)	THICKNESS (mm) (제품 두께)	SPEAKER TYPE (스피커 TYPE)	SPRAY (후가공 사양)	ETCHING (부식 사양)	STAMP (각인 유무)
		25	SOLID	2.4(0.9~7.6)	-	SILVER SPRAY	-	O
		CAVITY (CAVITY 수량)	Clamp Plate (T) (고정판 두께)	Locate Ring	SPRUE BUSH R (스프루 부시)	COOLING HORSE (냉각 호스)	Ejector Plate Return Type (밀판 후퇴 방식)	HYDRAULIC Pressure (유압 사양)
		1 X 2 X 2	35	Ø100	R21	Ø10	SPRING	-
		Tie Bar Distance	CLAMP TYPE (고정판 고정방식)	CAPACITY(oz) (사출 용량)	SCREW TYPE	DRY WAY (냉각 방식)	EJECTOR TYPE (취출 방식)	CONTRACTION RATE
		520X520	AUTO	217	직압식	온수·냉수	EJECTOR ROD	2/1000
		REMARK (참조사양)	Clamp plate Thickness (고정판 두께)		~1300TON / T50 APPLY , 1300TON~ / T50 + T30 SEPERATELY ATTACH			
			Locate Ring		~850TON / Ø100 APPLY , 850TON~ / Ø120 APPLY			
			Cooling Horse (냉각 호스)		~650TON / Ø10 APPLY , 650TON~ / Ø12 APPLY			
		MOLD BASE (재료 크기)	Width (가로)	Length (세로)	TYPE (방식)	Cavity Plate H. (상원판 높이)	Core Plate H. (하원판 높이)	Spacer Block H. (다리 높이)
			400	600	SC	100	120	110
		MATERIAL (재질)	Cavity Plate (상원판)	Core Plate (하원판)	Cavity MAIN (상측 MAIN)	Core MAIN (하측 MAIN)	SPEAKER HOLE (TOP) (미세공)	SPEAKER CORE (BOT) (미세공)
			SM45C	SM45C	NAK-80	HP-4A	-	-
		ANGULAR CORE (경사 코아)	SEGMENT CORES (편 코아류)	CRT BOSS CORE	GATE CORE	STAMP CORE (각인 코아)	SLIDE CORE Top	SLIDE CORE Bot
		-	-	-	-	-	NAK-80	-

Mounting Condition 영역 내 표기: 520, 70, 180 Ton, 520, 800, 450, 145

2) 금형제작에 관한 일반사양 협의

금형을 설계하려면 매우 많은 사양들이 결정되게 된다. 이런 결정을 위해서 기본양식을 활용하여 각 항목에 대한 사항들을 주의 깊게 채워나가야 한다. 오류가 발생하면 금형제작 후에 발주처와 제작처간의 마찰이 있을 수 있으므로 주의해야 한다.

[그림 5-4-2]
금형제작을 위한 일반적인 사양검토표

2) Mold Tooling General Spec. (금형 제작 일반 사양)

Classification (구분)	Check Point (항목)	Spec. (사양)	Classification (구분)	Check Point (항목)	Spec. (사양)	Classification (구분)	Check Point (항목)	Spec. (사양)	REMARK (비고)
LOCATE-RING	Type(방식)	One Type / Separate Type	Cooling System (냉각 구성)	Inner Diameter Ø (내경)	8	Special Spec. (특수 사양)	Sprue HR-750	X	
	Outer Diameter Ø (외경)	100		OuterDiameter Ø (Tank 외경)	12		Sub Sprue Core	X	
SPRUE-BUSH	Inner Diameter Ø (내경)	Large(대):Ø6.5		Nipple Type	One touch		Etching (부식)	X	
		Small(소):Ø3.5		Nipple Tap.	PT 1/4"		Top-side Etching Spec.(상측 부식)	-	
	Outer Diameter Ø (외경)	Large(대):Ø35		outerDiameter Ø (Hose 외경)	10		The other Etching Spec (기타부식)	-	Separately notify
		Small(소):Ø20		NIPPLE HIDDEN GROOVE (도피홈)	-		THERMAL(열전도 핀) CONDUCTIVE PIN	X	
	Nozzle Touch (노즐 접촉면)	R21/Heat treatment		Cooler Color (냉각 색상 표시)	Yellow		THERMAL CONDUCTIVE PIN Qty(열전도핀수량)	-	
General Gate (일반 GATE)	Type(방식)	COLD SIDE	Ejecting Spec. (취출 사양)	Ejecting Block (취출 블록)	X		Gas Pin (Gas Pin적용유무)	X	
	Diameter Ø (직경)	W6X1.0		Square Block (사각 블록)	X		Gas Pin Qty. (Gas Pin 수량)	-	
	Quantity (수량)	4		Circle Block (원형 블록)	X		Gas Union Type (Gas Union 방식)	-	
	Location (위치)	협의록 기준		Sleeve-Pin	O		Gas Union Loacation (위치)	-	
	Finish (다듬질)	▽▽▽		Ejector-Pin	O		Name Plate (명판)	O	
	Core Material (코아 재질)	-		Ejecting Plate Spring	O		Material of Name Plate(명판재질)	SUS	
Valve Gate	Maker (제작처)	-	Under-Cut Equipment (Under-Cut장치)	S/Core (SLIDE 유.무)	O		Name Plate Color (명판 글자 색상)	BLACK	
	Diameter Ø (직경)	-		S/Core Qty (SLIDE 수량)	4		COOLING CIRCUIT PLATE ON MOLD (냉각 회로도 부착)	X	
	Quantity (수량)	-		HEAT TREATMENT OF SEGMENT CORE (편핀 열처리)	X		COOLING CIRCUIT PLATE MATERIAL (냉각 회로도 재질)	-	
	CTRL.Type (컨트롤러 방식)	K or J		ANGULAR CORE (경사 코아)	X		Mold Color (금형 도색 색상)	Pantone300C	
	CTRL.Jack (컨트롤러 PIN수량)	24PIN		ANGULAR CORE Qty(경사코아 수량)	-		Guide Bush Type (Guide Bush 방식)	STEEL	
	Timer	-		Core (열처리) Heat Treatment	X		LEAKED WATER GUTTER (냉각누수도피홈)	O	
Runner	Type(방식)	원형		Hydraulic Sys. (유압 코아 유.무)	X		FORCED RETURN SYSTEM(강제후퇴)	X	
	Diameter Ø (직경)	Large(대):6		Hydraulic Sys. Qty.(유압 코아 수량)	X		FORCED RETURN HOLE(강제후퇴홀)	X	
		Small(소):5		Hydraulic Type (유압 사양)	-		SPEAKER HOLE Spare(미세공)	-	
	Finish (다듬질)	▽▽▽		Hydraulic Nipple Type (유압 나를 방식)	-		SPARE PARTS (For oversea) (수출용)	Refer spec	
Clamp plate Spec. (고정판 사양)	Thickness (두께)	35		Nipple Spec (니플 사양)	-	Basic Spec. (기본 사양)	Guarantee Shot (금형 보증 Shot)	200,000	
	Center Hole Ø	40		LEAKED OIL GUTTER (오일 누유 도피홈)	Processed		Life SHOT (금형 수명 Shot)	300,000	

3) 사출기 검토

보통 금형 크기에 따라서 사출기 형판과 비교하며, 이를 통하여 사출기 사양을 결정한다. 또한, 사출유동해석을 통해서 형체력이 적절한지 고려한다.

[그림 5-4-3]
형체력의 적절성
검토

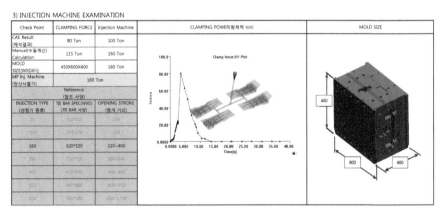

4) INJECTION MACHINE EXAMINATION

Check Point	CLAMPING FORCE	Injection Machine
CAE Result (해석결과)	80 Ton	100 Ton
Manual(수동계산) Calculation	115 Ton	160 Ton
MOLD SIZE(WXDXH)	450X600X400	160 Ton
MP Inj. Machine (양산사출기)	160 Ton	

Reference (참조 사양)		
INJECTION TYPE (성형기 종류)	TIE BAR SPEC(WXD) (TIE BAR 사양)	OPENING STROKE (형개 거리)
50	310*310	160
100	370*370	170
160	520*520	220~400
350	712*750	300~840
450	800*850	340~800
550	940*860	400~950
650	990*980	450~1100

4) 유동해석

금형제작에서 게이트 위치선정이 매우 중요하다. 게이트 위치는 제품외관, 유동성 등을 고려하여 적절한 위치에 설치되어야 한다. 결정된 게이트가 적절한지를 사출유동해석을 통해서 검증한다. 이 때 수지용융온도, 금형온도, 냉각 등을 고려하여 해석한다.

[그림 5-4-4]
게이트 위치,
수지온도, 금형온도
등에 따른 유동분석

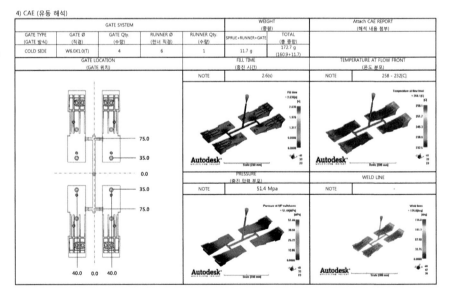

4) CAE (유동 해석)

GATE SYSTEM					WEIGHT (중량)		Attach CAE REPORT (해석 내용 첨부)
GATE TYPE (GATE 방식)	GATE Ø (직경)	GATE Qty. (수량)	RUNNER Ø (런너 직경)	RUNNER Qty. (수량)	SPRUE+RUNNER+GATE	TOTAL (총 중량)	
COLD SIDE	W6.0X1.0(T)	4	6	1	11.7 g	172.7 g (160.9+11.7)	

5) 불합리한 금형구조 협의

기구 혹은 제품설계를 할 때 사출성을 모두 고려하는 경우는 매우 드물다. 완료된 기구설계도면을 통해서 금형설계자가 다시금 사출성을 고려하여 구조변경을 해야 하는 경우가 있다. 사출에 적합하지 않다고 무조건 변경해서는 안 된다. 반드시 발주처와 협의를 통해서 수정되어야 한다.

[그림 5-4-5]
사출성을 고려한
제품구조변경 협의
사례

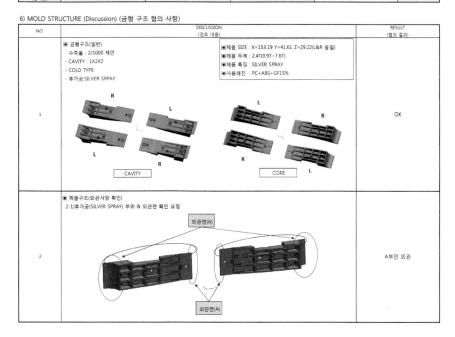

위의 금형제작 협의가 완료되면 비로소 금형설계자는 금형설계에 본격적으로 착수하게 된다.

5.5 성형품의 불량과 대책(trouble shooting)

사출성형에서 주로 발생하는 문제점에 대한 원인과 가장 흔히 사용하는 대책에 대해서 간략하게 기술하였다. 사출에 따른 불량은 [그림 5-5-1]에 기술한 것 외에도 무수히 많이 있다. 또한 사출을 이용한 다양한 공법에 따라서 사용하는 불량유형도 다르게 나타난다.

[그림 5-5-1]
사출성형에 따른
결함(defect)들
(사진 : KRAUSS
MEFFEI)

(1) 웰드라인(weld line)

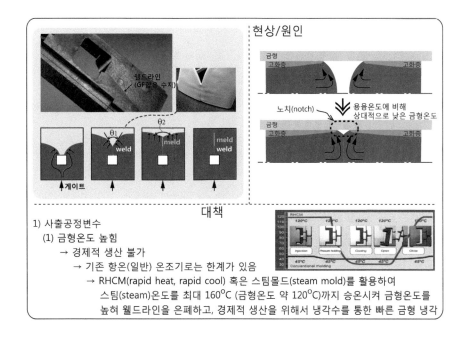

(2) 싱크마크(sink mark)

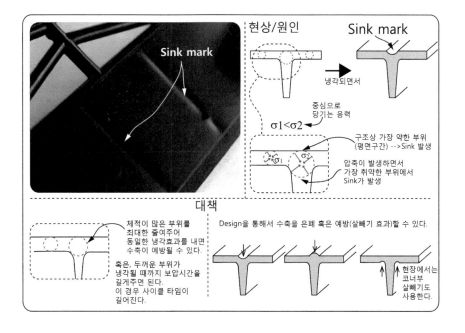

(3) 수분줄(moisture streak)

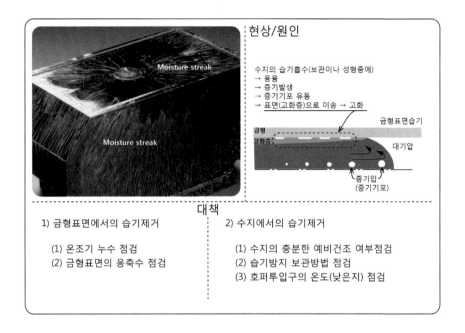

(4) 타버림(diesel effect, burn mark)

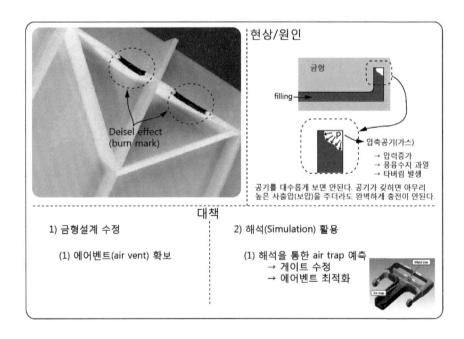

(5) 플로우 마크(short shot/underfill)

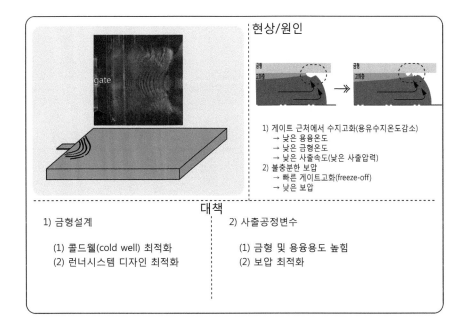

현상/원인

1) 게이트 근처에서 수지고화(용유수지온도감소)
   → 낮은 용융온도
   → 낮은 금형온도
   → 낮은 사출속도(낮은 사출압력)
2) 불충분한 보압
   → 빠른 게이트고화(freeze-off)
   → 낮은 보압

대책

1) 금형설계

   (1) 콜드웰(cold well) 최적화
   (2) 런너시스템 디자인 최적화

2) 사출공정변수

   (1) 금형 및 용융용도 높힘
   (2) 보압 최적화

(6) 미성형/미충전(flow mark)

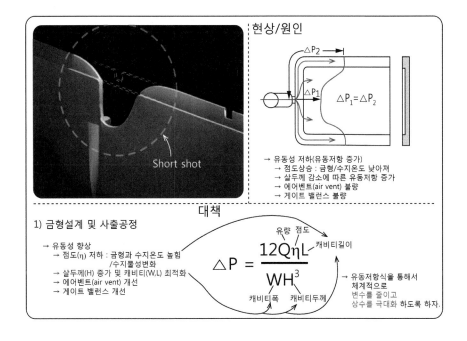

현상/원인

$\triangle P_1 = \triangle P_2$

→ 유동성 저하(유동저항 증가)
   → 점도상승 : 금형/수지온도 낮아져
   → 살두께 감소에 따른 유동저항 증가
   → 에어벤트(air vent) 불량
   → 게이트 밸런스 불량

대책

1) 금형설계 및 사출공정

→ 유동성 향상
   → 점도(η) 저하 : 금형과 수지온도 높힘
      /수지물성변화
   → 살두께(H) 증가 및 캐비티(W,L) 최적화
   → 에어벤트(air vent) 개선
   → 게이트 밸런스 개선

유량 점도

$$\triangle P = \frac{12Q\eta L}{WH^3}$$

캐비티길이

캐비티폭 캐비티두께

→ 유동저항식을 통해서
   체계적으로
   변수를 줄이고
   상수를 극대화 하도록 하자.

(7) 플래시(flash)

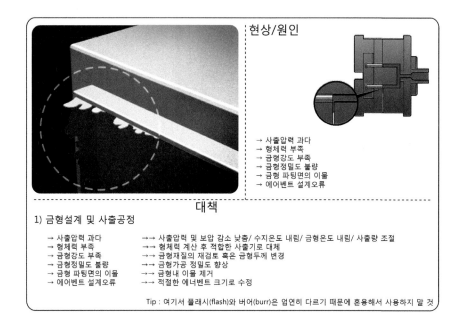

현상/원인

→ 사출압력 과다
→ 형체력 부족
→ 금형강도 부족
→ 금형정밀도 불량
→ 금형 파팅면의 이물
→ 에어벤트 설계오류

대책

1) 금형설계 및 사출공정

→ 사출압력 과다	→→ 사출압력 및 보압 감소 낮춤/ 수지온도 내림/ 금형온도 내림/ 사출량 조절
→ 형체력 부족	→→ 형체력 계산 후 적합한 사출기로 대체
→ 금형강도 부족	→→ 금형재질의 재검토 혹은 금형두께 변경
→ 금형정밀도 불량	→→ 금형가공 정밀도 향상
→ 금형 파팅면의 이물	→→ 금형내 이물 제거
→ 에어벤트 설계오류	→→ 적절한 에너벤트 크기로 수정

Tip : 여기서 플래시(flash)와 버어(burr)은 엄연히 다르기 때문에 혼용해서 사용하지 말 것

(8) 기포(entrapped gas, void)

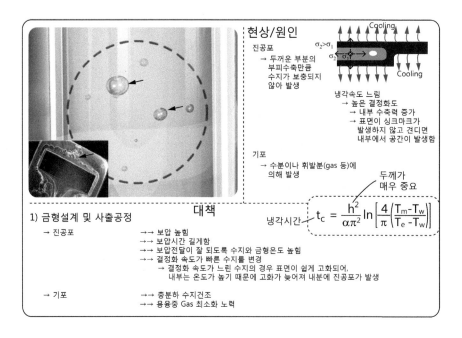

현상/원인

진공포
→ 두꺼운 부분의
  부피수축만큼
  수지가 보충되지
  않아 발생

냉각속도 느림
→ 높은 결정화도
→ 내부 수축력 증가
→ 표면이 싱크마크가
  발생하지 않고 견디면
  내부에서 공간이 발생함

기포
→ 수분이나 휘발분(gas 등)에
  의해 발생

두께가 매우 중요

$$\text{냉각시간} \rightarrow t_c = \frac{h^2}{\alpha \pi^2} \ln\left[\frac{4}{\pi}\left(\frac{T_m - T_w}{T_e - T_w}\right)\right]$$

대책

1) 금형설계 및 사출공정

→ 진공포
  →→ 보압 높힘
  →→ 보압시간 길게함
  →→ 보압전달이 잘 되도록 수지와 금형온도 높힘
  →→ 결정화 속도가 빠른 수지를 변경
    → 결정화 속도가 느린 수지의 경우 표면이 쉽게 고화되어,
      내부는 온도가 높기 때문에 고화가 늦어져 내부에 진공포가 발생

→ 기포
  →→ 충분한 수지건조
  →→ 용융중 Gas 최소화 노력

(9) 젯팅(jetting)

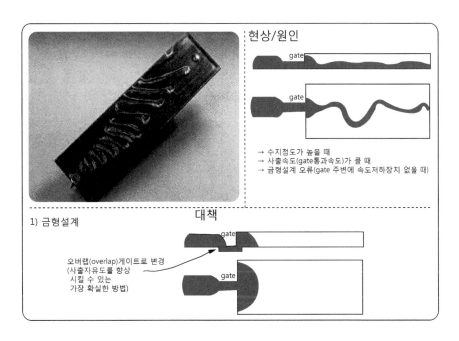

현상/원인

gate

gate

→ 수지점도가 높을 때
→ 사출속도(gate통과속도)가 클 때
→ 금형설계 오류(gate 주변에 속도저하장치 없을 때)

대책

1) 금형설계

gate

오버랩(overlap)게이트로 변경
(사출자유도를 향상
 시킬 수 있는
 가장 확실한 방법)

gate

CHAPTER

06

사출성형해석

사출성형해석

6.1 사출성형해석의 기초

오늘날의 제품 및 금형설계자는 설계자로서의 책임범위가 생산공정과 원가관리
수준까지 요구되고 있는 실정이다. 이러한 시대적 환경변화에 어떻게 대처하는가
에 따라 설계자 자신은 물론, 회사의 미래와 도약을 좌우하는 지표가 되고 있다.
사출성형해석은 이제 성형해석 전문가만의 영역에서 벗어나 사출제품의 제품설
계단계에서, 또한 금형설계단계에서 내재된 성형문제점을 조기예측하여 생산공
정에서의 오류예방을 하는 시스템적 접근이 요구되고 있다.

[그림 6-1-1]
플라스틱 유동
시뮬레이션(plastic
flow simulation)

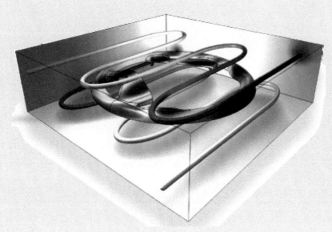

Full 3D CAD 환경으로 가속화되고 있는 환경에서 모든 플라스틱 엔지니어의 설계구현 및 이를 검증하고 최적화하는 것이 엔지니어에게 절실히 요구되고 있다. 위의 목표 실현을 위하여 사출성형해석에 대한 전반적 이해와 활용하는 방법을 설명하고자 한다. 해석전문가가 아니라도 해석전문가의 역할을 할 수 있는 길을 안내하고자 한다.

1) CAE의 개념과 이해

CAE(Computer Aided Engineering)는 컴퓨터를 이용한 해석, 분석 등의 과정을 의미한다. CAE는 제품의 설계, 개발 분야에 컴퓨터를 응용하는 새로운 기술로서 컴퓨터를 이용한 모의시험(시뮬레이션)을 통해 테스트 기간 및 비용을 대폭 감소시킬 수 있는 기술이며, 공학해석, 비용해석, 제품해석, 공정관리 등 제품개발의 모든 과정을 통합하는 개념이다.

CAE가 국내에 도입되기 시작한 것은 80년대 후반으로 대기업을 중심으로 업무가 적용되기 시작했으며, 현재는 각 분야별로 세분화, 전문화되어 있다. 초창기 도입은 주로 해외연구소나 전공했던 교수들을 중심으로 국내에 소개되어 전파되었으나 지금은 컴퓨터 환경의 저변확대로 설계 엔지니어들에게까지 확산되어가고 있다.

CAE의 적용이 확산되고 있는 배경에는 개발 품목이 다양화 및 고도화되고 개발 기간의 단축에 대한 요구가 높아짐에 따라 숙련기술 부족, 중복 설계 빈발, 잦은 설계변경 등으로 인한 문제점을 최소화할 수 있는 컨커런트 엔지니어링(concurrent engineering) 환경을 구현할 수 있다는 데 있다.

2) CAE 소프트웨어의 구성

CAE 소프트웨어는 프리프로세스(preprocessor) 부분과 프로세스(process), 포스트프로세스(postprocess) 부분으로 나누어볼 수 있다.

프리프로세스는 입력자료를 준비하는 과정을 뜻한다. 수치해석을 하기 위한 준비과정으로 모델의 기하학적 형상을 수정하여 수치해석 모델로 만들어 하중 및 변위조건 등의 경계조건을 작성하는 과정이다.

프로세스는 분야별로 해석수행을 뜻하는 것으로, 프리프로세스에서 준비된 입력자료를 가지고 직접 수치해석을 수행하며 여기에서 소프트웨어의 능력이 결정된다. 포스트프로세스는 결과를 검토하는 것으로 해석결과를 도식적 또는 가식적으로 출력하여 결과에 대한 타당성 여부를 빨리 체크함으로써 해석기간을 단축시켜준다.

3) 사출성형해석의 접근과 도입

설계자가 모든 제품개발단계에서 즉, 개념설계, 제품설계, 금형설계, 공정설계 및 시작에 이르기까지 제역할을 할 수 있도록 하는 것은 말처럼 그리 쉬운 일이 아니다. 또한, 제품의 설계 기대치 도달과 제품최적화 능력에 도달하는 전문가 역할로 도약하는 것은 쉽지 않다.

사출성형해석을 도입하기 위하여 기술적으로 무엇이 요구되는지, 이를 통해 스스로 어떻게 해석에 접근할지에 대해 소개한다.

4) 사출성형해석에서의 기술요소

① 설계요소(제품설계/금형설계)

② 재질요소(재료/물성)

③ 공정요소(사출기/사출공정조건)

사출성형해석을 위해서는 위의 3가지 기술요소를 알 필요가 있다. 설계요소는 제품 설계자가 먼저 디자인에 맞게 제품도를 작성하면, 이를 바탕으로 금형설계 자는 디자인을 해치지 않는 범위에서 사출성형에 적합하게 금형설계를 구현하는 기술요소이다.

재질요소는 사출하는 재료 즉, 플라스틱 재료 자체를 의미하는 것뿐만 아니라 플라스틱의 물성거동과 물성치(값)를 의미한다.

공정요소는 사출품을 성형하는 사출성형기와 결정되어진 사출성형기 사양에서 구현되는 제조공정 및 제약요소들이다.

5) 설계요소(제품설계)

① 외관(디자인)/기능성/치수/조립공차/원가/환경요소 등

6) 설계요소(금형설계)

① 용융수지 전달(delivery) 시스템(스프루/런너/게이트)

② 제품공간(캐비티/공기빼기)

③ 냉각 시스템(cooling channel)

④ 취출 시스템(ejecting system)

⑤ 가이딩(guiding) 및 위치제어(locating) 시스템

⑥ 사출성형기와의 인터페이스 및 금형자체부가장치

⑦ 다양한 구동부분 등

[그림 6-1-2]
용융수지 전달
시스템(delivery
system)
[Moldex社]

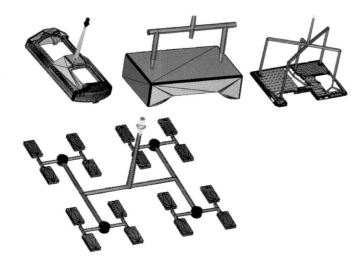

[그림 6-1-3]
냉각 시스템
(cooling channel)

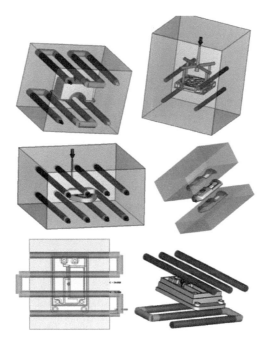

7) 재질요소(물성)

사출성형 플라스틱은 물성거동 기준으로, 열가소성(thermoplastic)과 열경화성(thermoset)으로 대분된다. 물성거동이란 플라스틱이 금형의 수지전달시스템(스프루/런너/게이트)을 통해 제품형상의 캐비티(cavity)로 충전될 때 플라스틱이 유동하는 부분을 구체화 시킨 것을 의미한다. 물성거동에 따라서 해석결과가 달라지는 것은 분명하다. 물성거동을 지배하는 지배방정식이 해석 소프트웨어의 엔진으로 탑재되는 것이다.

열경화성 수지의 물성거동은 반응사출거동이다 따라서, 해석 소프트웨어는 열가소성 재질을 해석하는 기능과 열경화성 재질을 해석하는 기능으로 보통 모듈(module)화되어 있다.

[그림 6-1-5]에서 보듯이 열경화성 플라스틱은 망상형 교차결합되어 있다.

[그림 6-1-4]
열가소성 플라스틱

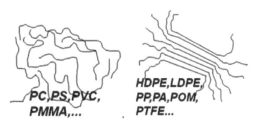

[그림 6-1-5]
열경화성 플라스틱

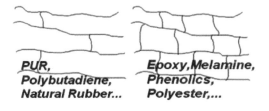

플라스틱재질에 첨가물을 가하면 물성거동은 본 기본물성거동과 다른 물성거동을 하게 된다. 유리섬유(glass fiber)를 첨가할 경우, 유리섬유가 플라스틱 유동에 따라 특정방향으로 배열하게 된다. 섬유배향(fiber orientation)에 따라 특정방향으로 기계적강도, 전기저항, 내화학 성질 등이 변화되며, 외형적으로 변형의 원인이 된다.

사출성형해석 소프트웨어는 물질거동 내에서 섬유배향을 해석하며, 섬유가 포함된 열가소성 플라스틱을 선택하는 것만으로 보통 해석이 가능하다.

8) 공정요소

사출성형의 공정요소로서 사출성형을 수행하는 제조공정을 뜻한다. 하나의 사이클이 완료될 때 하나의 사출품이 성형된다.

사출성형사이클은 형체, 사출장치 전진, 충전단계, 보압단계, 노즐 분리, 사출장치 후진, 냉각단계, 형개, 취출 공정으로 구분할 수 있다.

[그림 6-1-6]
사출성형공정주기

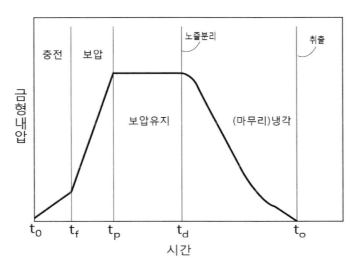

[그림 6-1-7]
사출성형해석 공정

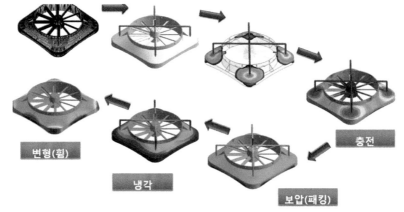

사출성형해석 소프트웨어에서는 유동재료(용융수지)로 해석하는 것이므로 플라스틱용액이 금형 내로 충전되고 가압유지(보압)시키는 상태를 거쳐, 금형이 냉각되고, 사출품 취출 후 상온까지 냉각되는 동안의 물리적 상태를 해석하는 것이다. 즉, 충전해석, 보압해석, 냉각해석 및 변형해석으로 보통 모듈화되어 있는 것이다.

이러한 공정은 사출기의 제조공정과 일치하도록 시뮬레이션하는 것이므로, 제조공정조건에 맞게 주어지도록 해야 하는 것이다.

즉, 사출압, 사출시간, 보압, 보압시간 등이 입력조건이 된다. 사출성형해석 소프트웨어에서는 이러한 사출성형제조공정을 제어하는 변수에 대한 조건과 값들을 입력받아 실제 결과를 예측할 수 있는 것이다.

9) 성형해석의 필요성
① 경험에 의존한 전통적 금형제작방식의 비경제성
② 복잡한 사출성형공정변수의 수작업 분석의 불합리 탈피
③ 복잡, 다양화되어가는 제품 및 성형기술

(1) 경험에 의존한 전통적 금형제작방식의 비경제성
전통적인 금형제작은 금형제작 후 시험사출을 통하여 설계개선을 하는 방식이다. 이것은 시행착오개선방법에 의존하거나 경험에 의존하는 방식이다. 사출은 소량 다품종 및 다양한 형태의 사출품을 개발할 경우가 많다. 이 때 과거경험에만 의존하여 금형개발을 한다면 설계단계에서 미세한 변화에 대한 성형성의 변화를 사전에 정량적으로 검증할 수 없다.

주로 회사에서 금형을 제작하고 나면 많은 시험사출을 행한다. 시험사출 횟수가 증가하면 그 만큼 시간적, 비용적 손실이 불가피하다. 또한, 비정상적인 문제해결로 인하여 생산에서 불량률 증가를 초래하는 경우가 허다하다. 이런 불합리점을 금형설계단계에서 최소화하는데 성형해석이 유용하다.

(2) 복잡한 사출성형공정변수의 수작업 분석의 불합리 탈피
사출성형공정에 따른 변수는 매우 많다. 그 중에서도 성형에 크게 영향을 미치는 변수들만 도출하더라도 수작업으로 각 변수들의 조합을 분석할 범위를 벗어나는 경우가 많다.

플라스틱 재질은 공정조건 즉 온도, 압력의 조건에 따라 부피가 변하고 또한 점

도, 비열도 변하며, 금형의 열전도 등이 합쳐져서 사출품의 품질에 영향을 끼친다. 더구나 액체에서 고체로 변하는 상변이 공정이기도 하며 재질의 이방성이 고려되어야 한다.

이렇게 주어진 제품의 기하학적 형상과 플라스틱 재질과 사출성형공정조건에 대한 물질거동을 파악하여 사출성형결과를 예측하는 것은 수작업으로 불가능한 것이다.

(3) 복잡, 다양화되어가는 제품 및 성형기술

사출성형산업에서도 여타 제조업과 마찬가지로, 고품질/저원가/단납기 등에 압박을 받고 있다. 이를 해결하기 위하여 제품설계를 혁신하고 사출공정을 혁신하며 신기술에 신속히 대처하고, 인력양성 및 조달을 지속해야 한다.

해석 소프트웨어를 사용하면 좀 더 체계적인 기술의 축적과 새로운 제품에 능동적으로 대처할 수 있다. 일반적으로 CAE(computer aided engineering)로 기대할 수 있는 것은 원가절감/시간절약/정확성향상/효과성증진/편리성확보일 것이다.

10) CAE 측면

사출성형해석이란 복잡한 사출성형 프로세스를 모형화하여 해석하는 일련의 소프트웨어 및 기술을 뜻한다. 유동학적, 열적 및 기계적 거동에 따른 정량적 금형설계 결과를 예측 제공한다. 또한, 기존 공정과 설계의 문제점 해결할 수 있게 된다.

(1) 가상 가시화 측면

사출성형해석은 주어진 변수의 영향과 변화에 대한 정량적 영향을 현실적으로 인지하도록 3차원 가시화로 보여준다. 사출성형결과를 3차원 공간에서 확인하여 시험사출 횟수를 감소하도록 도와준다.

(2) CAE를 활용한 성형해석의 한계

CAE는 현실세계의 형상과 공정의 이상모델이다. 해석을 담당하는 엔지니어의 능력에 따라서 결과는 많이 다르게 나온다.

해석결과의 신뢰성은 입력된 내용의 신뢰성과 같다. 모르는 재질이나 알지 못하는 공정조건을 입력하고 실제품과 비교하려 해서는 안 된다. 아래와 같은 다양한 입력변수에 의해서 결과는 다르게 나온다.

① 물리적 모델

② 기하학적 모델

③ 수치해석방법

④ 공학지식과 사용자의 기법

⑤ 재질변수

(3) CAE의 장점

상기 기술한 바와 같이 사출성형해석을 CAE로 사용함으로써, 다음과 같은 장점을 기대할 수 있다.

① 설계변경 대응

② 문제점 해결

③ 신제품 개발 및 설계 속도증진

④ 현실세계의 공정에 대한 이상모델 구현추구

⑤ 지적/경험 자산의 지속적 축적

⑥ 기술노하우의 체계적 축적

⑦ 설계관리 범위의 확장과 수립

(4) 사출성형해석 CAE의 적용범위

일반적인 사출성형해석 CAE는 다음과 같이 다양한 형상제품들을 해석할 수 있다.

① 두꺼운/얇은 제품

② 두께변화가 심한 제품

③ 복잡한 유동패턴을 내포한 제품형상

④ 다중 캐비티 제품

⑤ 오버/인서트몰딩 제품 등

6.2 사출성형해석의 활용

사출성형해석 소프트웨어를 활용하여 실제로 금형을 제작하기 전에 여러 가지를 검증할 수 있다. 검증할 수 있는 부분을 살펴보면 다음과 같다. 아래의 자료는 사용프로그램 중에 Autodesk Moldflow 제품을 기준으로 열거해 보았다.

1) 플라스틱 유동 시뮬레이션(Plastic Flow Simulation)

용융된 플라스틱의 유동 시뮬레이션을 통해 플라스틱 제품과 사출 금형설계를 최적화하고 제품 결함을 줄이며 성형 프로세스를 개선할 수 있다.

(1) 제품 결함(Part Defects)

웰드라인, 에어트랩, 싱크마크와 같은 잠재적 제품 결함을 확인한 다음 재설계를 거쳐 이러한 문제를 방지할 수 있다.

(2) 열가소성 수지 충전(Thermoplastic Filling)

열가소성 수지의 사출 성형 프로세스의 충전 단계를 시뮬레이션하여 용융된 플라스틱의 흐름 예측과 금형의 충전 밸런스, 성형 불량 방지, 웰드라인과 에어 트랩 제거 및 최소화 등 다양한 작업을 수행할 수 있다.

(3) 열가소성 사출보압(Thermoplastic Packing)

보압 프로파일(profile)을 최적화하고 체적 수축률(volumetric shrinkage)의 크기와 분포를 시각화해 플라스틱 제품 변형을 최소화하고 싱크 마크와 같은 결함을 줄일 수 있다.

2) 피드 시스템 시뮬레이션(Feed System Simulation)

핫/콜드런너 시스템과 게이트 구성을 모델링하고 최적화할 수 있다. 뿐만 아니라, 제품 표면 상태를 개선하고 제품 변형을 최소화하며 사이클 시간을 단축할 수 있다.

(1) 게이트 로케이션(Gate Location)

게이트 로케이션을 최대 10개까지 동시에 식별할 수 있다. 최저 사출압을 위한 게이트 로케이션 해석을 통해 결정할 수 있으며, 특정 부분을 제외한 후 시뮬레이션을 진행할 수 있다.

(2) 런너 설계 마법사(Runner Design Wizard)

스프루, 런너, 게이트와 같은 구성요소의 레이아웃, 크기 및 종류 정보를 기반으로 피드 시스템을 만들 수 있다.

(3) 런너 밸런스(Balancing Runners)

싱글캐비티, 멀티캐비티, 패밀리 금형 레이아웃의 런너시스템 간에 균형을 이뤄 부품이 동시에 채워지도록 함으로써 재료의 잔류응력을 낮추고 수지를 절감할 수 있다.

(4) 핫런너 시스템(Hot Runner System)

핫런너 시스템 구성요소를 모델링하고 순차적 밸브 게이트를 설치함으로써 웰드 라인을 제거하고 보압 단계를 제어할 수 있다.

3) 금형 냉각 시뮬레이션(Mold Cooling Simulation)

냉각 시스템 효율성을 높이고 제품 변형을 최소화해 표면을 매끄럽게 만들고 사이클 시간을 단축할 수 있다.

(1) 냉각 구성요소 모델링(Cooling Component Modeling)

금형의 냉각 시스템 효율성을 분석하고 냉각 회로, 배플(baffle), 버블러(bubbler), 금형 인서트 및 베이스를 모델링할 수 있다.

(2) 냉각 시스템 분석(Cooling System Analysis)

금형 및 냉각 회로 설계를 최적화해 균일한 제품 냉각을 실현, 사이클 시간 최소화, 제품 뒤틀림 감소, 제조비용 절감 등의 혜택을 얻을 수 있다.

(3) 급속 열순환 성형(Rapid Heat Cycle Molding)

금형 표면에 시간에 따른 온도 프로파일을 설정해 충전 단계에서 높은 온도를 유지해 표면을 매끄럽게 만들고, 보압 및 냉각 단계에서 온도를 낮춰 제품을 냉각시키고, 사이클 시간을 줄일 수 있다.

4) 수축 및 변형 시뮬레이션(Shrinkage and Warpage Simulation)

플라스틱 제품과 사출 금형설계를 평가해 수축과 변형을 관리할 수 있다.

(1) 수축(Shrinkage)

사출 성형공정 변수와 재료의 고유 물성에 기반해 제품 수축률을 예측함으로써 제품의 허용 공차를 만족시킬 수 있다.

(2) 변형(Warpage)

성형 공정 단계에서 발생하는 잔류응력으로 인한 제품 변형을 예측할 수 있다. 변형이 발생할 수 있는 위치를 파악하여 제품과 금형설계, 수지 선택 및 성형 공정을 최적화해 제품 변형을 좀 더 쉽게 관리할 수 있다.

[그림 6-2-1]
해석을 통한
변형해석의 예
(제공 : Moldflow社)

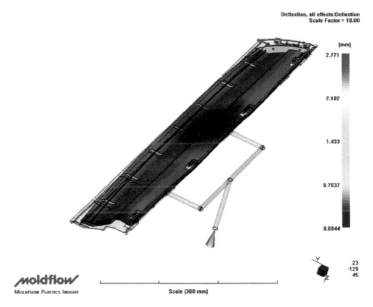

(3) 코어 시프트 제어(Core Shift Control)

사출 압력, 보압 프로파일, 게이트 위치에 최적의 공정 조건을 파악해 금형 코어의 변형을 최소화할 수 있다.

(4) 섬유 배향(Fiber Orientation)

플라스틱 내부의 섬유 배향 방향을 계산하여 성형 제품 전체에 걸쳐 제품 수축과 변형을 최소화할 수 있다.

5) CAE 데이터 교환

구조 해석 소프트웨어와 데이터를 교환할 수 있는 도구를 사용해 플라스틱 제품설계를 검증하고 최적화할 수 있다. Autodesk® Simulation, ANSYS®, Abaqus®와 CAE 데이터를 교환함으로써 최종 재료 특성을 이용해 플라스틱 제품의 실제 거동을 예측할 수 있다.

	Autodesk Moldflow Adviser Design	Autodesk Moldflow Adviser Manufacturing	Autodesk Moldflow Adviser Advanced	Autodesk Moldflow Insight Basic	Autodesk Moldflow Insight Performance	Autodesk Moldflow Insight Advanced
CAE 데이터 교환						
Autodesk Simulation			✓		✓	✓
Abaqus			✓		✓	✓
ANSYS			✓		✓	✓
LS-DYNA®					✓	✓
NEi Nastran					✓	✓

6) 열경화수지 유동 해석

열경화수지 사출 성형, RIM/SRIM, 수지 RTM 성형법, 고무 화합물 사출성형 등을 시뮬레이션할 수 있다.

(1) 반응 사출 성형(Reactive Injection Molding)

섬유강화 프리폼(preform)의 유무에 따라 금형이 어떻게 채워지는지 예측할 수 있다. 수지의 사전 경화(pregelation)로 인한 성형 불량을 방지하고 에어 트랩과 문제가 될 수 있는 웰드라인을 식별할 수 있다. 뿐만 아니라, 런너 밸런스를 맞추고 몰딩기의 사양을 선택하고 열경화성 재료를 비교 평가할 수 있다.

(2) 마이크로칩 인캡슐레이션(Microchip Encapsulation)

열경화성 수지를 사용한 반도체 칩 인캡슐레이션과 칩 내부의 와이어 변형을 칩의 상호연결성을 시뮬레이션할 수 있다. 압력 불균형으로 인한 캐비티 내 와이어 변형과 리드 프레임의 변형을 예측할 수 있다.

(3) 언더필 인캡슐레이션(Underfill Encapsulation)

플립 칩 인캡슐레이션을 시뮬레이션 수행하여 칩과 회로 기판 사이 캐비티에서의 재료유동을 예측할 수 있다.

7) 특수 시뮬레이션 도구

설계상의 문제점을 시뮬레이션으로 해결할 수 있다.

(1) 인서트 오버몰딩(Insert Overmolding)

인서트 오버몰딩 시뮬레이션을 실행해 금형 인서트가 수지의 흐림 및 냉각 속도, 제품의 변형에 미치는 영향을 알아볼 수 있다.

(2) 이중 사출 공정(Two-Shot Sequential Overmolding)

이중 사출 공정을 시뮬레이션 할 수 있다. 제품 하나는 먼저 성형하고, 금형을 열어 새로운 위치로 이동한 후 두 번째 제품을 성형하는 공정을 시뮬레이션할 수 있다.

(3) 복굴절(Birefringence)

공정에서 발생하는 응력으로 인한 굴절률을 알아봄으로써 사출 성형 플라스틱 제품의 광학적 성능을 예측할 수 있다. 여러 재료, 공정 조건, 게이트 및 런너 설계를 평가해 제품의 복굴절을 쉽게 통제할 수 있다.

8) 특수 성형 프로세스

다양한 플라스틱 사출 성형 프로세스와 특수 프로세스를 시뮬레이션할 수 있다.

(1) 가스 사출 성형(Gas-Assisted Injection Molding)

수지와 가스 주입구를 설치할 위치, 가스 주입에 앞서 주입할 수지의 계량, 가스 채널의 크기와 위치를 최적화하는 방법 등을 확인할 수 있다.

(2) 다중 사출 성형(Co-Injection Molding)

캐비티 내 표면 및 코어 부분의 두 재료의 흐름을 시각화하고 두 재료가 흘러가는 과정을 동적으로 확인할 수 있다. 최적의 두 재료 비율을 찾아내어 수지의 비용을 최소화할 수 있다.

(3) 사출 압축 성형(Injection-Compression Molding)

동시 또는 순차 사출 압축 성형을 시뮬레이션할 수 있다. 사용 가능한 재료, 제품 및 금형설계, 공정 조건 등을 파악할 수 있다.

[그림 6-2-2]
성형해석을 통한
분석사례
(제공 : Moldex3D)

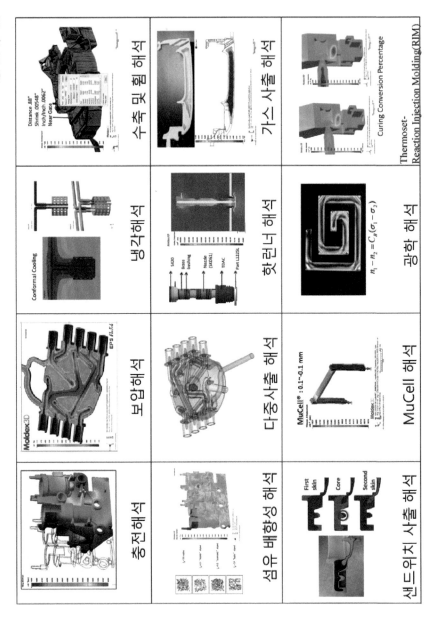

수축 및 휨 해석

가스 사출 해석

Thermoset-
Reaction Injection Molding(RIM)

냉각해석

핫런너 해석

광학 해석

보압해석

다중사출 해석

MuCell 해석

충전해석

섬유 배향성 해석

샌드위치 사출 해석

[그림 6-2-3]
Autodesk Moldflow
제품의 기능의 비교
(참고 :
Moldflow manual)

	Autodesk Moldflow Adviser Design	Autodesk Moldflow Adviser Manufacturing	Autodesk Moldflow Adviser Advanced	Autodesk Moldflow Insight Basic	Autodesk Moldflow Insight Performance	Autodesk Moldflow Insight Advanced
메싱 기술						
Dual Domain	✓	✓	✓	✓	✓	✓
3D		✓	✓	✓	✓	✓
Midplane				✓	✓	✓
CAD 상호운용성						
CAD 솔리드 모델	✓	✓	✓	✓	✓	✓
제품	✓	✓	✓	✓	✓	✓
조립품				✓	✓	✓
시뮬레이션 기능						
열가소성 수지 충전(Thermoplastic Filling)	✓	✓	✓	✓	✓	✓
제품 결함	✓	✓	✓	✓	✓	✓
게이트 로케이션(Gate Location)	✓	✓	✓	✓	✓	✓
몰딩 윈도우(Molding Window)	✓	✓	✓	✓	✓	✓
열가소성 보압(Thermoplastic Packing)			✓	✓	✓	✓
러너 간 균형(Runner Balancing)		✓	✓	✓	✓	✓
냉각(Cooling)			✓		✓	✓
변형(Warpage)			✓		✓	✓
섬유 배향(Fiber Orientation)			✓		✓	✓
인서트 오버몰딩(Insert Overmolding)				✓	✓	✓
이중 사출 공정(Two-Shot Sequential Overmolding)						✓
코어 시프트 제어(Core Shift Control)					✓	✓
성형 프로세스						
열가소성 사출 성형(Thermoplastic Injection Molding)	✓	✓	✓	✓	✓	✓
반응 사출 성형(Reactive Injection Molding)				✓	✓	✓
마이크로칩 인캡슐레이션(Microchip Encapsulation)					✓	✓
언더필 인캡슐레이션(Underfill Encapsulation)						✓
가스 사출 성형(Gas-Assisted Injection Molding)						✓
사출 압축 성형(Injection-Compression Molding)						✓
Co-Injection Molding						✓
MuCell®						✓
복굴절(Birefringence)						✓
데이터베이스						
열가소성 재료(Thermoplastics Materials)	✓	✓	✓	✓	✓	✓
열경화성 재료(Thermoset Materials)				✓	✓	✓
성형 기계(Molding Machines)				✓	✓	✓
냉각재(Coolant Materials)					✓	✓
금형 재료(Mold Materials)					✓	✓

CHAPTER

07

사출금형재료

사출금형재료

7.1 금형재료의 개요

금형(金型)은 다양한 금속을 주재료로 제작된다. 또한 금형의 종류는 너무 많다. 수많은 종류의 금형에 공통으로 사용되는 소재가 있다면 얼마나 좋을까! 결론적으로 용도에 따라 모두 다른 성질을 요구한다.

공법에 따른 대표적인 금형재료는 다음과 같다. 플라스틱, 프레스, 다이캐스팅, 단조, 기타 금형재료 등으로 나타낼 수 있다. 각 금형에 요구되는 성질은 물리적, 기계적, 화학적, 제작상의 성질이 있다. 제품에 따라 효율적인 공법을 도출하고, 도출된 공법의 금형에 적합한 재료를 선정하는 것이 매우 중요하다.

여기서는 플라스틱 금형재료에 국한한다. 플라스틱 금형재료를 이해하기 위한 재료의 기본지식을 먼저 다루기로 한다.

1) 물질의 구조

금속의 모든 성질은 이를 구성하고 있는 원자의 종류에 의해 정해지지만, 이 외에 같은 금속 원자라도 원자의 배열 상태에 따라 성질이 뚜렷하게 변한다. 또한 금속의 강도는 원자의 규칙적인 배열 상태에서 벗어남에 따라 현저히 좌우된다. 일반적인 결합의 형식에는 원자결합, 분자결합(intermolecular bonding), 수소결합(hydrogen bonding)이 있다. 원자결합은 공유결합(covalent bond), 이온결합(ion bond), 금속결합(metallic bond)으로 구분된다.

금속결합이 공유결합과 다른 점은 튀어나온 전자가 특정한 2개의 원자 사이에만 공유되지 않고, 금속결정을 구성하고 있는 원자 전체에 공유된다는 것이다. 금속원자의 결합도 같은 종류의 원자 간에 연결되어 원자를 결합하는 것으로 일종의 공유결합이다.

2) 금속재료의 성질

금속재료에 사용되는 물질은 힘과 열을 가하였을 경우의 변화와 거동을 조사하는 것이 매우 중요하다. 물질의 성질과 거동이 어떤 원인으로 발생하는가를 알아내는 것은 재료를 더욱 유용하게 이용하고 새로운 재료를 개발하는 데 유익하다. 금속재료의 성질을 공업적으로 이용할 때 중요한 성질은 다음과 같다.

① 물리적 성질(physical properties) : 비중, 열전도율, 전기전도율, 자성, 열팽창계수, 용해온도, 비열 등
② 화학적 성질(chemical properties) : 산화, 부식 등
③ 기계적 성질(mechanical properties) : 강도, 경도, 충격, 피로파괴한도, 마모저항, 크립(creep), 고온에서의 기계적 거동 등
④ 제작상의 성질(technological properties) : 가공성, 주조성, 단조성, 열처리 적응성, 용접성, 절삭성 및 공작성 등

그리고 금속의 공통된 성질은 다음과 같다.
① 고체상태에서 결정구조를 가진다.
② 전성 및 연성이 크며, 가공성이 좋다.
③ 열 및 전기의 양도체이다.
④ 금속적 광택을 가지고 있다.
⑤ 상온에서 고체이며 비중이 크다(Hg은 제외).

3) 물리적 성질

(1) 열전도율(thermal conductivity)

금속은 일반적으로 열의 전도가 좋은 도체이다. 길이 1cm에 대하여 1℃의 온도차가 있을 때, 1cm^{2}의 단면적을 통하여 1초 사이에 전달되는 열량을 열전도율이라고 한다. 순도가 높은 금속은 열전도율이 좋고 불순물이 함유될수록 열전도율은 좋지 않다. 열전도율이 가장 좋은 금속은 Ag(은)이고 Cu, Au, Al순으로 작아진다. 공업용 금속 중에서 열전도율이 좋은 재료로 Cu와 Al이 가장 많이

사용된다.

(2) 열팽창계수(thermal expansion)

금속은 가열하면 팽창하고 냉각하면 수축한다. 물체의 단위길이에 대하여 온도
가 1℃ 높아지는 데에 따라 막대의 길이가 늘어나는 양을 그 물체의 열팽창계수
라 한다. 금속 중에서 열팽창계수가 큰 것은 Zn>Pb>Mg 순이고, 가장 작은 것
은 Ir, W, Mo 등이다. 대표적인 금속의 열팽창계수를 [표 7-1-1]에 나타내었다.

[표 7-1-1]
대표적인 금속의
열팽창계수

재료명	열팽창계수($\times 10^{-6}$/℃)	재료명	열팽창계수($\times 10^{-6}$/℃)
납(Pb)	29.3	연강(C 0.2%)	11.6
황동	18.4	경강(C 0.6%)	11.0
청동	17.5	주철	10.4
구리	16.5	백금	8.9

4) 기계적 성질

(1) 경도(hardness)

경도 측정에는 다음과 같은 방법들이 있다.
- 압입에 의한 방법으로 브리넬, 로크웰, 비커스 경도 측정
- 반발에 의한 방법으로 쇼어, 에코 경도 측정
- 스크레치에 의한 방법으로 마르텐스 긋기 경도 측정

플라스틱 금형재료에서는 로크웰 경도를 주로 사용하며, 플라스틱 제품의 경우
는 연필경도를 주로 사용한다. 플라스틱 제품 표면경도를 측정하는 연필경도에
대해서 좀 더 알아보면 다음과 같다.
흑심(黑心)의 종류를 경도(硬度) 및 농도(濃度)별로 9H, 8H, 7H, 6H, 5H, 4H,
3H, 2H, H, F, B, 2B, 3B, 4B, 5B, 6B로 구분(KS G2602)한다. H, F, B 등의 기
호는 경도와 농도를 나타내는 것으로서 각각 hard, firm, black의 머리글자이다.
따라서 높은 숫자의 H심일수록 딱딱하고 흐리게 써지며, 높은 숫자의 B심일수
록 부드럽고 진하게 써진다.

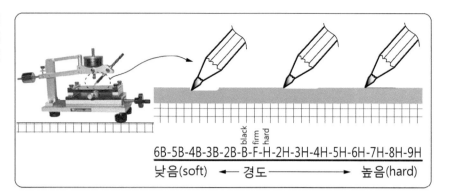

[그림 7-1-1]
연필경도계 및
경도표기

6B-5B-4B-3B-2B-B-F-H-2H-3H-4H-5H-6H-7H-8H-9H

낮음(soft) ← 경도 → 높음(hard)

(2) 피로(fatigue)

재료의 인장강도 및 항복점으로부터 계산한 안전하중상태에서도 작은 힘이 계속적으로 반복하여 작용하였을 때 파괴를 일으키는 경우가 있다. 이와 같은 파괴를 피로파괴(fatigue failure)라 하며, 파단되기까지 가장 큰 응력을 피로한도라 한다.

피로응력(S)과 반복횟수(N)의 관계를 나타낸 것으로 S-N 곡선이라고 한다. 곡선의 수평부의 응력이 피로한도가 된다.

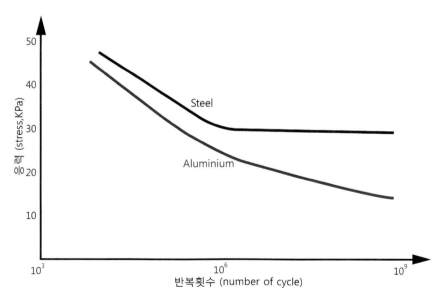

[그림 7-1-2]
강(steel)과
알루미늄(Aluminium)
의 S-N 곡선

5) 화학적 성질

(1) 산화와 부식

금속이 산소(O)와 결합하는 반응을 산화(oxidation)라고 한다. 넓은 의미로 산화는 금속원자에서 전자를 빼앗기는 과정이라 할 수 있다. 일반적인 고찰을 하면 부식도 금속원자가 전자를 잃고 이온화되는 과정이므로 산화와 부식은 서로 관련이 있다.

대부분의 금속은 건조한 공기 중 실온 부근의 온도에서는 산화되지 않으나, 고온으로 가열하면 산소와의 반응이 활발하게 되어 급속히 산화된다. 금속이 산화될 때에는 금속표면에 산화물이 생겨 얇은 층을 형성하므로 그 이후의 산화를 방해하는 작용을 할 때가 있다. 이와 같은 경우의 산화물을 보호적(protective)이라 한다. 산화에 의하여 금속표면에 생긴 산화물층을 스케일(scale)이라 하고, 두께가 약 3/1,000mm 이하인 산화물층을 산화막(oxide film)이라고 한다.

(2) 철의 부식

금속표면에 물방울이 접하게 될 때 그곳에 국부전지(local cell)가 형성되어 전기화학적 반응이 일어난다. 아래 그림은 빗물에 의한 Fe의 부식 예이다. 그림에서 보는 바와 같이 물방울에 접하는 부분은 $Fe \rightarrow Fe^{++} + 2e^{-}$의 반응으로 Fe는 이온화된다. 그 다음 Fe^{++} 이온은 물방울 중의 OH^{-} 이온과 반응하여 $Fe(OH)^{2}$를 형성한다. 따라서 물방울 중의 OH^{-} 이온은 감소하나 물방울의 주변 부분에서는 Fe^{++} 이온이 형성될 때 방출된 전자와 공기 중의 O와의 작용으로 OH^{-} 이온이 생성된다. $Fe(OH)^{2}$는 O의 영향으로 산화되어 $Fe(OH)^{3}$가 되고, 또 일부는 FeO, Fe_2O_3까지 변한다. 이러한 혼합 생성물을 녹(rust)이라고 한다.

[그림 7-1-3]
기계구조물의 녹 발생 예

위의 것을 간단히 요약하면 다음과 같다.

철근 표면의 화학적 불균일성 때문에 철근 표면의 전위는 매크로적으로 불균일하게 양극과 음극이 발생하여 전류가 흘러 부식이 진행된다.

$$양극반응 \ Fe \rightarrow Fe^{+2} + 2e^- \qquad ①$$
$$음극반응 \ O^2 \rightarrow 2H_2O + 4e^- \rightarrow 4OH \qquad ②$$
$$①\times2 + ② : 2Fe^{2+} + 4OH \rightarrow 2Fe(OH)_2$$

이렇게 생성된 수산화제일철$[Fe(OH)_2]$은 불안전하기 때문에 산소와 물이 있는 상태에서는 수산화제이철$[Fe(OH)_3]$이 되었다가 산화제이철$[Fe_2O_3]$이 된다.

6) 제작상의 성질

(1) 주조성(castability)
금속 및 합금의 종류에 따라 주조시 유동성에 차이가 있고, 따라서 제품의 조형성에도 큰 차이가 있다. 주철은 강에 비해 주조성이 좋으며 알루미늄, 합금의 경우 Si가 많이 첨가될수록 주조성이 좋아진다.

(2) 용접성(weldability)
금속과 금속, 금속과 비금속 등의 결합성, 융합성을 말하고, 주철보다 강이 용접성이 좋으며 스테인리스강은 일반강에 비해 용접성이 나쁘다.

(3) 성형성(formability)
성형성은 보통 가공성으로 통용되기도 한다. 금속은 단조나 압출, 압연 등을 통하여 성형된다. 성형과정에서 재료는 금형, 공구의 표면과 마찰을 일으키게 되고, 또 하중이 재료 내부까지 조직을 통하여 전달되어 성형되게 된다. 따라서 성형성은 재료 내부의 조직과 불순물의 개재 여부 등에 크게 영향을 받는다.

7.2 금형재료의 특성

1) 금형재료의 일반적인 성질
산업계에서 사용하고 있는 금형의 종류는 그 용도에 따라 다양하나 금형재료가 갖추어야 할 일반적인 성질들을 다음과 같이 요약할 수 있다.

① 인성이 클 것

② 내마모성이 클 것

③ 상온 및 고온경도가 클 것

④ 기계 가공성이 양호할 것

⑤ 열처리가 용이하고 열처리시 변형이 작을 것

⑥ 내산화 및 내식성이 클 것

⑦ 가격이 저렴하고 쉽게 구입이 가능할 것

이상과 같은 요구조건들을 고려할 때 금형재료로서 가장 많이 사용하고 있는 재료는 철강재료로 탄소강이나 특수강을 들 수 있다. 그러나 산업계의 다양한 요구조건에 따라 비철재료와 비금속재료들도 상당부분 쓰이고 있으며, 산업의 급속한 발달로 금형업계에도 신소재, 분말야금 재료들의 활용폭이 점점 증가하고 있다.

2) 플라스틱 금형재료

(1) 플라스틱 금형재료의 종류와 성질

열가소성 수지와 열경화성 수지를 각종 제품으로 성형하는 플라스틱 성형에는 사출, 압출, 진공압공성형, 블로우성형, 발포성형 등이 있으며, 플라스틱 금형재료로서 요구되는 성질은 다음과 같다.

① 내마모성이 크고 인성이 클 것

플라스틱 성형용 재료에는 SiO_2 성분을 함유한 것들이 많으며, 고온과 고압에서 반복적으로 작업되기 때문에 스프루나 게이트 부위, 슬라이드면, 끼워맞춤면 등은 마모나 침식이 심하다. 따라서 정밀도나 금형수명 향상을 위해서는 충분한 강도와 인성, 내마모성이 필요하다.

② 피가공성이 우수할 것

플라스틱 금형은 다른 금형에 비해 매우 복잡한 구조가 많다. 따라서 절삭 및 연삭시 가공성이 좋고 깨끗하게 다듬어질 수 있어야 한다. 일반적으로 강재는 경도가 높을수록 피삭성이 나빠진다.

③ 열처리가 용이하고 변형이 적을 것

열처리시의 균열이나 변형은 담금질과 뜨임 과정에서 유발되는 경우가 많으며, 금형의 수명은 열처리에 크게 좌우된다. 일반적으로 유냉경화강은 수냉경화강보다 변형이나 균열이 적고, 공냉경화강은 변형이나 균열이 더 적다.

④ **열전도성이 양호할 것**

금형의 부위별 온도가 불균일하고 온도편차가 심하면 제품성형시 치수의 변화와 변형이 발생되어 정밀도를 유지할 수 없다. 따라서 금형의 온도조절이 절대적으로 필요하다. 열전도성이 양호한 재료는 금형의 온도조절이 용이하여 이와 같은 현상을 방지할 수 있다.

⑤ **내식성과 경면성이 양호할 것**

염화비닐, ABS 수지, 발포수지 및 기타 난연성 수지 등은 성형과정에서 Cl이나 HCl 등 부식성 가스를 발생한다. 따라서 내식성이 나쁜 재질을 금형재료로 사용하면 생산에 막대한 지장을 초래한다. 또한 콤팩트디스크나 레이저디스크를 성형하는 금형은 경면성이 많이 요구된다. 이러한 경면성은 조그마한 부식에 의해서도 해함을 받을 수 있기 때문에 강재를 잘 선택해야 한다. PVD(physical vapor deposition)나 CVD(chemical vapor deposition) 등 코팅기법들을 활용하여 강한 내식성 피막물질을 코팅하는 경우가 일반화되어 있다.

이상과 같은 요구특성들에 따라 여러 가지 금형강종이 있으며, [표 7-2-1]에 이들 플라스틱 금형재료의 종류별 특성비교를 나타내었다.

[표 7-2-1]
플라스틱 금형재료의
종류별 특성비교

구 분		사용경도 (HRC)	피삭성	내마모성	내식성	경면성	인성	비 고
강종	규격							
압연강재	S45C계	~13~	A	C	C	C	A	
	SCM440계	25~35	A	B	B	B	A	
프리하든강	S45C계	~13~	A	C	C	C	A	A : 양호 B : 보통 C : 보통 이하
	SCM440계	25~35	A	B	B	B	A	
	STF계	36~45	B	B	B	B	A	
	STD61계	36~45	B	B	B	B	A	
	석출경화계 (NAK55, 80, HPM1, 50, MEX 44)	36~45	B	B	B	B	C	

구 분		사용경도 (HRC)	피삭성	내마모성	내식성	경면성	인성	비 고
강종	규격							
담금질 뜨임강	STD 11	46~55	B	A	B	A	B	
	STD 61	56~62	B	A	B	A	A	A : 양호
석출 경화강	마레이징강	45~55	B	A	B	A	A	B : 보통
내식강 (STS계)	프리하든강	30~45	C	B	A	A	A	C : 보통 이하
	담금질뜨임강	46~60	C	A	A	A	A	
비자성강	–	40~45	C	B	B	B	B	

(2) 플라스틱 금형재료의 종류

① 압연강재

일반 압연 강재에는 S45C~S55C와 SCM440계열의 강종이 있다. 이 강종은 경도가 낮으며 가공성이 좋고 가공시 변형이 적으며, 인성이 좋으나, 내식성, 경면성이 좋은 않은 특성이 있다.

② 프리하든강

플라스틱 성형용 프리하든강에는 S45C~S55C계, SCM440계, STD61계 및 석출경화계가 있다.

S45C~S55C계와 SCM440계는 피삭성 등 가공성이 양호한 편이고 용접성 및 인성도 좋으나 내식성과 내마모성이 좋지 않다.

STF계와 STD61계는 Cr, Mo 등의 합금원소들이 첨가되어 인성과 내마모성이 좋으며 용접성도 양호한 편이다.

석출경화계로는 일본 아이도 특수강의 NAK55, NAK80 특허강과 히다치 금속의 HPM1, HPM50 및 미쓰비시 제강의 MEX44 등이 있다. 일반적인 특성으로는 가공성과 용접성이 좋고 내마모성도 양호한 편이다. 그러나 인성은 별로 좋지 않으며 내식성은 중간정도의 수준이다.

③ 담금질 뜨임강

담금질 뜨임강은 STD11계와 STD61계가 있다.

STD11계는 고탄소 고크롬강으로 내마모성이 뛰어나고 인성, 경면성 등 가공성이 좋으나, 열처리시의 변형, 내식성, 용접성 등은 보통이다.

STD61계는 열간금형강으로 고온에서도 내마모성과 인성이 뛰어나며, 열간단
조금형에도 많이 사용된다.

④ **석출경화강**

플라스틱 성형용 석출경화강으로는 마레이징(maraging)강이 쓰인다. 마레이
징강은 일반적인 탄소강이나 특수강과는 달리 탄소성분을 거의 함유하지 않
는다. 따라서 480℃ 정도의 온도로 가열하여 금속간 화합물을 석출시켜서 강
화하는 기구를 가지고 있다. 이 강종은 대개 Ni, Co, Mo 함유량이 많고, C는
극미량이며 이 강종에서는 불순물로 취급된다. 주요 생산국은 미국과 일본이
다. 일본의 경우 다이도 특수강에서 MASIC, 히다치 금속에서는 YAG, 미쓰비
시 제강에서는 MEX 등의 명칭으로 각각 생산되고 있다.

참고

"마레이징강[maraging steel]"

금속의 전성을 잃지 않고 금속의 강도와 인성을 더 우수하게 만든 철합금이다. 초강
력강의 하나로 로켓 등의 발달로 강인한 재료의 필요에 따라 미국에서 개발되었다.
500℃ 정도의 고온에서도 강도가 우수하기 때문에 로켓 케이스, 제트기관 부품, 항
공기 기체부품 등을 만드는 데에 사용되고 있다.
오늘날 초강력강으로서는 저합금강계(低合金鋼系 : AISI 4340, 즉 니켈-크롬-몰리브
덴강 등)·중합금강계(5% 크롬을 함유한 합금공구강 등)·고합금강계(석출경화형 스
테인리스강, 마레이징강 등)가 있으나, 이 중에서 강도·인성이 모두 우수한 것이 마
레이징강이다. 18~25% 니켈을 함유하며 인장강도 175~210kg/mm^{2}이고 인성(靭
性)이 뛰어나며 가공성이 풍부하다. 로켓 등의 발달로 강인한 재료의 필요에 따라 미
국에서 개발되었다. 마레이징(maraging)이란 단어는 마텐자이트의 시효처리(mar-
tensite aging)를 뜻한다.

[참고 : 두산백과사전]

⑤ **내식강**

플라스틱 원재료 중 염화비닐 수지 등은 성형 중 염산이나 염화 가스를 다량
발생시킨다. 이와 같은 가스들은 부식성이 강하여 고온에서 반복 작업 중 금
형을 심하게 침식한다. 이러한 현상을 막기 위하여 내식성이 풍부한 스테인
리스강을 금형재료로 사용한다. 프리하든 스테인리스강과 열처리용 스테인리
스강으로 구분하여 활용한다.

프리하든 스테인리스강에는 SUS402J2, SUS420J2, SUS630 등이 있다. SUS-402J2는 가공성이 양호하고 SUS420J2는 경면성이 탁월하며 내마모성도 좋고, SUS630은 내식성이 가장 탁월하다.

열처리용 스테인리스강에는 SUS420J2 개량형의 내식성 초경면 금형재료가 있다. 이 강종은 담금질과 뜨임으로 HRC 55~58 정도의 경도값을 나타내며 내마모성과 내구성도 우수하다.

⑥ 비자성강

플라스틱 성형용 금형재료로서 비자성강은 플라스틱 자석생산용 금형에 사용된다.

(3) 재료의 선정기준

플라스틱 제품의 수요증가와 더불어 강도, 내마모성과 내약품성이 뛰어난 각종 엔지니어링 플라스틱의 사용분야가 늘어가고 있다. 따라서 플라스틱 금형용 재료에 대한 요구도 다양화 되고 있으며, 각종 고경면, 고내마모성, 고내식성 등의 재료들이 개발되고 있다.

플라스틱 금형재료의 선택은 제품의 외관품질, 치수정밀도, 사용수지의 종류와 화학적 특성, 생산수량 등을 고려하여 금형재료가 지닌 품질특성에 맞는 적정한 재료를 선택해야 한다. 이들 품질특성에는 절삭성, 내마모성, 내식성, 경면성, 인성, 가공성, 용접성, 열처리시의 변형 등이 있다.

① 금형수명을 고려한 재질선정

금형수명에 영향을 주는 요소로는 금형재료 자체의 경도와 마이크로 조직 및 사용수지의 종류와 치수정밀도, 외관품질 수준 등이 있다.

금형재료의 내마모성은 경도가 높을수록 커지며, 동일 경도에서는 탄화물의 양이 많고 입자가 미세하게 분산되어 있을수록 크다.

이와 같은 점들을 고려할 때 범용 양산용으로는 프리하든강이 좋다. 대량생산용 및 초경면용으로 담금질 뜨임강이 좋다.

아래 그림은 금형 수명에 따른 재질 선정기준 예이다.

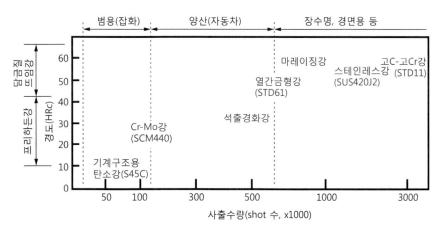

[그림 7-2-1]
금형수명에 따른
재질선정 기준표

② 경면성을 고려한 재질 선정

금형재료의 경면 다듬성은 경도, 조직의 균일성, 탄화물의 크기와 분포, 비금속개재물의 종류와 양 등의 영향을 받는다.

투명한 외관제품, 콤팩트디스크나 레이저 디스크 등 초고경면 제품을 성형하는 금형은 경면성이 탁월한 재질을 선정해야 한다. 일반적으로 경면사상은 No.1000~5000 정도이지만, 콤팩트디스크나 렌즈 등은 No.12000 이상을 요한다. 이와 같이 No.12000 이상의 경면사상은 금형재료의 용해 및 정련에는 일렉트로 슬래그 재용해(ESR) 강재를 사용해야 한다.

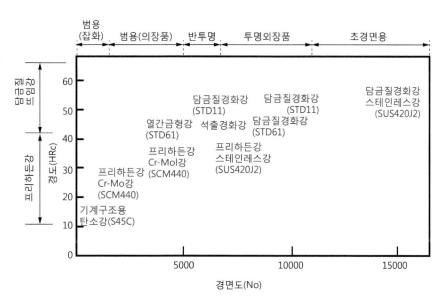

[그림 7-2-2]
경면성에 따른 재질
선정 기준표

(4) 플라스틱 금형 비철재료의 선정기준

플라스틱 성형용 금형재료에서 비철재료의 종류별 물성치는 [표 7-2-2]와 같다.

재질 / 특성	아연합금		알루미늄 합금	구리합금		니켈	비고
	3종 합금 (ZAS)	ZAPREC	A7075	베릴륨 동	석출 경화강	니켈 전주	
비중	6.7	6.5	2.7	8.09	8.7	–	
융점(℃)	392 → 377	380 → 377	–	930	–	–	
열팽창계수 (x10^-6/℃)	29.2	28.7	23.6	17	17	–	
열전도율 (cal/cm·s·℃)	0.2	0.2	0.31	0.2~0.3	0.31	–	
인장강도 (kg/mm^2)	24	30	45~55	120~130	70~90	35~91	
경도(HRC)	HRB 62	HRB 65	HRB 82	45	18~24	12~52	
용도	시작용	소량 생산용	블로우 성형 캐비티	주조 합금	–	니켈 전주품	

① 아연합금

아연합금은 저융점 금속으로 주조성이 용이하며, 열전도성과 가공성, 용접성 등도 우수하고 주조성이 좋으므로 원형모델에서 다수의 금형을 쉽게 생산할 수 있다. 아연합금 적용은 시작품용으로 3종합금(ZAS)을 사용하고 소량 및 중량 생산용으로는 경도가 좀더 높은 합금을 사용한다.

② 알루미늄 합금

알루미늄 합금은 피삭성이 뛰어나고 방전 가공성도 우수하며, 제품 성형 사이클타임을 줄일 수 있어 생산성을 높일 수 있으므로 블로우 성형용 재료로 많이 사용된다. 알루미늄 합금은 주로 7075계를 T6열처리하여 캐비티 재료로 사용한다.

③ 구리합금

주로 베릴륨 동을 많이 사용하며 매우 섬세한 표면정밀도와 섬세한 성형성으로 나무결과 같은 무늬도 전사해 낼 수 있고, 열전도성이 탁월하여 생산성을 높일 수 있다.

고강도 내열 구리 합금에는 석출경화계 합금이 있다. 기타 니켈 전주품이 있으며 이것은 모형을 전해액속에 넣어서 금속 석출층을 표면에 생성시킨 것으로 복잡한 요철 형상을 만들 수 있어 플라스틱 금형에 많이 사용한다.

(5) 플라스틱 금형강의 열처리

① 프리하든강

프리하든강은 강재 제작사에서 불림, 담금질/뜨임, 석출경화 열처리, 풀림 등의 열처리를 실시하여 조직이 균일화된 상태로 공급된다. 따라서 금형제작 후 열처리를 실시하지 않으나 내마모성 등을 개선하기 위해 표면 경화 처리를 실시하는 경우가 있다.

② 석출경화강

석출경화강으로 가장 많이 사용되는 마레이징강은 고용화 처리 상태로 공급되며, HRC 28~32 정도이다. 이 강종은 금형가공 후 약 480℃에서 3~4시간 시효처리하면 경도가 HRC 45~55로 상승한다. 열처리 온도가 낮기 때문에 담금질 뜨임강보다 변형이 현저히 적다.

③ 담금질 뜨임강

담금질 뜨임강 열처리 표준은 [그림 7-2-3]의 열처리 곡선과 같다.

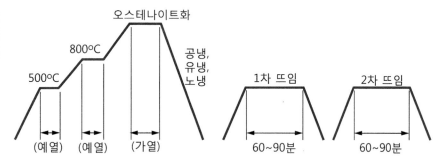

[그림 7-2-3]
담금질 뜨임강의
열처리 곡선

금형은 가열시 변형과 균열을 방지하기 위하여 2단계 예열을 거쳐 오스테나이트 온도로 승온시킨다. 승온이 완료된 후 유지시간은 금형의 두께 25mm당 20~30분을 유지한다. 오스테나이트 온도가 너무 높으면 담금질 후 잔류 오스테나이트 양이 많아지고 결정입자가 조대화하여 인성이 저하한다. 또한 냉각시 부위별 온도편차에 따라 변형되면 수냉이나 유냉 담금질강보다 공냉 담금질강이 변형이 적다.

뜨임은 저온뜨임과 고온뜨임으로 구분하여 실시한다. 내마모성을 중요시할 경우는 저온뜨임을 실시한다. 금형을 고온에서 사용할 때 조직 중 잔류 오스테나이트가 분해하여 조직이 경년변화되는 현상을 방지하고자 하는 경우와 잔류응력 제거를 목적으로 하는 경우에는 450℃ 이상에서 고온 뜨임을 한다. 뜨임은 응력 제거 및 인성의 부여를 충분하게 하기 위해 2회 실시한다. [표 7-2-3]은 대표적인 담금질 뜨임강의 열처리 조건을 나타낸 것이다.

[표 7-2-3]
대표적인 담금질
뜨임강의 열처리 조건

재 질	요구특성	열처리조건		경도 (HRC)
		담금질(℃)	뜨임(℃)	
STD11계	내마모성 중요	1020~1030	180~200	60~61
	경년변화 중요		500~550	55~57
SUS420J2계 (STAVAX)	내식성 중요	1025~1070	200~450	52~57
	내마모성 중요	1050~1070	490~510	56~58
STD11계	일반	1000~1050	520~540	61~63
STD61계	일반	1000~1050	520~650	55~58

플라스틱 금형에서는 제품의 정밀도가 중요하므로 열처리시 변형이나 치수변화에 특히 주의해야 하며, 치수변화가 가장 적은 조건으로 관리하는 것이 바람직하다. 또한 강종에 따라 열처리 후 치수변화 정도를 보면 열처리 조건도 역추적이 가능하다. 열처리시 변형을 적게 하려면 우선 치수변화가 적은 강재를 선택하고, 열처리 전에 가공응력과 내부응력을 충분히 제거해 줄 필요가 있다. 이는 냉각시 균일냉각, 담금질 프레스의 사용, 마르템퍼링 기법 등의 활용으로 가능하다.

(6) 권장재료 요약

[표 7-2-4]
수지의 종류에 따른
재질 선정 예

용도				금형재료의 요구특성	외국강종	국내강종
수지구분	수지종류(예)	수지특성	제품종류(예)			
열가소성수지	일반수지	폴리프로필렌(PP) ABS	내충격성	범퍼, 콘솔박스, OA기기, 캐비닛류, 라디에이터 그릴	요철무늬(주름)가공성	POS 1 POS 3 POS 5	S45C S55C SCM440 (프리하든강)
		폴리에틸렌(PE) 폴리스틸렌(PS) 폴리프로필렌(PP) 아크릴(PMMA) ABS	의장성	청소기, 조명등, 카메라본체, 각종 잡화류	경면성, 요철무늬(주름)가공성	석출경화계프리하든강(NAK55, NAK80)	HP4A HP4MA
		나일론(nylon) 폴리아세탈(POM)	내마모성	기어	내마모성	NAK55, DH2F NAK80, PD613	HP4A, HP4MA, STD61,11
		아크릴(PMMA)	투명도	렌즈, 안경	경면성	NAK80, PD613 MASIC, PD555 STAVAX	HP4MA STD11, SUS420J2
		아크릴(PMMA) 폴리카보네이트(PC)	광학적특성	광디스크	경면성, 내식성	PD555, STAVAX	마레이징강, SUS420J2
		폴리스틸렌(PS) 아크릴(PMMA)		스테레오 더스트 커버	경면성	NAK80	HP4A HP4MA
		염화비닐	경제성	전화기, 각종 용기, 빗물받이, 파이프	내식성	STAVAX NAK101	SUS420J2
	난연제 첨가수지	폴리스틸렌(PS) AS ABS	난연성	TV 캐비닛, 헤어드라이어	내식성	PD555 NAK101 STAVAX	SUS420J2
	유리섬유 첨가 강화수지	AS 나일론(nylon) 폴리카보네이트(PC)	강성	카메라몸체, 낚시용 릴 케이스, 크래쉬보드	내마모성	NAK55, DH2F, NAK80, PD613, STAVAX	HP4A, STD61,11, SUS420J2
	플라스틱 자석	나일론(nylon)	성형성	각종 부품	비자성, 내마모성	NAK301	

용 도				금형재료의 요구특성	외국강종	국내강종
수지구분	수지종류(예)	수지특성	제품종류(예)			
열경화성수지 일반수지	페놀, 멜라민, 폴리에스테르	내열성	재떨이, 식기, 잡화	내마모성	NAK55, PD613, NAK80	STD11, HP4A, HP4MA
난연재 첨가수지	페놀, 폴리에스테르	내열성, 난연성	마이크로 스위치, 커넥터, 튜너부품	내마모성, 내식성	PD613, NAK80, PD555	STD11, HP4MA, SUS420J2
유리섬유 첨가 강화수지	에폭시, 폴리에스테르	전기 절연성	IC, 트랜지스터, 엔지니어링 제품 (기어 등)	내마모성	PD613	STD11

(7) 주로 사용하는 금형재료의 특성

① NAK 55

- 뛰어난 경면 연마면과 광택을 얻을 수 있다.
- 가공면이 극히 양호하다.
- 기계가공이 양호하다.
- 최적조건에서 열처리하였으므로 그대로 형상가공에 사용할 수 있다.

② NAK 80

- NAK 55의 경면 연마성, 방전, 가공면, 인성을 개선한 재료이다.
- 경면 연만성이 우수하다.
- 방전가공면이 치밀하고 미려하다.
- 투명, 광택제품, 정밀 금형에 주로 사용한다.
- 용접성이 우수하고 열처리가 필요없다.

③ STAVAX(크롬합금 스테인리스 금형강, SUS420J2)

- 내부식성이 뛰어나다.
- 내마모성이 우수하다.
- 경면성이 우수하다.
- 냉각수 회로의 부식문제를 극감시킬 수 있으므로 효과적인 냉각이 가능하다.

④ KP1, KP4, KP4M

- 기계가공성이 양호하여 가공시간을 크게 단축시킬 수 있다.
- 금형가공시 변형발생을 최소화 할 수 있다.
- 고광택용으로 다소 부적절하다.

⑤ HR750

- 열전도도가 다른 금형소재에 비해 3배가량 높다. 냉각이 불리한 곳에 주로 사용한다.
- 금형온도가 높을수록 성형사이클 단축에 유리하다.
- S50C 이상의 강도, 내마모성, 절삭성 및 방전가공이 우수하다.

⑥ ASSAB 718

- 경면성이 뛰어나다.
- 청청도가 높으며 균일성이 우수하다.
- 취약부위 및 인성이 요구되는 부위에 사용한다.
- 부식가공성이 우수하다.
- 치수에 관계없이 경도가 균일하다.
- STAVAX 대용으로 쓰기도 한다.

⑦ STD 11

- 고탄소, 고크롬강이며 특히 내마모성이 크다.
- 주로 냉간프레스 금형에 많이 사용된다.
- HRC 58정도까지 경도를 구현할 수 있다.
- 경도가 요구될 때 열처리하여 사용한다.

⑧ STD 61

- 열충격 및 열피로에 강하다.
- 주로 열간금형소재로 사용된다.
- 내마모성과 내열성의 장점을 이용하여 가공용 공구에 사용되고 있다.
- 정밀금형 및 열처리 금형에 주로 사용된다.

⑨ CENA1

- 프리하든강으로 사용경도는 HRC 38-42 정도이다.
- 내청용, 경면, 부식, 방전가공면 중시할 때 사용한다.

(8) 플라스틱용 금형강의 용도

자료출처 : http : //www.skd11.co.kr

재료명	MAKER	구 분	경도 (HRC)		용도 및 특징	금형 적용
HP1A	–	F/H강	9~18		상·하 코어 적용	상·원판
HP4A HP4MA	–	–	26~32 28~34		일반제품 경면이 필요한 제품	상·하 원판 및 코어핀 SLIDE CORE·BLOCK
HMS-1 NAK55 NAK80 PX5	일본 (대동)	F/H강	37~43 40 40		고경면성을 요구하는 가전제품 (음향, 오디오, 세탁기, VCR, 캠코더, 청소기)	상·하 원판(케비타일체형) 상·하 원판 및 코어편 SLIDE CORE·경사밀핀
ASSAB718 ASSAB718(S) RAMAX	스웨덴 (ASSAB)	F/H강	31~35		밥통, 밥솥 등	–
STAVAX			MAX58		내부식 및 고경면, 경도를 요구하는 제품 에어콘 그릴, BLOWER	상·하 코어류
SM20C SM45C SM55C	–	기계구조용 탄소강	6< 12~28 21~30	열처리(전)	일반재표 MOLD BASE 표준 MOLD BASE 표준	받침편류 상·하 고정판 다리 상·하 고정판 지지판
STC3	창원 특수강	탄소공구구강	63<	열처리(후)	일반코어, 핀	코어 핀, 록킹블럭
STS3		냉간가공용	60<		열처리시 변형심함	나사코어, 홀다
STD11		합금공구강	61<		열처리시 변형적음	기어 및 코어
STD61		열간가공용	53<		다이케스팅 형	스프루 부시 및 D/C 코어
STB2		베아링강	60<		가이드 및 습동부	가이드 핀, 부시 등
SKH9		고속도강	62<		코어 취약부	코어류
SACM645		질화처리용강	62<		핀류 규격품	밀핀류
HR750	일본 KOBE	Cu 합금	18~24		부분코어, 냉각시 사용 열전도율이 좋음	코어편
ABB2	히다치	Al 합금	7~8			코어편

재료명	MAKER	구 분	경도 (HRC)	용도 및 특징	금형적용
Be-Cu	중일 금속	−	93~95	정밀 압력 주조용	상 · 하 코어
FCCZ		Cr-Cu	65~72	방전가공 전극소재	원판류 코어
GRAPHITE	−	흑연	39~40		원판류 코어
전주	−	NI+Co	40	HEAR-LINE,SANDING등	상코어
KTSM3I KTSM3M KTSM40EF	일본 KOBE	F/H강	28	경면 사상용	상 · 하 원판 코어
			33	고경면 사상용	상 · 하 원판 코어
			40	고경면 사상용	상 · 하 원판 코어

(9) 플라스틱용 금형강

자료출처 : http : //www.kishin.com

BRAND명	KS 규격	제조회사	사용경도 (HRC)	강종구분	사용용도		
					CAVITY Core	MOLD 원판	PRESS
NAK-80		DIADO	37~43	프리하든강	*	*	
NAK-55		DIADO	37~43	프리하든강	*		
PST23P40	−	POSCO특수강	25~32	프리하든강	*	*	
PST27P35	−	POSCO특수강	30~35	프리하든강	*	*	
HP-4A	SCM440개량	두산중공업	28~32	프리하든강	*	*	
HP-4MA	SCM개량	두산중공업	31~34	프리하든강	*	*	
HPM1		HITACHI	38~40	프리하든강	*	*	
HPM38	STS420J2개량	HITACHI	30~33	프리하든강	*		
HPM50		HITACHI	38~40	프리하든강	*	*	
DH2F	STD61개량	DAIDO	38~42	프리하든강	*		
S55C	SM-55C	POSCO,KOBE	9~25	구조용탄소강	*	*	*
S45C	SM-55C	POSCO	5~20	구조용탄소강	*		

BRAND명	KS 규격	제조회사	사용경도 (HRC)	강종구분	사용용도		
					CAVITY Core	MOLD 원판	PRESS
SK-3	STC3	POSCO특수강	63 이상	탄소공구강	*		*
SKS-3	STC3	POSCO특수강	60 이상	합금공구강	*		*
SKD-61	STD61	POSCO특수강	45~55	열간합금공구강	*		
DAC	STD61	HITACHI	44~48	열간합금공구강	*		
SKD-11	STD11	POSCO특수강	56~62	냉간합금공구강	*		*
SLD	STD11	HITACHI	56~58	냉간합금공구강	*		*
ASSAB8407	STD61개량	ASSAB	42~53	합금공구강	*		
ASSAB718	SNCM420	ASSAB	37~48	합금공구강	*		
STAVAX	STS420J2개량	ASSAB	50~53	내식강	*		
CALMAX		ASSAB	56~58	합금공구강	*		
RAMAX	STS420F	ASSAB	37~38	내식강	*		
XW-41	STD11	ASSAB	58~60	냉간합금공구강	*		
YAG		HITACHI	50~57	시효처리강	*		
PX5	SCM개량	DAIDO	28~33	프리하든강	*		*
HP-1A	SC개량	두산중공업	13	프리하든강	*		
SCM4	SCM계	두산중공업	13	구조용합금강	*		
SKH-51	SKH-51	HITACHI	55~68	고속도공구강	*		*
SKH-55	SKH-51	HITACHI	55~68	고속도공구강	*		*
SUS440C	SUS440C	HITACHI	57	스텐인리스강	*		*
SLD-MAGIC	STD11	HITACHI	56~68	냉간합금공구강	*		*
HPM-MAGIC	SISI : P21	HITACHI	38~40	프리하든강	*		
RIGOR	SKD-12개량	ASSAB	56~62	프리하든강	*		
ASP-30	SKH40	ASSAB	55~68	고속도공구강	*		
QRO-90	SKD7	ASSAB	50~52	합금공구강	*		

BRAND명	KS 규격	제조회사	사용경도 (HRC)	강종구분	사용용도		
					CAVITY Core	MOLD 원판	PRESS
ELMAX	SUS계	ASSAB	57	템퍼링강	*		
NIMAX	AlAl : P21	ASSAB	40	프리하든강	*	*	
CENA1	AISI : P21	HITACHI	40	프리하든강	*		
A2	SKD-12개량	Crucible	56~62	합금공구강	*		
DR-79	A7075	ALCAN	6	알루미늄	*		*
A6061	A6061	Novelis	–	알루미늄	*		*
GR2316	Din : 316	Groditz	33	내식강	*	*	
2083ESR	Din : 2,083	Groditz	52	내식강	*		

① **화학성분**(HP-1, HP-4, HP-4M, NAK-80)

구 분	C	Si	Mn	Cr	Mo	Ni
HP1	0.50~0.55	0.20~0.35	0.75~0.90	–	–	–
HP4	0.38~0.44	0.20~0.40	0.90~1.10	0.90~1.10	0.20~0.30	–
HP4M	0.32~0.38	0.20~0.40	0.60~1.40	1.60~2.00	0.40~0.60	Added

구 분	C	Si	Mn	P	S	Ni	Cr	Mo	V	Al	Cu
NAK80	0.15	0.36	1.50	0.010	0.008	3.00	0.12	0.25	0.008	1.05	0.99

② 고속도공구강[HIGH SPEED TOOL STEELS(SKH-51, SKH-55)]

구 분	특 징	용 도
SKH51	SKH-51(고속도공구강)은 절삭용 공구 제작에 쓰여지며, 내마모성을 필요로 하는 여러 가지 용도로 사용된다. 고속절삭과 중속절삭에 견딜 수 있는 원소가 다량 함유되어 있다.	절삭용 각종 공구 제작에 사용된다. DRILL, REAMER, ENDMILL, HOB CUTTER, BITE, PUNCH, TAP, BROACH 등
SKH55	SKH-55는 비교적 인성을 요구하는 고속절삭과 중속절삭에 견딜 수 있는 원소인 W, Mo, Cr, V와 같은 원소가 다량 함유되어 있으므로 난삭재 가공용 공구 제작에 사용된다.	

구 분	C	Si	Mn	P	S	Cr	Mo	W	V	Co
SKH51	0.80 ~0.90	0.40 이하	0.40 이하	0.030 이하	0.030 이하	3.80 ~4.50	4.50 ~5.50	5.50 ~6.70	1.60 ~2.20	–
SKH55	0.80 ~0.90	0.40 이하	0.40 이하	0.030 이하	0.030 이하	3.80 ~4.50	4.80 ~6.20	5.50 ~6.70	1.70 ~2.30	4.50 ~5.50

구 분	열처리온도(℃)			경 도	
	Annealing (소둔, 풀림)	Quenching (소입, 담금질)	Tempering (소려, 뜨임)	Annealing (HB)	Tempering (HRC)
SKH51	800~880 서냉	1,200~1,250 유냉	540~570 공냉	255 이하	62 이상
SKH55	800~880 서냉	1,220~1,260 유냉	530~570 공냉	277 이하	63 이상

③ 열간가공용공구강[HOT WORK TOOL STEELS(STD-61, STF-4)]

구 분	특 징	용 도
STD61	STD-61은 열충격 및 열피로에 강하므로 열간프레스형, 각종 다이스, 다이블록제조에 쓰인다. 내마모성과 내열성을 이용하여 열간가공용 공구로서 광범위하게 사용되고 있다.	열간 프레스형, 각종 다이스, 절단날, 각종 판재만드렐, 다이블록
STF4	STF-4는 모든 종류의 열간금형 제작에 사용하고 있는 Ni-Cr-Mo합금강으로서 높은 충격에 잘 견디며, 열처리시 치수수축 변형률이 비교적 적다.	각종 열간 다이스, 단조용형 다이블럭, 각종 프레스용 햄머(hammer)

구 분	C	Si	Mn	P	S	Cr	Mo	Ni	W	V
STD61	0.32 ~0.42	0.80 ~1.20	<0.50	<0.030	<0.030	4.50 ~5.50	1.00 ~1.50	–	–	0.80 ~1.20
STF4	0.50~ 0.60	MAX 0.35	0.60 ~1.00	MAX 0.030	MAX 0.030	0.70 ~1.00	0.20 ~0.50	1.30 ~2.00		MAX 0.20

구 분	단조온도	Annealing (소둔, 풀림)	Quenching (소입, 담금질)	Tempering (소려, 뜨임)	Annealing (HB)	Tempering (HRC)
STD61	1,000~1,100 서냉	820~870 서냉	1,000~1,050 공냉	530~600 공냉	229 이하	51 이하
STF4	1050 서냉	760~810 서냉	830~880 공냉	550~680 공냉	241 이하	51 이하

④ 냉간가공용 공구강[COLD WORK TOOL STEELS(STD-11, STS-3)]

구 분	특 징	용 도
STD11	STD-11은 高C~高Cr강이며 내마모성이 커서 DIES, 너트, 축조 Roller 제작에 적합하다.	게이지, 성형롤, 인물, 냉간 인발다이스
STS3	합금공구강에 요구되는 안전한 경화성을 필요로 하는 용도에 주로 쓰인다.	냉간성형다이스, 블랭킹 다이스, 벤딩다이스, Master Tool, Forming Roll, Broach

구 분	C	Si	Mn	P	S	Cr	Mo	Ni	W	V
STD11	1.40 ~1.60	<0.40	<0.60	<0.030	<0.030	11.0 ~13.0	0.80 ~1.20	—	—	0.20 ~0.50
STS3	0.90 ~1.00	0.35 이하	0.90 ~1.20	0.030 이하	0.030 이하	0.50 ~1.00	—	—	0.50 ~1.00	—

구 분	열처리온도(℃)			경 도	
	Annealing (소둔, 풀림)	Quenching (소입, 담금질)	Tempering (소려, 뜨임)	Annealing (HB)	Tempering (HRC)
STD11	830~880 서냉	1,000~1,050(공) 1,020~1,050(유)	150~250공냉 500~530공냉	255 이하	58 이상
STS3	750~800 서냉	800~850 유냉	150~200공냉	217 이하	60 이상

⑤ 탄소 공구강[CARBON TOOL STEELS(STC-3.4.5)]

구 분	특 징	용 도
STC-3.4.5	풀림(Annealing) 상태에서 모든 공구강 중 가공이 가장 용이하며, 높은 내충격성을 지니다.	끌, 드릴, 햄머, 펀치, 블랭킹다이스, 탭

구 분	C	Si	Mn	P	Cr	W	Ni	Mo	V
STC3	1.00 ~1.10	<0.35	<0.50	<0.030	–	–	–	–	–
STC4	0.90 ~1.00	<0.35	<0.50	<0.030	–	–	–	–	–
STC5	0.80 ~0.90	<0.35	<0.50	<0.030	–	–	–	–	–

* STD-4의 제품상태는 Drill Rod로서 Centerless Ground Bar
* STD-5의 제품상태는 강판임.

구 분	Annealing (소둔, 풀림)	Quenching (소입, 담금질)	Tempering (소려, 뜨임)	Annealing (HB)	Tempering (HRC)
STC3	750~780 서냉	760~820 수냉	150~200 공냉	212 이하	63 이상
STC4	740~760 서냉	760~820 수냉	150~200 공냉	207 이하	61 이상
STC5	730~760 서냉	760~820 수냉	150~200 공냉	207 이하	59 이상

⑥ 베어링강[BEARING STEELS(STB-2)]

구 분	특 징	용 도
STB-2	고탄소 크롬특수강으로서 내마모성 및 내충격성이 큰 강종으로, 볼베어링이나 롤러베어링 제조에 쓰인다. 탄화물의 구상화가 성능에 많은 영향을 미치는 탄화물입자가 미세화되어 있다.	BALL BEARING, ROLLER BEARING, 금형의 가이드 핀.

구분	C	Si	Mn	P	S	Cr	Mo
STD11	0.95 ~1.10	0.15 ~0.35	0.50 이하	0.025 이하	0.025 이하	1.30 ~1.60	0.08 이하

구 분	단조 온도	Anne- aling (소둔)	Quen- ching (소입)	Tem- pering (소려)	Anne- aling (HB)	Anne- aling (HRB)	Que- ching (HRC)	Tem- pering (HRC)
STB2	850 ~1,100 서냉	780 ~810	800 ~840	140~ 180	201 이하	94 이상	63~65 (Roll)	60 이상

⑦ **구조용합금강**(Structural Alloy Steels) − SCM 415, 440, 445

구 분	C	Si	Mn	P	S	Cu	Ni	Cr	Mo
SCM 415	0.13 ~0.18	0.15 ~0.35	0.60 ~0.85	0.030 이하	0.030 이하	0.30 이하	0.25 이하	0.90 ~1.20	0.15 ~0.30
SCM 440	0.38 ~0.43	〃	〃	〃	〃	〃	〃	〃	〃
SCM 445	0.43 ~0.48	〃	〃	〃	〃	〃	〃	〃	〃

구 분	단조 (℃)	Quenching (소입, 담금질)	Tempering (소려, 뜨임)
SCM 415	1100~900	1차 850~900 유냉 2차 850~850 유냉	150~200 공냉
SCM 440	1050~850	830~800 유냉	550~650 급냉
SCM 445	1050~850	830~800 유냉	150~200 공냉

⑧ **구조용 탄소강**(Structural Carbon Steels) − SM 20C, SM 45C

저탄소강인 SM 20C는 볼트, 핀 냉각가공 후 열처리 하지 않는 부품과 단조 후 소준하여 사영하는 부품, 또한 용접성을 필요로 하는 부품에 사용되어진 다. 고탄소강인 SM 45C로 일반적으로 사용되어지는 부품은 크랭크축, 리어 엑슬샤프트 등 전부 소입한 후 일부는 고주파 소입, 또는 냉간가공한 볼트 등 전체 소입 부품 등에 사용되어진다.

구 분	C	Si	Mn	P	S
SM 20C	0.18~0.23	0.15~0.35	0.30~0.60	0.030 이하	0.035 이하
SM 45C	0.42~0.48	0.15~0.35	0.60~0.90	0.030 이하	0.035 이하

구 분	단조 (℃)	Normalizing (소준, 불림)	Annealing (소둔)	Quenching (소입)	Tempering (소려)
SM 20C	1100~900	870~920 공냉	약 860 노냉	−	−
SM 45C	1100~850	820~870 공냉	약 810 노냉	820~870 수냉	550~650 급냉

⑨ **질화강**(Nitriding Steels) − SACM−1

구 분	C	Si	Mn	P	S	Cu	Ni	Cr	Mo	Al
SACM 1	0.40 ~0.50	0.15 ~0.50	≤ 0.60	≤ 0.030	≤ 0.030	≤ 0.30	≤ 0.25	1.30 ~1.70	0.15 ~0.30	0.70 ~1.20

구 분	Quenching (소입, 담금질)	Tempering (소려, 뜨임)
SACM1	880~930 유냉	680~720 유냉

구 분	항복강도	인장강도	연신율	단면 수축률	충격치	경도 (HB)
SACM1	≥70	≥85	≥15	≥50	≥10	241~302

(10) 금속재료의 물리적 성질

재 료	밀도 (g/cm³)	열팽창 계수 (×10⁻⁶/℃)	(종)탄성계수, E	
			GPa	kgf/mm²
연강	7.85	11.7	214	21000
NAK80	7.8	12.5	209	20500
STD 61	7.75	10.8	214	21000
SKH 51	8.2	10.1	227	22300
초경 V40	13.9	6.0	551	54000
주철	7.3	9.2~11.8	76~107	7500~10500
STS440C	7.78	10.2	208	20400
무산소동 C1020	8.9	17.6	119	11700
6/4 황동 C2801	8.4	20.8	105	10300
베릴륨동 C1720	8.3	17.1	133	13000
알루미늄 A1100	2.7	23.6	70	6900
두랄루민 A7075	2.8	23.6	73	7200
티탄	4.5	8.4	108	10600

(11) 금형재료 사양(specification) 분석

제강업체에서 제공하는 금형강재 사양을 이용하여 지금까지 배운 지식을 적용해 보자. 우수한 경면성과 내부식성 및 내마모성이 탁월하고 양호한 기계가공성을 제공하는 'STAVAX ESR(AISI 420 Mod., 1.2083 ESR, SUS420J2)'의 강재에 대하여 분석해 보도록 하자. 강재에 대한 각 항목들이 완벽하게 이해되어야 최상의 금형을 제작 및 유지보수할 수 있다.

[그림 7-2-4]
제강업체 및 나라별
강재 표기법

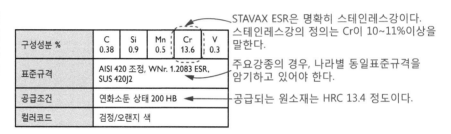

ASSAB	UDDEHOLM	AISI	DIN	JIS
MIRRAX 40	MIRRAX 40	420 Mod.		
VIDAR 1 ESR	VIDAR 1 ESR	H11	1.2343	SKD 6
UNIMAX	UNIMAX			
CORRAX	CORRAX			
ASSAB 2083		420	1.2083	SUS 420J2
STAVAX ESR	STAVAX ESR	420 Mod.	1.2083 ESR	SUS 420J2
MIRRAX ESR	MIRRAX ESR	420 Mod.		
POLMAX	POLMAX			
RAMAX HH	RAMAX HH	420 F Mod.		
ROYALLOY	ROYALLOY			
PRODAX				
ASSAB MM40				
ALVAR 14	ALVAR 14		1.2714	SKT 4
ASSAB 2714			1.2714	SKT 4
ASSAB 8407 2M	ORVAR 2M	H13	1.2344	SKD 61
ASSAB 8407 SUPREME	ORVAR SUPREME	H13 Premium	1.2344 ESR	SKD 61

1.2XXX → Alloy Tool steels
1.20XX → Cr : 12.5~14.5%

Standard

[그림 7-2-5]
STAVAX ESR 소재의
성분과 추천경도
분석하기

구성성분 %	C 0.38	Si 0.9	Mn 0.5	Cr 13.6	V 0.3
표준규격	AISI 420 조정, WNr. 1.2083 ESR, SUS 420J2				
공급조건	연화소둔 상태 200 HB				
컬러코드	검정/오랜지 색				

STAVAX ESR은 명확히 스테인레스강이다.
스테인레스강의 정의는 Cr이 10~11%이상을
말한다.

주요강종의 경우, 나라별 동일표준규격을
암기하고 있어야 한다.

공급되는 원소재는 HRC 13.4 정도이다.

금형 공구 종류 type of mold	추천 경도 HRC
열가소성 수지 사출 금형 공구	45-52
열경화성 수지 사출 금형 공구	45-52
압축 / 전송 금형 공구	50-52
PVC, PET 등의 블로우 금형 공구	45-52
압출, 인발 금형 공구	45-52

가공전 원소재는 HRC 13.4정도이며,
가공후 열처리를 통해서 경도를 높여야 한다.
Preharden강이 아니다. Preharden강은
절삭가공문제로 최대 HRC 34를 넘기 힘들다.

본 재료에 대하여 Maker에서 제공하는
표준열처리자료를 반드시 숙지해야 한다.

[그림 7-2-6]
STAVAX ESR 소재의
물리석 특성과
인장강도 분석하기

물리적 특성

50 HRC으로 소입 및 뜨임

소입(담금질, quenching)
소려(뜨임, tempering)

온도	20°C	200°C	400°C
밀도 kg/m³	7800 7.8 g/cm²	7750	7700
탄성계수 MPa (E)	200 000	190 000	180 000
열팽창계수 20°C 부터 (α)	-	11.0 × 10⁻⁶	11.4 × 10⁻⁶
열전도도 W/m °C (k)	19	20	24
비열 J/kg °C (Cp)	460	-	-

금형무게를
계산할 때 사용한다.

금형 변형(처짐)을
계산할 때 사용한다.

양단고정보 처짐식
$$\delta = \frac{PL^3}{384EI} \quad I = \frac{bh^3}{12}$$

금형조립구조에서
열응력 등을 계산할 수 있다.

열응력식(σ)
$$\sigma = E\varepsilon = E\alpha \triangle T$$

냉각효율을 고려할 때
활용된다.

열확산계수
$$\delta = \frac{k}{\rho C_p}$$

인장 강도

인장 강도 값은 근사치입니다. 모든 샘플은 지름 25mm
봉재(압연 방향)에서 채취했습니다.
1025±10°C 오일소입 및 지정된 경도로 두 번 뜨임.

경도	50 HRC	45 HRC
인장강도 R_m	1780 MPa	1420 MPa
항복강도 $R_{p0.2}$	1460 MPa	1280 MPa

금형이 견딜 수 있는 최대 혹은 항복응력을 토대로
사출공정에서 작용하는 다양한 압력이나
외력에 대한 검토한다.

[그림 7-2-7]
STAVAX ESR 소재의
금형보관(방청)방법
분석하기

Note: Special protectants are not recommended during mould storage. Many protectants are chloride based and may attack the passive oxide film, resulting in pitting corrosion. Tools should be thoroughly cleaned and dried prior to storage.

강재에 대한 내용을 꼼꼼히 살펴야 한다.

금형보관(mold storage) 때도 무턱대고
방청제를 도포하면 안된다.
본 재질은 방청제의 염소(chloride)성분이
부동태 산화피막을 공격할 수 있다.

[그림 7-2-8]
STAVAX ESR 소재의
열처리 관련 표준
분석하기

STAVAX EST 열처리 표준
Heat Treatment

Soft annealing 연화소둔(풀림)

Protect the steel and heat through to 890°C (1630°F). Then cool in the furnace at 20°C (40°F) per hour to 850°C (1560°F), then at 10°C (20°F) per hour to 700°C (1290°F), then freely in air.

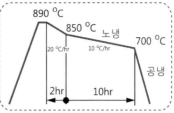

Stress-relieving 응력제거

황삭가공 후
응력제거

After rough machining the tool should be heated through to 650°C (1200°F), holding time 2 hours. Cool slowly to 500°C (930°F), then freely in air.

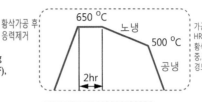

가공전 경도가
HRC 13.4정도인데
황삭가공하면서
중,정삭이 힘들정도로
경도가 왜 올라갔을까?

Hardening 담금질

Preheating temperature: 600–850°C (1110–1560°F).
Austenitizing temperature: 1000–1050°C (1830–1920°F), but usually 1020–1030°C (1870–1885°F).

Temperature °C	°F	Soaking time* minutes	Hardness before tempering
1020	1870	30	56±2 HRC
1050	1920	30	57±2 HRC

* Soaking time = time at hardening temperature after the tool is fully heated through

Tempering graph 뜨임

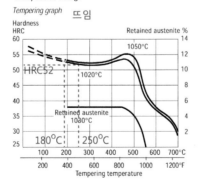

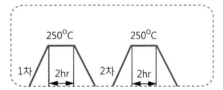

금형강마다 열처리 조건이 모두 다르므로
철강제조업체에서 제공하는 조건들을
제대로 숙지해야
금형내구성 및 수명을 극대화 할 수 있다.

[그림 7-2-9]
STAVAX ESR 소재의
절삭가공관련 사양
분석하기

가공조건

STAVAX ESR 금형소재를 가공할 때
반드시 아래 조건을 숙지하고 가공작업계획을 수립해야 한다.

다음 가공조건은 자체적으로 최적 가공 조건을 파악
하기 위하여 처음 가공을 시작하는 데 참고합니다.
HRC 13.4
**가공조건의 기준은 ~200HB로 연화 소둔 된 상태
입니다.**

선반가공

$$\frac{\pi DN}{1000}$$

절삭조건 항목	초경 커터		고속도강
	황삭	정삭	정삭
절삭속도 (v₀) m/min	160 - 210	210 - 260	18 - 23
이송 (f) mm/r	0.2 - 0.4	0.05 - 0.2	0.05 - 0.3
절입깊이 (aₚ) mm	2 - 4	0.5 - 2	0.5 - 3
ISO 지정 초경	P20 - P30 Coated carbide	P10 Coated carbide or cement	-

공구 1회전당 이송량

드릴가공

드릴 재질에 따른
가공조건도 제시한다.

고속도강 트위스트 드릴

드릴지름 mm	절삭속도 (v₀) m/min	이송 (f) mm/r
≤ 5	12 - 14*	0.05 - 0.10
5 - 10	12 - 14*	0.10 - 0.20
10 - 15	12 - 14*	0.20 - 0.30
15 - 20	12 - 14*	0.30 - 0.35

* 코팅 고속도강 드릴, Vc = 20 - 22 m/min

초경 드릴

절삭조건 항목	드릴 타입		
	인덱서블 인서트	솔리드 초경	초경 팁
절삭속도 (v₀) m/min	210 - 230	80 - 100	70 - 80
이송 (f) mm/r	0.03 - 0.10¹	0.10 - 0.25¹	0.15 - 0.25¹

¹ 드릴 직경에 따라

밀링가공

밀링가공에서
가공종류에 따라서
조건이 달라진다.

페이스 및 스퀘어 숄더 밀링

절삭조건 항목	초경 밀링	
	황삭	정삭
절삭속도 (v₀) m/min	180 - 260	260 - 300
이송 (fₜ) mm/tooth	0.2 - 0.4	0.1 - 0.2
절입깊이 (aₚ) mm	2 - 4	0.5 - 2
ISO 지정 초경	P20 - P40 코팅 초경	P10 - P20 코팅 초경 서멧

엔드밀가공

절삭조건 항목	밀링 타입		
	솔리드 초경	초경 인덱서블 인서트	고속도강
절삭속도 (v₀) m/min	120 - 150	170 - 230	25 - 30¹
이송 (fₜ) mm/tooth	0.01 - 0.02²	0.06 - 0.2²	0.01 - 0.30²
ISO 지정 초경	-	P20 - P30	-

¹ 코팅 고속도강 엔드밀 Vc = 45 - 50 m/min
² 커터의 직경과 절삭폭에 따라서

연마가공

휠 추천

연마휠 타입	연화소둔 조건	열처리 조건
평면 연삭	A 46 HV	A 46 HV
로타리 연삭	A 24 GV	A 36 GV
원통 연삭	A 46 LV	A 60 KV
내면 연삭	A 46 JV	A 60 IV
프로파일 연삭	A 100 LV	A 120 KV

[그림 7-2-10]
STAVAX ESR 소재의
용접관련 사양
분석하기

용접

용접방법	TIG	MMA
예열온도[1]	200 - 250°C (연화소둔 ~200HB) 200°C (소입 56HRC) 250°C (소입 52HRC)	
용접재	STAVAX TIG-WELD	STAVAX WELD
최대 Interpass 온도[2]	400°C (연화소둔 ~200HB) 350°C (소입 56 HRC) 400°C (소입 52 HRC)	
용접 후 냉각	처음 2 시간 20 - 40°C/h 그러한 다음 공냉	
용접 후 경도	54 - 56 HRC	
용접 후 열처리		
소입 상태	원래 뜨임 온도보다 약 10 - 20°C 낮게 뜨임	
연화 소둔 상태	무탈탄, 무산화 분위기에서 890°C 로 가열. 20°C/h 로 850°C로 노냉 후 10°C/h 로 700°C로 노냉 그러한 다음 공냉	

강종마다 용접조건이 모두 다르다.

특히, 예열온도는 용접후 균열을 방지하기 위해 아주 중요하다.

예열온도는 뜨임(tempering)온도 보다 낮게 설정

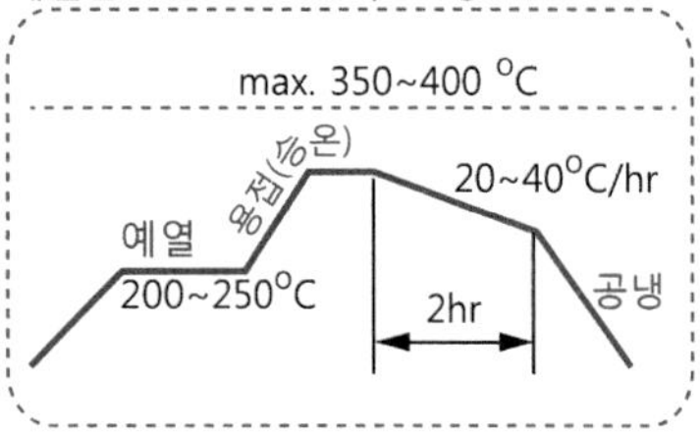

[그림 7-2-11]
강재의 비교분석을
통한 사용환경에 맞는
최적의 소재 선정

금형강재의 상대비교

모든 조건을 만족하는 재질은 없다. 그러므로 적용해야 할 환경을
잘 고려하여 최적의 강재를 선택하는 것이 요구된다.

CHAPTER

08

사출성형 주변장치

8.1 사출성형을 위한 주변장치

사출성형은 타 산업도 유사하겠지만 하나의 사출품을 구현하기 위해서는 많은 부대설비들이 필요하다. 어느 한 부분이라도 비정상적으로 작동을 한다면 정상적인 제품을 생산할 수 없다. 그러므로 사출엔지니어는 사출 전공정에 대한 이해가 반드시 필요하다.

[그림 8-1-1]
사출공장 전체
레이아웃도
(제공 : Wittmann 社)

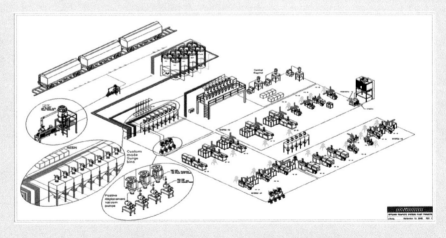

[그림 8-1-1]은 사출공장의 사출기 및 주변설비 레이아웃(layout)이다. 공장마다 레이아웃 형태는 상이하더라도 기본적으로 갖추어야 할 구성요소들은 동일하다. 이 장에서는 사출성형 시 필요한 주변장치요소들을 하나씩 살펴보도록 하자.

8.2 사출성형 주변장치 소개

사출성형 주변장치를 상업적으로 다루고 있는 업체는 전 세계적으로 많이 존재한다. 여기서는 사출현장에서 많이 사용하고 있는 것들을 위주로 간단하게 소개하도록 하겠다.

[그림 8-2-1]
일반적인 사출성형
주변장치(취출로봇,
온조기, 칠러, 제습기,
자동화설비 등)
(제공 : Wittmann 社)

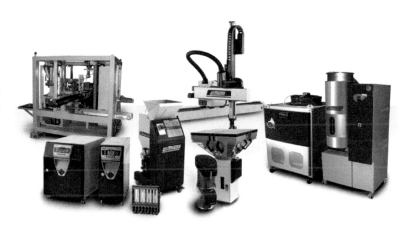

1) 취출로봇(robot)

취출로봇은 사출성형 후 고화된 성형품을 금형의 캐비티로부터 밖으로 빼낼 때 사용된다. 예전에는 작업자가 수작업으로 성형품을 손으로 잡고 빼내다보니 작업자 피로도 증가, 사고발생, 생산성 저하 등의 손실을 감수해야 했다. 최근에는 대부분의 사출성형공정이 (반)무인화로 되어 있어 취출로봇과 같은 자동화 시스템이 필수요소이다.

취출로봇은 직교로봇과 다관절로봇을 주로 사용한다. 대부분의 성형품 취출에는 직교로봇이 많이 사용된다. 하지만 자동차 범퍼와 같이 부품 인서트, 플래시 제거 등 후공정까지 담당하는 경우는 다관절 로봇을 사용한다. 직교로봇은 공간절약 및 설치비용이 다관절로봇보다 저렴하여 많이 사용된다.

[그림 8-2-2]는 직교로봇의 한 예를 보여주고 있다. 로봇의 형태는 사출공장의 레이아웃, 사출성형기, 금형 및 성형품의 모양에 따라서 많은 구조로 파생된다. 하지만 X, Y, Z축을 기준으로 하는 근본 원리는 동일하다.

[그림 8-2-2]
대표적인 직교로봇의
구조와 좌표계

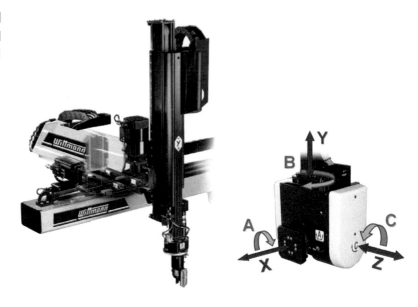

직교로봇은 성형품의 모양에 따라서 다양한 구조의 지그가 필요하다. 성형품의 적절한 위치에 그립(grip)위치를 선정하고 취출을 실행해야만 제품변형을 최소화시키고 안정적인 연속취출작업을 실현할 수 있다. 아래 그림은 다양한 그립의 형태를 보여주고 있다. 이 경우 제품을 잡는 곳에는 별도의 축을 구성하여 제품을 자유자재로 움직여서 취출을 용이하게 만들 수 있다.

[그림 8-2-3]
성형품에 따른
지그형태의 한 예

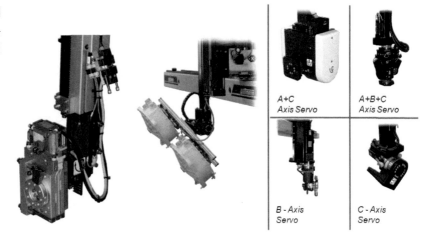

부대설비와 사출성형기들은 서로 연결되어 유기적으로 동작해야 한다. 그렇지 않으면 사출성형공정 중에 사고가 발생할 수 있다. [그림 8-2-4]는 로봇과 이송 장치(conveyor) 등이 서로 통합제어되는 한 예를 보여주고 있다.

[그림 8-2-4]
로봇과 여러
주변장치와의
유기적인 컨트롤
구성도

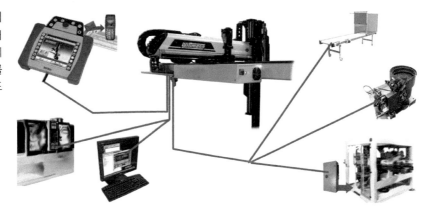

[그림 8-2-5]는 다양한 형태의 취출구조를 보여주고 있다. 제품의 형태 혹은 캐비티 수에 따라서 제한없이 확장이 가능하다. 그러므로 지그의 설계도 생산성 측면에서 매우 중요한 요소 중의 하나이다.

[그림 8-2-5]
성형품 형태 및
캐비티 수에 따른
취출지그

2) 자동화 설비(automation system)

사출성형에서 숙련인력의 지속적인 수급측면에서 문제가 제기되고 있다. 이러한 문제점을 해결하기 위해서 작업자를 대신해서 자동화 설비가 그 자리를 차지하고 있다. 성공적인 자동화를 실현하기 위해서 사출금형의 설계뿐만 아니라 자동화관련 설계도 매우 중요하다.

자동화 설비는 성형품의 단순한 취출을 넘어서 부품의 금형 내 인서트 작업, 성형품의 정렬, 포장, 게이트(런너) 제거 등의 다양한 작업을 정확하게 수행한다. 그러므로 자동화 설비는 무인화의 결정적 요인으로 작용한다.

[그림 8-2-6]에서 [그림 8-2-9]까지는 다양한 자동화 설비들을 열거해 놓았다.

[그림 8-2-6]
다양한 자동화 설비
(제공 : Wittmann 社)

[그림 8-2-7]
Toilet seat의 게이트
제거(degating) 작업

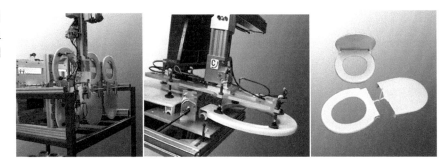

[그림 8-2-8]
너트 인서트(Nut
insert for Connector
housing) 자동화 장치

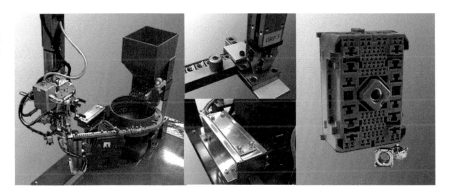

[그림 8-2-9]
섬유인서트(textiles for
over-molding) 작업

[그림 8-2-10]
IML을 이용한
팝콘상자 외벽의
디자인 구현

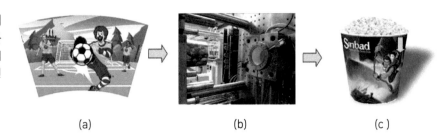

(a)   (b)   (c)

[그림 8-2-11]
IML을 이용한 다양한
제품의 사례

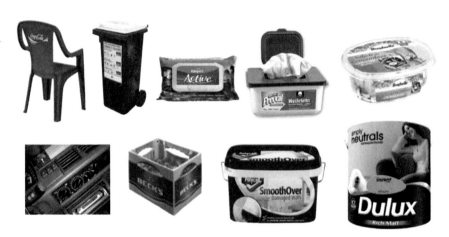

[그림 8-2-10]은 팝콘상자 외벽의 디자인을 구현한 것이다. 좌측부터 보면, (a) 디자인이 인쇄된 필름을 상자 외벽의 펼쳐진 전개도로 준비하고, (b) 펼쳐진 전개도를 로봇지그로 외부에서 상자형태로 테두리를 형성하여 금형캐비티로 삽입 (insert) 후 금형을 닫고 사출을 하면 (c)와 같이 디자인된 팝콘상자가 완성된다. [그림 8-2-11]도 팝콘상자와 유사한 방법으로 디자인을 구현한다.

3) 금형온도조절기(Mold Temperature Controller)

금형온도조절기는 금형의 온도를 관리하며, 양질의 성형품을 구현하는데 필요한 매우 중요한 설비 중의 하나이다. 금형온도변화에 따른 제품의 불량 및 생산성의 변화를 최소화하기 위해서 일정한 금형온도관리가 요구된다. 성형품이 정밀할수록 금형온도의 역할은 매우 중요하다.

[그림 8-2-12]
다양한 형태의
금형온도조절기

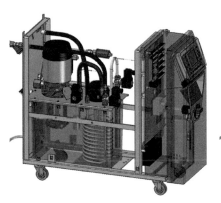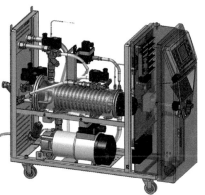

[그림 8-2-13]
금형온도조절기
내부의 열교환장치
내부
(제공 : Wittmann 社)

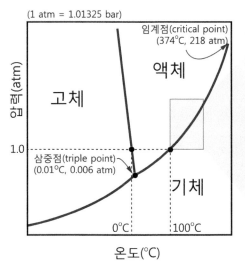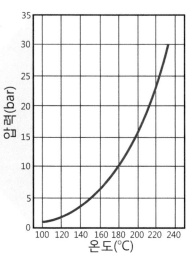

[그림 8-2-14]
냉각수 온도와
압력과의 관계 그래프

(1 atm = 1.01325 bar)

임계점(critical point)
($374^{\circ}C$, 218 atm)

액체

고체

압력(atm)

1.0

삼중점(triple point)
($0.01^{\circ}C$, 0.006 atm)

기체

$0^{\circ}C$ $100^{\circ}C$

온도($^{\circ}C$)

압력(bar)

35
30
25
20
15
10
5
0

100 120 140 160 180 200 220 240

온도($^{\circ}C$)

4) 수지건조장치(Resin Drying)

좋은 성형품을 안정적으로 생산하기 위해서 여러 가지 요소들이 동시에 충족되어야 한다. 수지건조는 아주 중요한 요소 중의 하나이다. 수지의 건조부족의 원인으로 적정 수분함량 초과시 수분으로 인하여 열분해 및 가스발생을 가속화시킨다. 하절기 우기에는 무더운 주위온도와 높은 습도로 원료이동이나 장기보관시 수분을 많이 흡습하게 되어 일반적인 건조조건으로는 건조가 안 되며, 제습건조기를 이용하여 장시간 수지를 건조해야만 한다. 투명수지의 경우는 제습건조가 필수적이다.

[그림 8-2-15]
다양한 형태의
열풍건조기 및
제습건조기
(제공 : Wittmann 社)

[그림 8-2-16]
제습건조기 원리 및
조정화면
(제공 : Wittmann 社)

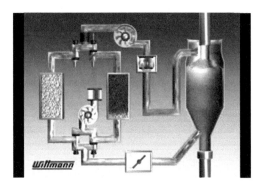

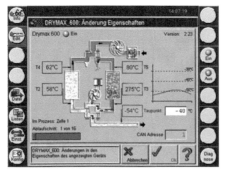
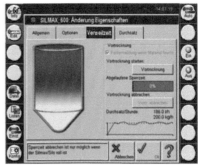

[그림 8-2-17]
제습건조기를
기업체에 설치한 사례

[그림 8-2-18]
사출기와 주변설비가
연동되어 생산이 되는
모습
(제공 : Krauss Maffei)

CHAPTER

09

플라스틱을 이용한
가공기술

9.1 다양한 플라스틱 가공기술

플라스틱을 이용한 가공기술

9.1 다양한 플라스틱 가공기술

플라스틱 가공기술 중에 사출뿐만 아니라 그 외에도 많은 기술들이 산업현장에서 활용되고 있다. 단지, 사출이 가장 흔하게 사용하기 때문에 많이 다루어지고 있다. 본 장에서는 사출성형 외에 플라스틱을 가공하는 다양한 기술들을 그림 위주로 간단하게 소개하였다. 참고로 영어로 된 용어를 그대로 두었다.

1) 블로우성형(blow molding)

[그림 9-1-1]
Preform(Parison)을
이용한 블로우성형

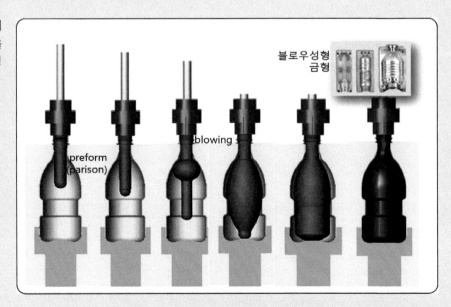

[그림 9-1-2]
Extrusion 공법을
이용한 블로우성형

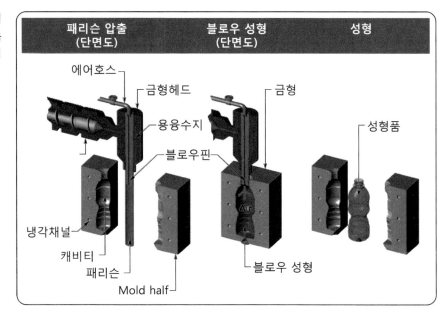

패리슨 압출 (단면도)	블로우 성형 (단면도)	성형

에어호스
금형헤드
금형
용융수지
성형품
블로우핀
냉각채널
캐비티
패리슨
Mold half
블로우 성형

2) 회전성형[rotational molding(rotomolding)]

[그림 9-1-3]
회전성형 장비와
개략도

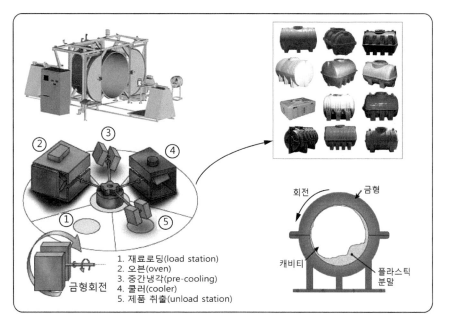

① 재료로딩(load station)
② 오븐(oven)
③ 중간냉각(pre-cooling)
④ 쿨러(cooler)
⑤ 제품 취출(unload station)

금형회전

회전
금형
캐비티
플라스틱
분말

3) 열성형(thermoforming)

(1) 진공성형(vacuum forming)

[그림 9-1-4]
Vacuum을 활용한
열성형
(제공 : CustomPartNet)

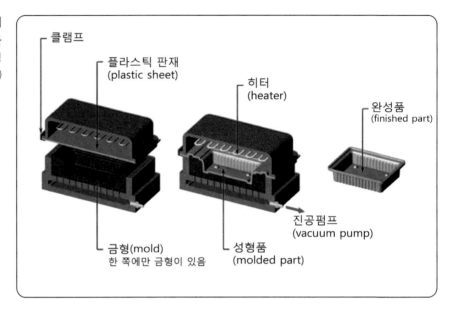

[그림 9-1-4]
Vacuum을 활용한
열성형
(제공 : CustomPartNet)

(2) 압력성형(pressure forming)

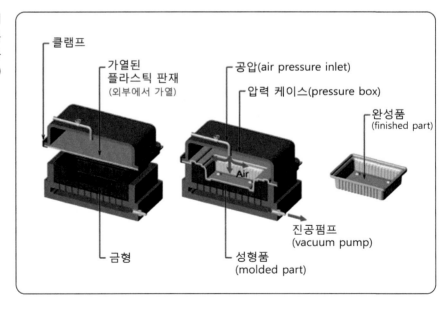

[그림 9-1-5]
압력과 진공을
동시에 활용
(제공 : CustomPartNet)

(3) 펀치/다이성형(mechanical forming)

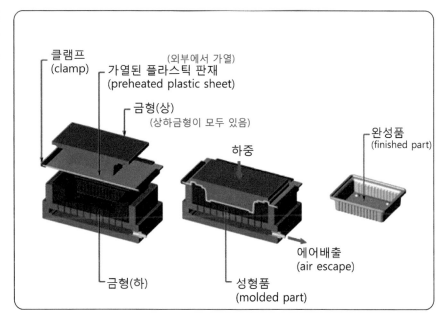

[그림 9-1-6]
펀치와 다이를 활용한
열성형

클램프
(clamp)

(외부에서 가열)
가열된 플라스틱 판재
(preheated plastic sheet)

금형(상)
(상하금형이 모두 있음)

하중

완성품
(finished part)

에어배출
(air escape)

금형(하)

성형품
(molded part)

(4) 트윈성형(twin-sheet forming)

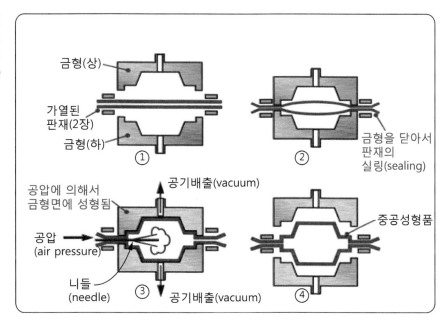

[그림 9-1-7]
두 장의 플라스틱
sheet를 겹쳐서 성형
(참고 : Cannon Ergos)

금형(상)

가열된
판재(2장)

금형(하)
①

②

금형을 닫아서
판재의
실링(sealing)

공기배출(vacuum)

공압에 의해서
금형면에 성형됨

공압
(air pressure)

니들
(needle)
③

공기배출(vacuum)

중공성형품

④

4) 분말사출성형(powder injection molding)

(1) 금속분말사출[metal injection molding(MIM)]

[그림 9-1-8]
금속분말을 이용한
성형가공기술

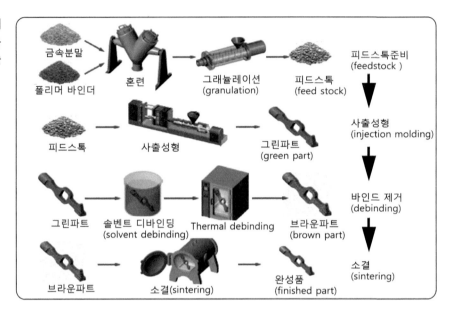

[그림 9-1-8]
금속분말을 이용한
성형가공기술

(2) 세라믹분말사출[ceramic injection molding(CIM)]

[그림 9-1-9]
세라믹 분말을 이용한
성형가공기술

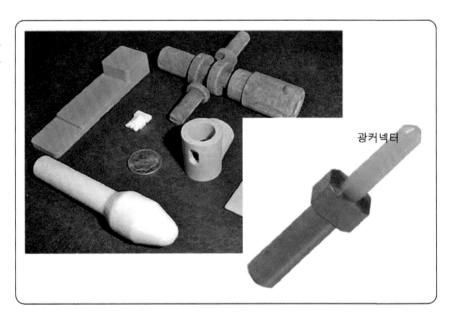

5) SLA(stereolithography)

[그림 9-1-10]
감광성 폴리머를
이용한 Stereolitho-
graphy 기술
(제공 : CustomPartNet)

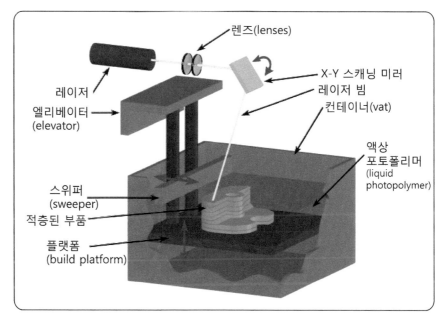

6) FDM(fused deposition molding)

[그림 9-1-11]
용융재료의 적층을
이용한 성형기술
(제공 : CustomPartNet)

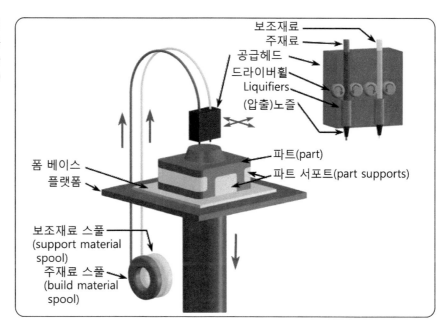

7) SLS(selective laser sintering)

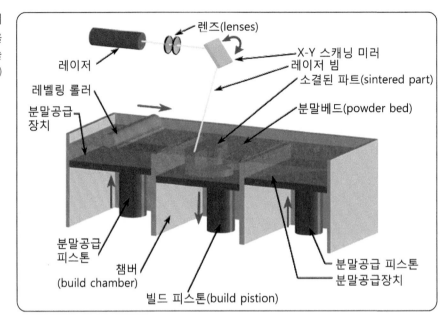

[그림 9-1-12]
레이저 순간소결을
이용한 적층기술
(제공 : CustomPartNet)

렌즈(lenses)
레이저
X-Y 스캐닝 미러
레이저 빔
소결된 파트(sintered part)
레벨링 롤러
분말공급
장치
분말베드(powder bed)
분말공급
피스톤
챔버
(build chamber)
빌드 피스톤(build pistion)
분말공급 피스톤
분말공급장치

8) 3차원 프린팅(3D printing)

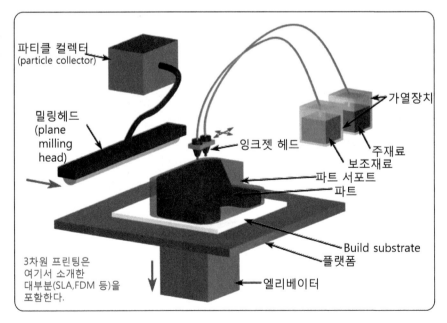

[그림 9-1-13]
3차원 인쇄기술을
접목한 성형기술
(제공 : CustomPartNet)

파티클 컬렉터
(particle collector)
가열장치
밀링헤드
(plane
milling
head)
잉크젯 헤드
주재료
보조재료
파트 서포트
파트
Build substrate
플랫폼
엘리베이터

3차원 프린팅은
여기서 소개한
대부분(SLA,FDM 등)을
포함한다.

9) 잉크젯 프린팅(inkjet printing)

[그림 9-1-14]
잉크젯 인쇄 기법을
응용한 성형기술
(제공 : CustomPartNet)

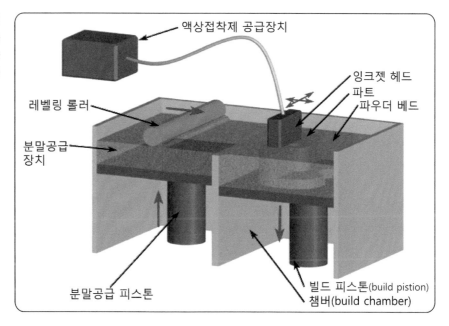

10) 감광성폴리머 성형(jetted photopolymer)

[그림 9-1-15]
UV 램프와 감광성
폴리머를 활용한
성형기술
(제공 : CustomPartNet)

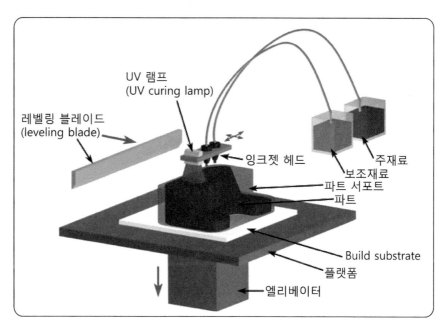

11) 라미네이트 적층성형(laminated object manufacturing)

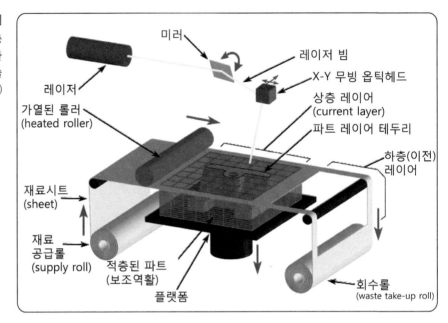

[그림 9-1-16]
라미네이트 적층
성형을 응용한
성형기술
(제공 : CustomPartNet)

12) 분말슬러시 성형[powder slush molding(PSM)]

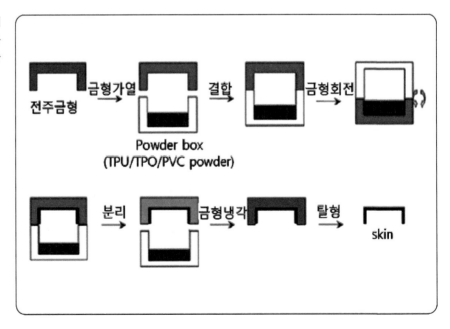

[그림 9-1-17]
분말 슬러시를 이용한
성형기술

13) 다중사출(multi-component injection molding)

[그림 9-1-18]
대형이중사출을 위한
Turning platen 방식
사출

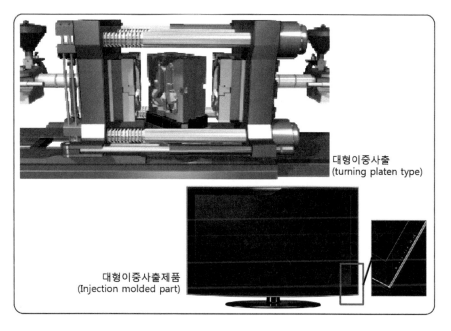

대형이중사출
(turning platen type)

대형이중사출제품
(Injection molded part)

14) 액상성형[liquid injection molding(LIM)]

[그림 9-1-19]
액상성형공정

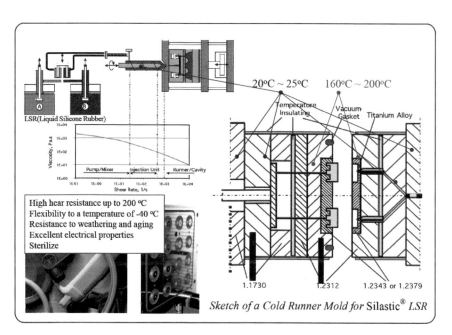

20°C ~ 25°C   160°C ~ 200°C

Temperature
Insulating

Vacuum
Gasket

Titanium Alloy

LSR(Liquid Silicone Rubber)

High hear resistance up to 200 °C
Flexibility to a temperature of -40 °C
Resistance to weathering and aging
Excellent electrical properties
Sterilize

1.1730   1.2312   1.2343 or 1.2379

Sketch of a Cold Runner Mold for Silastic® *LSR*

15) 반응사출[reaction injection molding(RIM)]

[그림 9-1-20]
반응사출 공정 개략도

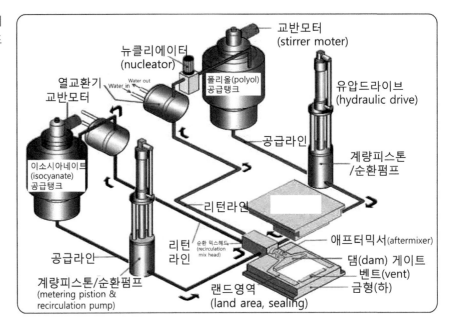

교반모터
(stirrer moter)

뉴클리에이터
(nucleator)

폴리올(polyol)
공급탱크

열교환기
교반모터

Water out
Water in

유압드라이브
(hydraulic drive)

이소시아네이트
(isocyanate)
공급탱크

공급라인

계량피스톤
/순환펌프

리턴라인

공급라인

리턴
라인

순환 믹스헤드
(recirculation
mix head)

애프터믹서(aftermixer)

댐(dam) 게이트
벤트(vent)
금형(하)

계량피스톤/순환펌프
(metering pistion &
recirculation pump)

랜드영역
(land area, sealing)

16) 용융코아사출(fusible/lost/soluble−core injection molding)

[그림 9-1-21]
용융코아사출성형

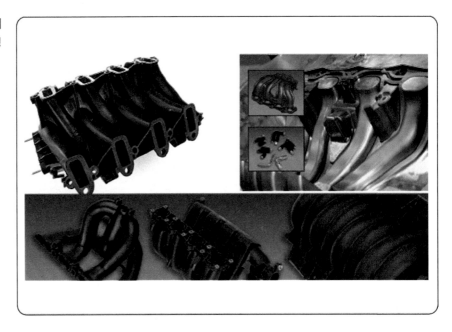

17) 레이저 절단 및 용접(LASER cutting and welding)

[그림 9-1-22]
레이저 절단 및 용접

18) IML/IMD(In-Mold Labeling/In-Mold Decoration)

[그림 9-1-23]
IML과 IMD 생산장면

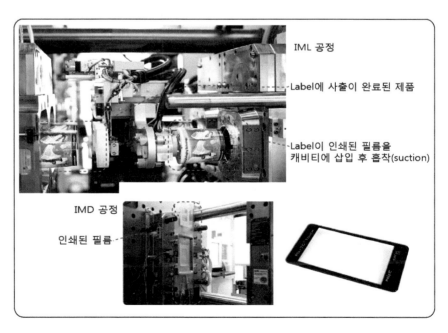

CHAPTER
10
부 록

부 록

부록 1 약어(acronyms)

ABA	Acrylonitrile-butadiene acrylate
ABS	Acrylonitrile-butadiene-styrene
AES	Acrylonitrile-ethylene-propylene-styrene
AMMA	Acrylonitrile-methyl methacrylate
AN	Acrylonitrile
ASA	Acrylic styrene-acrylonitrile
BM	Blow molding
BMC	Bulk molding compound(composite)
CA	Cellulose acetate
CAB	Cellulose acetate butyrate
CAD	Computer-aided design
CAE	Computer-aided engineering
CAM	Computer-aided manufacturing
CAP	Cellulose acetate propionate
CBA	Chemical blowing agent
CFC	Chlorofluorocarbon
CFRP	Carbon-fiber-reinforced plastics
CIM	Computer-integrated manufacturing

CNC	Computer numerically controlled
CPE	Chlorinated polyethylene
CPET	Crystalline polyethylene terephthalate
CPVC	Chlorinated polyvynil chloride
CRP	Carbon-reinforced plastics
CTFE	Chlorotrifluoroethylene
DAIP	Diallyl phthalate
DAP	Diallyl phthalate
DCPD	Dicyclopentadiene
DFM	Design for manufacturability
DFMA	Design for manufacturability/assembly
EA	Ethylene acrylic acid(copolymers)
EBA	Ethylene butyl acrylate
EEA	Ethylene ethyl acetate
EMI	Electromagnetic interference
EP	Epoxy or epoxide
EPDM	Ethylene propylene diene monomer
EPR	Ethylene propylene rubber
EPS	Expanded or expandable polystyrene
ESD	Electrostatic discharge
ETE	Engineering Thermoplastics Elastomer
ETFE	Ethylene tetrafluoroethylene copolymer
ETP	Engineering Thermoplastics(TPE, TPO, TPU, TPV)
EVA	Ethylene vinyl acetate
EVAC	Ethylene-vinyl acetate copolymer
EVOH	Ethylene vinyl alcohol
FR	Flame retardant
FRP	Fiber-reinforced plastics
GMT	Glass-mat-reinforced thermoplastics
GP	General purpose
GR	Glass reinforced
GRP	Glass-reinforced polyester

HDPE	High-density polyethylene
HDT	Heat-deflection temperature
HIPS	High-impact polystyrene
HMW	High molecular weight
HMWHDPE	High molecular weight high-density polyethylene
L/D	Length/diameter(ratio)
LCP	Liquid-crystal polymer
LDPE	Low-density polyethylene
LIM	Liquid injection molding
LLDPE	Linear low-density polyethylene
LPE	Linear polyethylene
MBS	Methacrylate-butadiene-styrene
MDPE	Medium-density polyethylene
MF	Melamine formaldehyde
MFI	Melt-flow index
MFR	Melt-flow rate
MI	Melt index
MMA	Methyl methacrylate
MMW	Medium molecular weight
MPR	Melt-processable rubber
MWD	Molecular-weight distribution
PA	Polyamide(nylon)
PAI	Polyamide-imide
PAK	Polyester alkyd
PAN	Polyacrylonitrile
PB	Polybutylene
PBS	Polybutadiene-styrene
PBT	Polybutylene terephthalate
PC	Polycarbonate
PE	Polyethylene
PEEK	Polyetheretherketone
PET	Polyethylene terephthalate

PETG	Polyethylene terephthalate glycol(copolymer)
PF	Phenol formaldehyde
PI	Polyimide
PIB	Polyisobutylene
PIM	Powder injection molding
PITA	Polymer inflation thinning analysis
PMMA	Polymethyl methacrylate
POM	Polyoxymethylene(polyacetal)
PP	Polypropylene
PPS	Polyphenylene sulfide
PS	Polystyrene
PSO/PSF	Polysulfone
PTFE	Polytetrafluoroethylene
PUR or PU	Polyurethane
PVC	Polyvinyl chloride
RH	Relative humidity
RIM	Reaction injection molding
RP	Reinforced plastics
RPET	Reinforced polyethylene terephthalate
RTM	Resin-transfer molding
SAN	Stylene-acrylonitrile
SI	Silicone
TP	Thermoplastic
TPE	Thermoplastic elastomer
TPU	Thermoplastic urethanes
TS	Thermoset
UHMWPE	Ultra high molecular weight PE
UV	Ultraviolet
VOC	Volatile organic compound
XPE	Expanded or expandable polystyrene

부록 2 사출용어(glossary) [射出金型 및 成形 用語]

〈ㄱ〉

■ 가이드 핀(guide pin)

고정측의 캐비티 리테이너 플레이트와 가동측의 코어 고정판의 위치와 중심을 맞추기 위해 안내하는 핀이다.

■ 가이드 부싱(guide bushing)

금형에 있어서 가이드 핀 구멍에 끼워 넣는 금속 부품, 합금 공구강이나, 고탄소 크롬 베어링강 등 단단하고 강인한 강재를 사용하며, 이 부분의 마모를 방지하는데 사용한다. 또 마모가 생겼을 때는 이 부분만을 교환할 수 있도록 치수, 형상이 지정되어 있다.

■ 가이드 핀 부시(guide pin bush or guide bush)

고정측 형판에 고정되어, 안내 핀이 움직일 때 저항이 적도록 베어링의 역할을 해 주는 부품으로 금형 구조에 따라 여러 형태가 있다.

■ 게이트(gate)

금형에 있어서 용융한 성형재료를 캐비티에 넣기 위한 주입구를 말한다.

게이트를 절단한 부분의 자국이 성형품에 약간 남게 한다. 이 부분에서 성형재료가 고화를 촉진시키고 충전이 끝난 다음 고화되지 않은 재료가 금형 내부에서 유출 또는 노즐로부터의 유입을 방지하는 등의 기능을 다하기 위해서 일반적으로 재품과의 경계면을 가늘게 줄인 것(제한 게이트)을 사용한다.

■ 게이트 랜드(gate land)

게이트의 길이를 말한다. 보통 게이트는 단면적에 알맞은 길이로 설정하지만 일반적으로 긴 게이트는 유동저항이 크다. 또한, 충전하기 곤란한 성형재료를 사용할 때는 되도록 짧은 것이 좋다. 극단적으로 짧을 때는 금형이 변형하는 수가 있으며, 특히 센터 핀 포인트 게이트에서 주의한다. 다(多) 캐비티 금형에서는 게이트 밸런스를 고려하여 게이트의 길이를 결정하는 경우가 있다.

■ 게이트 밸런스(gate balance)
사출 성형용 여러 캐비티 금형에 있어서 각 캐비티에 성형재료가 동시에 충전될 수 있게 런너의 배치를 고려하던가, 게이트의 길이나 단면적을 조절하는 것을 말한다.

■ 게이트 인서트(gate insert(feed plate))
게이트 홈이 가공된 부품으로 금형의 캐비티 입구에 삽입.

■ 과보압(과잉충전, over packing)
사출 성형에 있어서 캐비티에 성형재료가 너무 많이 들어가는 것을 말한다. 이것으로 인하여 성형품의 무게나 치수가 커지고, 성형재료가 낭비될 뿐만 아니라 이형하기 곤란해지며 내부 변형이 심해진다.

■ 고정측 설치판, 상부 고정판(fixed clamp plate(top) or stationary side clamping plate)
금형을 구성하는 맨 위에 있는 판 모양의 부품으로 사출성형 기계의 고정측 부착판에 금형을 설치하여 고정하는 판으로 상부 고정판이라고도 함.

■ 균열(crack)
내부의 응력 또는 외부의 충격 등에 의해서 플라스틱 제품에 생긴 균열을 말한다.

■ 금속 인서트(metal insert molding)
성형품에 다른 부품의 부착, 또는 전기 회로의 형성 등을 위해서 미리 금형에 끼워 넣고 성형하는 금속 부품이며, 간단히 인서트라 한다. 금속의 인서트는 성형품으로부터 빠지거나 회전하지 않도록 하고, 인서트 주위의 성형품에 균열이 생기지 않게 주의해야 한다. 빠짐과 회전 방지를 위해 중앙에 언더컷을 붙인다. 균열이 생기는 것을 방지하기 위해서 열팽창계수가 플라스틱과 비슷한 것이 좋다.

■ 기포(void)
열가소성 수지 사출, 성형품의 두께가 두꺼운 부분이나 모서리 내부에 생긴 구상의 돌출부를 말하며, 성형재료가 캐비티 내에서 고화, 수축할 때 중심부의 재료가 부족하여 나타나는 결함을 말하고, 투명 성형품에서는 쉽게 이 결함을 외부로부터 관찰할 수 있다.

■ 내부 응력(internal stress)

고체 내부에 축적된 응력을 말하며 고체의 변형이나 균열의 원인이 된다. 플라스틱 성형품의 내부 응력은 다음과 같은 원인으로 발생한다. 예를 들면 열가소성 수지의 사출 성형에 있어서는 분자 배향, 과충전, 냉각속도의 불균일 등이다. 성형에 있어서는 내부응력의 발생을 되도록 피해야 하지만 만일 내부 응력을 가진 성형품이 되었을 경우에는 풀림에 의해 내부응력을 줄일 수 있다.

■ 냉각수 채널(cooling channel)

냉각수를 통하게 하기 위해 성형기나 금형에 뚫은 구멍 또는 주위에 파놓은 홈을 말한다. 열가소성 수지용 금형에서는 성형재료의 열을 제거하여 고화시키기 위해 보통 금형에는 관통 구멍을 뚫는다. 제품의 냉각 속도는 생산능률에 커다란 영향을 주기 때문에 유효하게 열을 제거하도록 금형에 대해서 냉각 수 채널을 배치하는데 특별한 연구가 필요하다. 사출 성형기에서는 호퍼 밑에 있는 가열 실린더의 일부에 냉각수를 통하게 하여 조기에 성형재료가 용융하는 것을 막는다.

■ 노즐(nozzle)

사출 성형기에 있어서 가열 실린더의 선단부에 있는 성형재료의 사출구를 말하며 금형의 스프루와 연결된다.

■ 노즐 터치(nozzle touching)

사출 성형에 있어서 성형기의 노즐과 금형의 스프루 부시를 터치시키는 것을 말한다. 보통 노즐은 가열되고 금형은 냉각되어 있기 때문에 노즐과 스프루 부시를 정상적으로 접촉시켜 놓는 것은 양자의 온도 조절 상 좋지 않다. 노즐은 사출기간 중에만 스프루 부시와 접촉하고 사출완료 후에 사출 유닛이 후퇴하여 스프루 부시로부터 떨어지도록 되어 있는 것이 보통이다.

■ 다듬질(finishing)

주로 제품의 겉모양을 형상시키기 위한 마지막 제조 공정으로는 플래시 제거, 게이트 제거, 버핑, 광내기, 광제거, 도장 등의 후가공이 있다.

■ 다수개 게이트 금형(multiple gate mold)

사출 성형 금형에 있어서 1개의 캐비티에 2개 이상의 게이트를 붙인 것을 말하며, 보통 3단계 구조의 핀 포인트 게이트 금형에 이용된다. 핀 포인트 게이트에서는 자동 절단을 가능하게 하기 위해 게이트의 단면적에는 제한이 있으며, 성형재료의 충전을 쉽게 하고자 할 때 다수개 게이트를 사용하여 게이트의 전체 단면적을 증가시킨다.

■ 다이렉트 게이트(direct gate)

사출 성형용 금형에서 스프루에서 직접 캐비티에 연결되어 있는 것을 말한다. 보통 물통 이나 세면기 등의 1개 빼기 금형에 사용되며 게이트의 절단 흔적이 크게 남는다.

■ 단열 런너 금형(insulated runner mold)

스프루, 런너를 굵게 하여 그 표면에 접촉 고화한 재료의 용융 상태로 유지하는 사출 성형 용 금형이다. 이 금형에서는 성형품을 빼낼 때마다 스프푸, 런너를 제거할 필요는 없으나 성형을 중지하였을 때 용이하게 이 부분의 재료를 제거할 수 있도록 금형의 분해를 쉽게 해 둘 필요가 있다.

■ 드라이 사이클 타임(dry cycle time)

성형재료를 공급하지 않고 성형기를 운전하였을 경우, 1사이클에 소요된 최소 작동시간을 말하며 성형기의 능력을 표시하는 하나의 기준이다.

■ 드라이 컬러링(dry coloring)

열가소성 플라스틱에 착색제를 배합하는 기술의 한 방법이다. 펠릿에 분말 모양의 안료를 배합하여 텀블러 등으로 혼합하여 펠릿의 표면에 균일하게 안료입자를 분산, 부착시켜 사 출 성형기의 호퍼에 공급하면 착색제품이 생산된다. 이와 같이 일단 착색펠릿을 만들지 않고 펠릿과 분말 모양의 착색제와의 배합물에서 직접 착색 성형품을 성형하는 착색 방식 을 드라이 컬러링이라 부른다.

■ 디스크 게이트(disk gate)

사출 성형에 있어서 구멍이 있는 성형품의 경우, 구멍 중앙부에 디스크 형태의 게이트를 만들어 성형재료를 충전하도록 한 게이트를 말한다. 이 게이트는 성형재료의 충전이 용이 하고 성형품에 웰드라인을 방지할 수 있는 특징이 있다. 디스크 게이트는 별도의 후가공 으로 제거해야 하는 번거로움이 있다.

〈ㄹ〉

■ 런너(runner)

노즐로부터 사출된 성형재료는 스프루, 런너, 게이트를 통하여 캐비티에 충전된다. 스프루와 게이트를 연결해 주는 통로 역할을 한다. 런너의 형상은 원형, 반원형의 사다리꼴 등이 있다. 원형은 가장 유동 저항이 적고 이상적이지만 금형 가공을 하기 쉬운 점으로 사다리꼴이나 반원형도 사용되고 있다.

■ 런너레스 금형(runnerless mold)

열가소성 수지의 사출성형에 있어서, 금형의 스프루, 런너부, 게이트를 가열하여 이 속의 성형재료를 항상 용융상태로 유지하는 등의 방법으로 금형으로부터 성형품만을 냉각시켜 빼내도록 한 사출성형용 금형을 말한다. 핫런너, 연장 노즐 등을 사용한 금형이 이에 속한다. 성형재료에 낭비가 없고 전자동 운전이 가능하다는 등의 특징이 있다. 대부분의 열가소성 수지에 적용이 가능하며, 용융온도 범위가 넓은 폴리스틸렌, 폴리에틸렌, 폴리프로필렌 등에 적합하지만 현재는 광범위하게 적용되고 있다.

■ 런너 록 핀(runner lock pin)

3단형 구조의 금형에 있어서 성형품과 게이트를 자동으로 분리하기 위해 사용하는 핀을 말한다. 고정측 금형에 부착되어 핀의 선단이 런너부에 들어가도록 되어 있으며, 금형이 열릴 때 핀에 런너를 부착시켜 게이트를 절단한다. 나중에 금형이 완전히 열릴 때 런너 스트리퍼 플레이트(runner stripper plate)에 의해 런너부는 떨어져 나간다.

■ 로케이팅 링(locate ring, locating ring)

사출 성형기형판에 금형을 고정할 때 금형의 스프루 근처에 고정된 링 모양의 돌출부를 말한다. 사출 성형기의 노즐과 스프루 부시의 중심을 맞추는 데 사용되는 부품이다.

■ 로킹 블록(locking block)

금형 내의 슬라이드 코어나 앵귤러 핀 등을 소정의 위치에 고정하고, 성형재료의 압력에 의해 코어나 핀이 움직이지 않도록 하는 유지용 부품을 말한다.

■ 루스 코어(loose core)

사출 성형 등에서 언더컷이나 나사의 부분을 성형할 때 별도로 금형에 끼워 넣은 금형부품

■ 리턴 핀(return pin)

금형이 닫힐 때 이젝터 핀이나 스프루 로크 핀을 본래의 위치로 돌아가게끔 작용하는 핀을 말한다. 금형이 닫힐 때 이젝터 핀의 선단으로 캐비티의 내면에 상처나는 것을 방지하기 위한 것이다. 이들은 이젝터 플레이트(ejector plate)에 고정되어 있다.

■ 리턴 스프링(return spring)

금형 부품을 원래 위치로 복귀시키는 스프링.

■ 링 게이트(ring gate)

원통형인 성형품의 테두리 전 둘레로 게이트를 설치하여 성형재료를 충전하는 게이트를 말한다. 성형재료의 주입이 용이하고 성형품 두께의 편차가 적다. 웰드 라인이 발생하지 않는 특징이 있다.

〈ㅁ〉

■ 마스터 배치(master batch)

성형하는 플라스틱과 똑같은 재료에 첨가제를 고농도로 배합한 것이며, 착색제의 배합방법으로서 많이 이용된다.

■ 맞춤핀(dowel pin)

금형 내의 2개 이상 부품을 결합하여 죌 때 서로의 상대 위치를 잡아 주기 위하여 사용하는 핀.

■ 몰드베이스(mold base)

플라스틱 성형 기계에서 제품을 성형하고 이젝팅할 때 필요한 모든 금형 요소들을 포함하고 있는 하우징 전체.

〈ㅂ〉

■ 보압(packing pressure)

사출 성형에 있어서 금형에 성형재료를 충전한 후, 캐비티 내의 성형재료가 역류하여 충전압력이 저하하는 것을 방지하고, 또한 성형재료가 냉각 수축하는 양을 보충한다.

■ 버핑(buffing)

버프(buff)의 원주 또는 측면에 연마제를 발라 금속의 표면을 연마하는 작업을 말한다. 연마시에는 면포제의 원통상 회전차, 에머리 분말, 경석(輕石)분말, 청봉(靑棒) 등을 버프에 도포하여 사용한다.

■ 벤트(air[gas] vent)

성형재료 충전에 따라 공기 또는 가스를 배출시키기 위해 캐비티 내의 공기가 빠져나가기 어려운 곳에 붙인 흠이나 구멍을 말한다. 벤트는 일반적으로 파팅라인(parting line)에 붙이지만 이젝터 핀 혹은 특별한 핀이나 마개를 설치하여 그 측면에 붙이는 수도 있다.

■ 부시(bush)

일반적으로 구멍의 내면에 끼워 넣어 사용하는 것이며 사용 목적에 따라 다양한 재질로 만들어진 얇은 원통을 말한다. 금형에서는 금형 몸체와 별도로 제작하여 몸체의 일부에 끼워서 사용하는 금속 부품을 말한다.

■ 빼기 구배(draft angle)

성형품의 빼기를 쉽게 하기 위해 금형에 붙이는 구배를 말한다. 일반적으로 빼기 구배가 작으면 성형품은 금형으로부터 빼내기 어렵고, 이젝터 장치가 있는 금형에서도 국부적인 응력 때문에 성형품에 균열이 생길 수 있다. 필요한 빼기 구배의 크기는 성형재료의 성질, 제품의 형상, 이형장치의 유무 등에 따라 차이가 있다. 일반적으로 이젝터 장치가 있는 금형에서는 1~2° 이상의 구배가 있으면 된다. 그러나 폴리스티렌과 같이 단단하면서도 취약한 성형재료로 두께가 얇고 깊이가 깊은 성형품을 만들 때는 큰 구배가 필요하다.

〈ㅅ〉

■ 사출부(injection unit)

저압 사출 성형기에 있어 매우 중요한 역할을 하는 장치로서 플라스틱 수지를 성형에 알맞은 온도로 혼련 용융된 수지를 금형에 정(定)용량의 적당한 압력을 가하여 사출하는 역할을 하는 장치 부분.

■ 셧오프 노즐(shut-off nozzle)

금형에 노즐을 연결하지 않은 상태에서 수지의 비산으로 작업자의 부상을 방지하기 위한 장치.

■ 센터 게이트 금형(conter-gate mold)

성형품 중앙부의 1점(一點)에 게이트를 붙인 사출 성형용 금형. 스프루, 게이트, 3단형 구조, 연장노즐 등의 방식을 적용한 금형이 이 형식의 것이 많다. 보통 성형품 밑부분의 중앙부터 균등하게 성형재료가 충전되기 때문에 코어(core)가 한쪽으로 쏠리지 않고, 성형품은 두께의 편차가 적은 이점이 있다.

■ 숏(shot)

사출 성형에 있어서 1회의 사출 조작을 말하며, 또는 그것에 의해서 사출되는 성형재료의 전체 무게를 말하는 수도 있다. 보통 후자(後者)의 경우는 쇼트량(shot volume, shot weight)이라 부르고 있으며. 성형기의 크기를 나타내는 데에도 사용되고 있다.

■ 수축(shrinkage)

용융된 수지가 고화(응고)되면서 부피가 줄어든 것을 말한다. 성형시에 수지의 수축을 성형수축, 성형을 한 다음의 수축을 후수축이라 한다. 길이의 변화를 가지고 수축률을 보통 나타낸다.

■ 스트로크(stroke)

왕복 기관에 있어서 실린더(cylinder) 내에서 피스톤이 한 끝으로부터 다른 끝까지 움직이는 거리를 말한다.

■ 스트리퍼 플레이트(stripper plate)

이젝터 핀으로 취출(ejection)이 곤란한 성형품이나, 성형품에 핀의 흔이 나타나는 것을 없애려고 할 경우에 사용된다.

■ 스페이서 블록(spacer block)

사출 성형품 금형의 일부이며 받침판(support plate)을 지지하고, 이것에 의해 제품을 밀어 올리는 거리를 규정하는 블록을 말한다. 현장에서는 '다리'라고도 한다.

■ 스프루(sprue)

성형재료의 유로의 일부로서 원뿔형의 부분, 또는 이 부분에 고화된 재료를 말한다. 직경이 작은 선단은 성형기의 노즐(nozzle)과 연결되며, 다른 한쪽은 런너에 보통 연결되어 있다.

■ 스프루 게이트(sprue gate)

사출 성형용 금형에서 스프루로부터 직접 캐비티에 연결되고 있는 것을 말한다. 일반적으로 한 개 빼기금형에 사용하며 금형의 구조가 간단하고 성형재료의 충전이 용이하다.

■ 스프루 록 핀(sprue lock pin)

사출 성형용 금형의 스프루 하단에 있는 핀을 말한다. 리턴 핀(return pin)과 같이 이젝터 플레이트에 고정되어 있다. 스프루 하단은 스프루를 가동, 플레이트 쪽에 언더 컷(lock) 형상으로 되어 있다.

■ 스프루 부시(sprue bush)

사출 성형용 금형의 스프루 부분을 별개로 가공하여 금형에 끼워 넣도록 한 것이다. 성형기의 노즐(nozzle)과 접촉하여 사용되며, 이 부분에 고압이 걸리므로 내압(압축) 강도가 높은 재질로 제작한다. 노즐과의 접촉면도 열전달을 적게 하기 위해서 완전 접촉을 피하는 것이 좋다.

■ 슬라이드 코어(slide core)

금형의 개폐에 따라서 금형 내부에서 구동하는 금형 부분이며 성형품의 언더 컷(under cut)부를 해결하기 위해 사용된다. 슬라이드 코어(slide core)의 구동은 보통 앵귤러 핀(angular pin)이나 앵귤러 캠(angular cam)에 의해 행하여지지만, 긴 코어(core)의 빼기에는 래크와 피니언도 사용된다.

■ 슬로우 다운(slow down)

금형의 개폐 운동에 있어서 충격에 의한 금형의 파손, 고정 볼트의 늦춤, 성형품을 밀어 낼 때의 파손방지 등을 위해 개폐운동의 초기 및 말미의 속도를 저하시키는 것을 말한다. 부스터 램(booster ram)이나 토글 기구에 의한 형조임에서는 그 구조상 필연적으로 서서히 금형 닫힘, 금형 열림이 되지만 유압, 공기압 등의 직접형조임 기구에서는 보통 리밋 스위치(limit switch)에 의해 기름이나 공기의 유입량을 조절하여 슬로우 다운시킨다.

■ 슬리브 취출(sleeve ejection)

성형용 금형에 있어서 가는 파이프 모양의 성형품을 파이프 모양의 취출슬리브에 의해 밀어내는 방법을 말한다.

■ 슬리브 이젝터 핀(ejector sleeve(sleeve ejector))

이젝터 핀의 일종으로 원통형이나 큰 원형의 성형품을 금형 밖으로 빠지도록 밀어 내는

데 사용됨.

■ 싱크마크(sink mark)
성형품의 표면에 생긴 오목한 부분을 말한다. 사출성형에 있어서 부분적으로 두께가 다른 성형품을 성형할 경우 두께가 두꺼운 부분의 표면에 싱크마크가 생기기 쉽다. 이것은 캐비티 내에 충전된 재료가 냉각됨에 따라 수축하기 때문이다. 성형품의 표면이 급속히 냉각 고화하였을 경우에는 싱크마크가 생기는 대신 기포가 생긴다.

■ 쐐기씩 형조임 기구
타이바(tie bar)의 일부에 쐐기 홈을 설치하여 유압 피스톤 끝의 쐐기를 쐐기홈에 압입하여 형조임력을 얻는 장치. 이 기구는 토글식(toggle type)에 비해 힘의 확대율은 적으나 형조임 스트로크는 꽤 크게 잡을 수 있으며 구조가 간단하다.

〈ㅇ〉

■ 아이볼트(eye bolt)
머리 부분에 눈구멍을 붙인 볼트. 운반시 크레인 등에 걸 수 있도록 되어 있는 것을 말한다.

■ 에프터 큐어(after-cure)
열경화성 수지가 성형 후에 방치 또는 가열함에 따라 더욱 경화가 진행하는 것을 말한다.

■ 안전도어(safety door)
작업자가 금형 사이에 들어가는 사고를 막는 안전장치로서 금형을 개폐하는 부분의 앞면에 붙어 있으면, 이 도어(door)가 열려 있는 동안은 금형의 조임을 할 수가 없다. 즉, 보통 도어의 레일(rail)에 리밋 스위치가 부착되어 있으며 도어를 닫으면 다음 사이클의 개시 스위치가 작동한다.
편이 파괴될 때의 힘(하중)을 시험편 본래의 단면적으로 나누어 구한다.

■ 앵귤러 캠(angular cam)
금형의 개폐시에 슬라이드 코어를 이동시키기 위해 사용하는 캠(cam)을 말한다. 금형이 열릴 때 슬라이드 코어는 캠의 홈에 안내되어 성형품의 언더 컷부에서 코어를 빼낼 수 있다.

■ 앵귤러 핀(angular pin)

금형을 개폐할 때 금형 내부에서 슬라이드를 움직이는 핀을 말한다.

■ 앵커 핀(anchor pin)

사출 또는 트랜스퍼 성형(transfer molding) 금형에서, 금형을 열었을 때 스프루나 런너를 제거하기 쉽게 금형 쪽에 고정하기 위해 사용하는 핀을 총칭한다. 제작의 용도에 따라 스프루 록 핀, 런너 록 핀 등으로 불리고 있다.

■ 어닐링(annealing)

내부 응력을 제거하기 위해서 행하는 열처리를 말한다. 플라스틱에서는 종류, 성형품의 두께, 형상, 내부잔류응력의 정도에 따라 처리조건이 달라지는데, 일반적으로 그 재료의 열변형 온도보다 5~10℃ 낮은 온도에서 수십 분~수십 시간 동안 가열한 후 서냉한다.

■ 언더 컷(under cut)

성형품을 금형으로부터 빼낼 때 지장이 있는 금형 또는 성형품의 울퉁불퉁한 부분을 말한다. 일반적으로 언더 컷 부분은 금형에 루스 코어(loose core)나 슬라이드 코어(slide core)를 부착하여 성형한다. 성형품의 금형을 이젝터 쪽에 강제적으로 부착시키기 위해서는 작은 언더 컷을 설치하는 경우도 있다.

■ 에어 실린더(air cylinder)

압축 공기에 의해서 작동하는 피스톤 실린더이며, 유압식에 비해서 장치가 간단하며 구동이 빠르고, 플라스틱 성형가공에서는 여러 가지 목적으로 사용하고 있다.

■ 에어 취출(air ejection)

공기를 이용하여 성형품을 코어 또는 캐비티로 부터 이형하는 방법이다. 취출저항이 크고, 변형이나 이형이 문제가 되는 깊은 성형품이나, 얇은 두께의 성형품을 이형할 때 사용하며 성형품과 코어 또는 캐비티 사이에 공기를 불어 넣는다.

■ L형 사출 성형기(L-type injection molding machine)

형조임 방향과 사출 방향이 직교하도록 배치한 사출 성형기를 말한다.

■ 연장 노즐(extension nozzle)

사출 성형기의 노즐이 캐비티의 게이트까지 연장되어 있는 것을 말한다. 일반적으로 여러 개 빼기금형에서는 스프루, 런너, 게이트 등도 성형품과 같이 빼내야 하지만 연장노즐 방식에서는 성형품만 빼내면 된다. 또한 성형품의 게이트 부분을 다듬질한 필요도 없다.

■ 열변형 온도(HDT : heat deflection temperature)

열변형 온도란 시험하고자 하는 시편을 측정기 홀더에 고정시키고 규정하중을 가하여 실리콘 오일에 침적한 후 이 오일을 일정한 속도록 가열시키는 과정에서 시편의 변형이 발생되어 0.254mm의 변형이 시작되는 온도이다.

■ 웰드라인(weld mark, weld line)

성형재료가 금형안의 핀이나 코어 등의 주위를 흘러서 서로 만나면서 생기는 마크이다. 겉모양 뿐만 아니라 강도적으로 결함이 되는 경우가 있으므로 피하는 구조로 금형설계를 고려해야 한다. 흔히 게이트 수와 위치를 조절하여 웰드라인 정도를 적절하게 조절한다.

■ 은줄(silver streak)

사출 성형품의 표면에 나타나는 은색의 줄이며 성형 불량의 일종이다. 발생하는 원인은 성형재료가 분해하여 가스가 발생하는 경우, 금형온도가 너무 낮아서 수분을 흡착하고 있는 경우, 충전재료의 난류에 의한 경우 등이 있다.

■ 이중사출(double injection molding)

사출 성형에 있어서 한번 성형한 성형품을 다른 금형에 넣어 그 위에 재차 성형재료를 충전하여 완성품으로 한다.

■ 이젝션(취출, ejecting, ejection)

금형으로부터 성형품을 밀어내는 것이며 금형의 구조에 따라서 여러 가지 방법이 있으며 이들을 단독 또는 병용하여 사용한다.

■ 이젝션 램(ejection ram)

사출 성형기 등에서 성형품을 취출하기 위해서 특별히 장치한 것인데, 유압 또는 공기압에 의해서 작동하는 램(ram)이며, 이것으로 이젝터 핀(ejector pin)을 움직이게 된다.

■ 이젝터(ejector)

금형으로부터 성형품을 밀어내는 장치의 총칭을 말한다. 이젝터 로드(ejector rod), 이젝터 플레이트(ejector plate), 이젝터 핀(ejector pin) 등이 이에 포함한다.

■ 이젝터 로드(ejector rod)

금형의 이젝터 장치를 움직이기 위해서 성형기의 형조임측에 부착된 로드(rod)이며 이것에 의해서 금형이 열릴 때, 가동측의 금형이 후퇴하면 이젝터 플레이트를 밀어낸다.

■ 이젝터 플레이트(ejector plate)
성형품을 밀어내기 위해 사용하는 금형 내의 장치의 일부이며 이젝터 핀(ejector pin), 리턴 핀(return pin), 스프루 록 핀(sprue lock pin) 등이 이에 고정된다. 이젝터 플레이트(ejector plate)는 이젝터 로드에 의해 전진하고, 이젝터 핀을 캐비티 속에 밀어내지만 금형을 닫을 때는 리턴 핀과 스프링에 의해 본래의 위치로 돌아간다.

■ 이젝터 핀(ejector pin)
성형품을 밀어내기 위해 금형 속에 설치된 핀을 말한다. 이젝터 핀은 이젝터 플레이트(ejector plate)에 고정되어 금형이 열릴 때 이젝터 플레이트와 같이 전진하고, 성형품을 캐비티로부터 밀어낸다. 성형품에는 핀의 흔적이 남는다.

■ 이형불량(sticking of parts in the mold)
성형품을 빼낼 때 발생한 긁힘, 변형, 균열 등의 불량 현상을 말한다.
① 빼기 구배(draft angle) 불충분
② 금형의 연마 불충분
③ 냉각 또는 경화 불충분
④ 성형압력 또는 충전압력이 너무 높을 때 성형품의 수축 부족 등이 원인이 되는 이젝터 핀의 설계 및 배치가 부적당한 경우도 발생한다.

■ 인칭(inching)
금형의 닫히기 직전에 형조임 속도를 늦추어서 서서히 닫히게 하는 것을 말한다. 사출성형 등에서는 급격한 금형 조임 때문에 금형이 파손되는 수가 있으므로 이것을 방지하기 위해서 행한다.

■ 인서트(insert)
성형품에 포함된 금속 또는 그밖의 재질. 금형에서 파손이나 마모되기 쉬운 모재와 별도인 작은 부품으로 분할하여 바꾸어 끼워 넣는 부품을 말한다.

■ 일체형 성형 힌지(integral hinge)
플라스틱 용기의 뚜껑과 몸체와의 사이를 두께 0.25~0.5mm 정도의 얇은 막으로 연결하고, 이 부분을 구부릴 수 있게 일체로 사출성형한 힌지(hinge)를 말한다.

〈ㅈ〉

■ 제팅(jetting)

사출성형시 충전 과정에 있어서 맨 처음 성형재료가 분출해서 뱀이 다닌 자리와 같은 모양이 성형품에 생기는 불량 현상을 말한다. 게이트를 기점으로 하여 차례로 캐비티를 충전해 나가면 이와 같은 현상이 생기지 않지만, 게이트의 단면적에 비해서 매우 두꺼운 성형품의 경우에는 성형재료가 분출하기 쉬우므로 이와 같은 현상이 일어난다. 게이트를 크게 하거나 또는 필름 게이트(film gate), 오버랩 게이트 등을 사용 혹은 사출속도를 느리게 한다.

■ 제한 게이트(limit gate)

사출성형에 있어서 성형재료가 캐비티(cavity)에 충전완료 후 게이트 부의 재료가 급속히 고화하도록 두께 또는 단면적을 제한한 게이트이며, 핀 포인트 게이트, 팬 게이트, 링 게이트, 필름 게이트, 탭 게이트 등이 있다.

■ 직압식 형조임 장치(straight hydraulic mold clamping system)

유압 캠을 이용하여 직접 금형 조임을 하는 장치이며 사출성형기, 압축성형기 등의 각종 성형기에 이용된다. 보통 이 장치는 부스터 램(booster ram), 보조 실린더, 증압 실린더 등의 기구가 적용되고 있으며 금형 조임 초기에는 압력은 낮으나 금형 조임 속도가 빠르고 금형이 닫힘이 끝날 직전에는 형조임 속도가 느린 반면에 조임 압력은 증대된다.

〈ㅊ〉

■ 체류시간(retention time)

성형재료가 사출 실린더에 들어가서 나올 때까지의 시간을 말한다. 이 시간이 길 경우, 열안정성이 빈약한 플라스틱에서는 많은 문제를 일으킨다. 예를 들면 사출성형에서는 작은 성형품을 긴 성형사이클로 성형하면 체류시간이 길게 되어 열분해의 원인이 된다.

■ 충전불량(short shot)

불완전한 충전(사출압력의 부족, 게이트 단면적의 과소, 재료의 용융점도 과대 등의 원인)으로 성형재료가 캐비티 내에 완전히 충전되지 않는 현상을 말한다.

〈ㅋ〉

■ **캐비티(cavity)**
성형용 재료에 있어서 성형품에 해당하는 공간 부분을 말한다.

■ **코어(core)**
① 성형품의 내면을 형성하기 위한 금형의 돌기부분. 즉, 플런저
② 언더 컷(under cut)부를 성형하기 위해 사용되는 금형 부분
③ 압출성형용 다이에서 중공체(中空體)를 형성시키기 위한 심형(芯型)
④ 금형 내의 냉각수 홈이나 히터용으로 뚫는 구멍
⑤ 샌드위치 구조의 심재(芯材)를 말한다.
※ ①, ②, ③에 있어서는 가는 것을 코어 핀(core pin) 또는 핀이라고 한다.

■ **코어핀(core pin)**
성형품에 구멍을 만들기 위해서 사용하는 금형 부분을 말하며, 코어와 같은 뜻으로 사용되지만 일반적으로 가는 것을 말한다.

■ **콜드 슬러그(cold slug)**
열가소성 수지의 사출성형에 있어서 금형에 먼저 들어간 재료는 노즐이나 스프루를 통해서 급히 냉각된 수지를 말한다. 콜드 슬러그가 캐비티에 들어가면 다른 성형재료와의 융착이 잘 안 되어 성형 불량의 원인이 될 수 있다.

■ **콜드 슬러그 웰(cold slug well)**
열가소성 수지의 사출성형 금형에 있어서 콜드 슬러그를 수용하기 위해서 스프루나 런너의 말단(끝부분)에 설치한 수지가 모이는 곳, 혹은 웰드 라인(weld line)의 강도를 높이기 위해서 그 바깥쪽에 설치한 수지가 모이는 곳(over-flow)을 말한다. 후자의 부분에 이젝터 핀(ejector pin)을 설치하여 성형품을 밀어내는데 이용하는 수도 있다.

■ **쿨링 픽스쳐(cooling fixture, shrink fixture)**
성형품을 금형으로부터 빼낸 후에 변형 후에 변형하는 것을 방지하기 위해서 사용하는 보완기구, 일반적으로 경질의 목재, 금속, 페놀 수지, 적층재 등으로 제작하고 필요하면 눌림 기구를 병용한다.

■ 크레이징(crazing)

성형품의 표면에 미세한 균열이 많이 생기는 현상을 말한다. 크레이징은 내부 응력이 있는 성형품의 유기용제나 계면활성제(界面活性劑)와 접촉했을 때 발생하기 쉽다. 성형품의 내부까지 관통한 균열과는 다른 것이다.

■ 클리어런스(clearance)

끼워 맞춤 부분이나 물리 부분 등에 있어서의 간격, 금형에 있어서는 핀과 핀 구멍의 틈새, 펀칭다이나 전단할 때의 커터 등은 날과 날이 맞물리는 틈새를 말한다.

〈E〉

■ 타버림(burn mark, diesel effect)

성형재료의 급속 충전에 의해 캐비티 내의 공기가 단열 압축을 받은 결과 순간적으로 고온이 되어 성형재료가 검게 타는 현상을 말한다. 이것은 사출속도를 느리게 하거나 충전 압력을 저하시켜서 방지할 수도 있으나, 공기가 모이기 쉬운 금형부분에 에어 벤트(air vent)를 설치하여 방지하는 것이 보통이다.

■ 타이머(timer)

일정 시간 후에 접점을 개폐시키는 릴레이(relay)의 총칭이며, 자동제어나 원격제어에 사용된다. 이것은 목적에 따라 되풀이식 타이머와 복귀식 타이머로 구별된다. 전자는 시동 접점을 닫으면 전원을 차단할 때까지 되풀이 작동하지만 후자는 시동, 정지점이 있으며 1 사이클마다 작동전의 상태로 복귀한다. 타이머의 종류에는 모터식, 스파이럴 스프링식, 전자식, 디지털(digital)식 등이 있다.

■ 타이바(tie-bar)

성형기에 있어서 형판을 지지하고, 금형의 개폐 동작의 안내가 되고, 또한 형 조임력 (clamping force)을 받는 긴 봉을 말한다.

■ 탭 게이트(tab gate)

사출 성형 금형에 있어서 특별히 설치된 성형품의 탭에 붙이는 게이트를 말한다. 보통 게이트에서는 피할 수 없는 게이트 부근의 변형이나 타버림(유동성이 나쁜 성형재료를 특히 작은 게이트로 성형할 때 마찰열에 의해 발생한다) 및 제팅(jetting)을 방지할 수가 있다. 탭(tab)은 성형품과 같은 두께로 하고 탭과 런너의 연결부는 보통 제한 게이트로 한다.

■ 터널 게이트(tunnel gate)

러너의 말단(끝부분)을 금형의 파팅라인보다 낮추어 캐비티의 측면(측벽)으로부터 성형재료를 충전하는 방식의 게이트이며, 제품 및 러너의 이젝션에 의해 게이트가 자동적으로 절단된다. 이와 같은 전단에 의해 게이트 부를 자동 절단하는 것을 시어 게이트(shear gate)라 부른다. 일반적으로 폴리스티렌과 같이 깨지기 쉬운 성형재료에서는 게이트부에 성형재료의 단면이 남기 때문에 이런 종류의 게이트는 사용할 수 없으며 폴리에틸렌, 폴리프로필렌 등의 유연한 성형재료의 성형에 적합하다. 서브머린 게이트(submarine gate) 혹은 터널 게이트(tunnel gate)와 같은 뜻으로 사용되는 경우도 있으나 전자는 게이트부가 자동 절단되지 않는 점에서 터널 게이트와 다르다.

■ 테이퍼(taper), 빼기구배(draft angle)

임의 형상에 대한 각도를 말한다. 성형용 금형에서는 성형품의 빼기를 쉽게 하기 위하여 금형에 붙이는 빼기구배(draft angle)를 말할 때도 있다.

■ 테이퍼 맞춤핀(taper dowel pin)

단면이 원형이며, 테이퍼가 있는 머리 없는 맞춤핀을 말한다.

■ 토글식 형조임 기구(toggle type mold clamping system)

성형기에 있어서 유압 실린더 등의 동력원으로 발생하는 힘을 토글기구에 의해 확대하여 커다란 형 조임력(clamping force)을 얻는 장치를 말한다. 이 기구에서 형조임의 초기에는 가동측 볼스터가 빠르게 움직이지만 힘의 확대율은 작고, 형조임 완료에 가깝게 되면 급격히 속도는 감소하며 그 대신 힘의 확대율은 증대되어 커다란 형 조임력을 얻는다. 형조임 완료 후 타이 바(tie bar)는 약간 늘어난 상태로 되며 형조임 구동을 정지하여도 형조임력에는 영향이 없다. 직압식 형조임 장치에 비해서 일반적으로 금형의 이동 속도가 빠르고 동력비가 싸다는 특징이 있으나, 구동부분의 마모가 심하기 때문에 보수에 주의하여야 한다.

■ 투영면적(projected area)

성형품에 금형 조임 방향으로 평행광선을 비추었을 때 생기는 그림자의 면적을 말한다. 이것은 성형에 필요한 가압력 또는 형 조임력의 산출 기준이다.

〈ㅍ〉

■ **파티션드 몰드 쿨링(partitioned mold cooling)**
사출 성형 금형의 코어(core)냉각 방법의 일종이며, 코어의 중심부에 구멍을 뚫어 구멍속에 격벽을 설치, 강제적으로 냉각수를 구멍의 중심부로 통하게 한 것이다. 스파이럴 몰드 쿨링 방법보다 냉각 효율은 낮으나 가공이 간단하고, 냉각수 홈이 막히는 결함도 줄일 수 있다.

■ **파팅라인(parting line)**
금형의 분할선이며 보통 성형품에서는 이 부분에 다소의 성형재료가 흘러나오기 때문에 쉽게 식별할 수가 있다. 금형의 가공이나 플래시(flash)의 제거를 쉽게 하기 위해 파팅라인은 될 수 있는 한 단순한 선(직선이 좋다)으로 하고, 또한 성형품의 코너 부에 붙이는 것이 좋다.

■ **팬 게이트(fan gate)**
성형품의 한 끝에 부채 모양으로 붙인 게이트를 말하며, 보통 게이트는 얇지만 단면적은 비교적 크고 성형재료의 충전이 용이하며, 내부응력에 의한 성형품의 변형이 적다는 특징이 있다.

■ **퍼징(purging)**
가열 실린더 내에 잔류하는 재료를 다른 성형재료로 밀어내는 행위, 재료교환, 색교환 또는 성형재료가 가열 실린더 내에서 분해하였을 때 시행한다. 사출 성형기에 있어서 퍼징(purging)의 난이는 가소화 기구의 종류에 따라 다르며, 일반적으로 재료가 실린더 내에 있어서 체류가 적은 인-라인 스크류(in-line screw)기구에서는 용이하다. 새로 사용하려는 재료 또는 전용의 연질 염화로 사용하려는 재료 또는 전용의 연질 염화 비닐 수지 등이 퍼징재료로 사용된다.

■ **포밍(forming)**
시트(sheet), 로드(rod), 파이프 등의 플라스틱 제품을 보다 원하는 형상, 치수로 변형하는 것을 말한다.

■ **포스트 몰딩 인서트법(post molding insert technique)**
금형 구조의 간략화, 성형 사인클의 단축, 그밖의 목적으로 성형 작업 완료 후에 인서트를 후가공에 의해 성형품 속에 매입하는 것을 말한다.

■ 표준게이트(standard gate)
캐비티의 측면에 붙여진 제한 게이트의 일종이며, 일반적으로 많이 사용되는 타입이다.

■ 플래시(flash)
금형의 파팅라인(플래시 라인)이나 이젝터 핀 등의 틈새에서 흘러나와 고화 또는 경화된 얇은 조각 모양의 재료를 말한다.

■ 플런저식 사출 성형기(plunger type injection molding machine)
가열 실린더 내에서 성형재료를 가소화시켜 플런저에 의해 금형 내에 압입하는 사출성형기를 말한다. 대형기에서는 가소화가 불균일하고, 성형재료가 열분해를 받기 쉬운 결점이 있으며, 현재는 스크류식(screw type)으로 바뀌었으나 소형기에서는 성형기의 구동이 빠르고 기구가 간단하다는 이점이 있어서 요즘도 많이 이용되고 있다.

■ 플로우 마크(flow mark)
재료 수지의 흐름 모양에 의한 성형품의 불량을 말한다. 모양은 충전속도가 느리고 부분적으로 재료가 경화 부분이 성형품 표면에 흐를 때 나타난다. 일반적으로 제품의 크기에 비해 성형기의 사출속도나 사출용량이 부족할 때, 또는 열가소성 수지에서는 성형재료의 용융 온도가 너무 낮을 때 발생한다.

■ 플로우 시트(flow sheet)
재료 수지의 흐름 모양에 의한 성형품의 불량을 말한다. 모양은 충전속도가 느리고 부분적으로 재료가 경화했을 때 경화 부분이 성형품 표면에 흐를 때 나타난다.
일반적으로 제품의 크기에 비해 성형기의 사출속도나 사출용량이 부족하였을 때, 또는 열가소성 수지에서는 성형재료의 용융 온도가 너무 낮을 때 발생한다.

■ 핀 포인트 게이트(pin point gate)
사출성형용 금형의 단면적을 아주 작게 한 게이트를 말하며, 주로 금형에 사용된다.

■ 필름 게이트(film gate, flash gate)
얇고 폭이 넓은 게이트를 말한다. 성형품의 중앙 또는 측면의 1점에 붙인 게이트에 비해서 단면적이 크며, 성형재료의 충전이 용이하고, 성형품의 내부 응력이나 변형도 적다. 또, 단면적의 크기에 비해서 게이트의 절단이 용이하다. 일반적으로 충전이 곤란한 성형품 또는 치수 정밀도가 요구되는 성형품에 많이 이용된다.

〈ㅎ〉

■ **핫런너(hot runner)**
금형에서 성형재료가 캐버티로 유입되기 전 유입 시간, 예열이 시간이 걸리므로 런너 내에서 일정한 양과 온도를 유지하게 만든 것.

■ **핫런너 노즐(hot runner nozzle)**
핫런너에서 캐버티 쪽으로 성형재료가 유출되는 출구.

■ **형조임 기구(mold clamping mechanism)**
성형기의 금형을 개폐하는 장치를 말하며, 사출 성형기에서는 충전시에 금형이 열리지 않게 하고, 압축 성형기에 있어서는 성형재료에 충분한 압력이 가해질 수 있도록 고압을 가하는 기구인데, 일반적으로 생산 능률 및 안전상 개폐 운동시에 스피드와 슬로우 다운(slow down)이 요구된다.
또한, 성형품의 크기에 따른 충분한 강도도 요구되는 기구로서 직압식, 토글식 등이 있다.

■ **형조임(체결)력(clamping force)**
금형을 조이기 위해서 가하는 최대 압력을 말하며, 일반적으로 톤(ton)으로 표시한다. 형조임력은 성형품의 투영면적에 비례하여 증가하고, 대형성형품일수록 큰 형조임력을 필요로 한다. 성형기의 최대 형조임력은 사출용량과 같이 성형기의 용량을 표시하는데 중요하게 사용된다.

■ **핫런너 몰드(hot runner mold)**
금형의 스프루, 런너의 부분을 가열하여 그 안에 있는 성형재료를 항상 용융 상태로 유지하도록 한 사출성형용 금형이며 성형품만을 냉각하여 빼낸다.

■ **호퍼(hopper)**
스크류 공급되는 수지(재료)를 저장하는 장치. 최근에는 수지를 자동으로 호퍼에 공급할 수 있는 호퍼 로드(hopper load) 장치를 주로 사용하고 있다.

■ **호퍼 드라이어(hopper dryer)**
사출성형 및 압출 성형기에 있어서 성형재료의 건조 장치를 부속시킨 호퍼를 말한다. 보통 열풍 순환 장치를 부착한 것이 사용된다.

■ 회전 코어 금형(unscrewing mold)

자동 빼기 금형이다. 암나사가 달려 있고 성형품의 빼기를 자동적으로 행하는 기구가 설치된 금형이며, 쿠어를 회전시킴으로써 성형품이 밖으로 나온다.

■ 휨(warpage)

성형품의 내부 응력의 완화 또는 수축 때문에 일어나는 변형을 말하며, 평판 또는 평판 모양의 성형품이나 재질이 연한 성형품에 발생되기 쉽다.

■ 흑줄(black streak)

압출기, 사출성형기 등의 가열 실린더 내에서 성형재료가 열분해를 일으키기 때문에 성형품의 표면에 발생하는 흑줄을 말한다.

찾아보기

【 한글 】

사출성형공정과 금형
Tools for Successful Injection Molding

2014년 8월 30일 초 판 제1발행
2018년 1월 15일 개정판 제1발행
2024년 4월 15일 개정판 제2발행

저 자 황 한 섭
발행인 나 영 찬

발행처 **기전연구사**

서울특별시 동대문구 천호대로4길 16(신설동 104-29)
전 화 : 2235-0791/2238-7744/2234-9703
FAX : 2252-4559
등 록 : 1974. 5. 13. 제5-12호

정가 28,000원